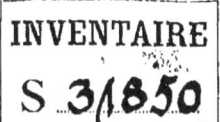

COURS ÉLÉMENTAIRE
D'HISTOIRE NATURELLE

CONTENANT

LES APPLICATIONS DE CETTE SCIENCE
AUX DIVERSES CONNAISSANCES UTILES

ET OFFRANT

LA RÉPONSE A TOUTES LES QUESTIONS DU PROGRAMME UNIVERSITAIRE
et de l'enseignement secondaire spécial

PAR

E. MULSANT
Professeur d'histoire naturelle au Lycée de Lyon, etc., etc.

ZOOLOGIE
CLASSIFICATION, GENRE DE VIE ET UTILITÉ DES ANIMAUX

TROISIÈME ÉDITION

PARIS
LIBRAIRIE CLASSIQUE D'EUGÈNE BELIN
RUE DE VAUGIRARD N° 52.

COURS ÉLÉMENTAIRE
D'HISTOIRE NATURELLE

CONTENANT

LES APPLICATIONS DE CETTE SCIENCE

AUX DIVERSES CONNAISSANCES UTILES

ET OFFRANT

LA RÉPONSE A TOUTES LES QUESTIONS DU PROGRAMME UNIVERSITAIRE
et de l'enseignement secondaire spécial

PAR

E. MULSANT

Professeur d'histoire naturelle au Lycée de Lyon, etc., etc.

ZOOLOGIE

CLASSIFICATION, GENRE DE VIE ET UTILITÉ DES ANIMAUX.

TROISIÈME ÉDITION

PARIS
LIBRAIRIE CLASSIQUE D'EUGÈNE BELIN
RUE DE VAUGIRARD N° 52.

Tout exemplaire de cet ouvrage non revêtu de ma griffe sera réputé contrefait.

Eug. Belin

SAINT-CLOUD. — IMPRIMERIE DE Mme Ve BELIN.

TABLE DES MATIÈRES

CONTENUES DANS CE VOLUME.

INTRODUCTION.	1
Définition et but de l'Histoire Naturelle.	1
Nécessité de la méthode.	2
Division des corps de la nature.	4
L'HOMME.	7
ANIMAUX.	23
PREMIER EMBRANCHEMENT. — VERTÉBRÉS.	27
PREMIÈRE CLASSE. — **Mammifères**.	31
PREMIÈRE SOUS-CLASSE. — **Mammifères proprement dits**.	44
Premier ordre. — *Quadrumanes*. — (Singes, Ouistitis, Lémuridés).	45
Deuxième ordre. — *Cheiroptères*. — (Galéopithèques, Chauves-Souris).	48
Troisième ordre. — *Insectivores*. — (Taupes, Musaraigne, Hérisson).	50
Quatrième ordre. — *Carnassiers*.	54
Premier groupe. — *Carnivores*. — (Ours, Blaireau, Marte, Chien, Hyène, Chat).	55
Deuxième groupe. — *Piscivores*. — (Loutre, Phoque).	72
Cinquième ordre. — *Rongeurs*. — (Ecureuil, Marmotte, Castor, Rat, Porc-Epic, Lièvre, Cobaye).	75
Sixième ordre. — *Edentés*. — (Bradype, Tatou, Fourmilier).	83
Septième ordre. — *Ruminants*. — (Bœuf, Mouton, Chèvre, Chamois, Girafe, Cerf, Lama, Chameau).	86
Huitième ordre. — *Pachydermes*.	103
Premier groupe. — *Solipèdes*. — (Cheval, Ane).	104
Deuxième groupe. — *Multongulés*. — (Eléphant, Tapir, Rhinocéros, Hippopotame, Cochon).	113
DEUXIÈME SOUS-CLASSE. — **Cétacés**.	121
Neuvième ordre. — *Syrénoïdes*. — (Lamantin, Dugong).	122
Dixième ordre. — *Souffleurs*. — (Dauphin, Cachalot, Baleine).	123
TROISIÈME SOUS-CLASSE. — **Marsupiaux**.	127
Onzième ordre. — (Sarigue, Phalanger, Kanguroo, Ornithorhynque).	127
DEUXIÈME CLASSE. — **Oiseaux**.	130
Premier ordre. — *Préhenseurs*. — (Perroquet).	143

TABLE DES MATIÈRES.

Deuxième ordre. — *Rapaces*. — (Vautour, Faucon, Aigle, Hibou, Messager) 144
Troisième ordre. — *Passereaux*. 146
   Premier groupe. — *Fissirostres*. — (Hirondelle, Engoulevent) 148
   Deuxième groupe. — *Dentirostres*. — (Pie-Grièche, Merle, Becfin, etc.) 149
   Troisième groupe. — *Conirostres*. — (Alouette, Moineau, Corbeau) 150
   Quatrième groupe. — *Ténuirostres*. — Huppe, Grimpereau, Colibri) 151
   Cinquième groupe. — *Syndactyles*. — (Martin-pêcheur). 151
Quatrième ordre. — *Grimpeurs*. — (Pic, Torcol, Coucou). 152
Cinquième ordre. — *Gallinacés*. 153
   Premier groupe. — *Passérigalles*. — (Pigeon, Tourterelle) 154
   Deuxième groupe. — *Gallinacés proprement dits* (Pigeon, Dindon, Faisan, Coq et Poule, Perdrix, Caille, etc.). 155
Sixième ordre. — *Échassiers*. 158
   Premier groupe. — *Brévipennes*. — (Autruche, Casoar). 159
   Deuxième groupe. — *Pressirostres*. — (Outarde, Pluvier). 161
   Troisième groupe. — *Cultrirostres*. — (Grue, Héron). 161
   Quatrième groupe. — *Longirostres*. — (Bécasse, etc.). 162
   Cinquième groupe. — *Macrodactyles*. — (Râle). . . 162
   Sixième groupe. — *Lamnirostres*. — (Flamant). . 163
Septième ordre. — *Palmipèdes*. 163
   Premier groupe. — *Longipennes*. — (Pétrel, Mouette). 164
   Deuxième groupe. — *Totipalmes*. — (Pélican, Phaéton). 165
   Troisième groupe. — *Lamellirostres*. — (Oie, Cygne, Canard, Harle) 166
   Quatrième groupe. — *Brachyptères*. — (Plongeon, Grèbe, Manchot) 169

TROISIÈME CLASSE. — **Reptiles**. 170

PREMIÈRE SOUS-CLASSE. — **Reptiles proprement dits**. . 175

   Premier ordre. — *Chéloniens*. — (Tortue) 176
   Deuxième ordre. — *Sauriens* 179
      Premier sous-ordre. — *Emydo-Sauriens*. — (Crocodile, Caïman) 179
      Deuxième sous-ordre. — *Sauriens proprement dits*. — (Caméléon, Gecko, Iguane, Lézard, Scinque) . . 181
   Troisième ordre. — *Ophidiens*. 183
      Premier groupe. — *Anguis*. — (Orvet) 183
      Deuxième groupe. — *Serpents*. — (Boa, Couleuvre, Crotale, Vipère) 184
      Troisième groupe. — *Amphisbènes*. 189

DEUXIÈME SOUS-CLASSE. — **Amphibies**. 189

   Quatrième ordre. — *Batraciens*. 191

Premier groupe.—*Grenouilles.*—(Grenouille, Crapaud). 191
Deuxième groupe. — *Pipas.* 193
Cinquième ordre.—*Salamandriens.*--(Salamandre, Triton). 193
Sixième ordre. — *Protéens.* — (Protée, Sirène). . . 194
Septième ordre. — *Céciliens.* — (Cécilie). 194

QUATRIÈME CLASSE. — **Poissons**. 194

PREMIÈRE SOUS-CLASSE. — **Poissons osseux**. 204

Premier ordre. — *Acanthoptérygiens.* — (Perche, Chabot, Beaudroie, Thon, Espadon, Anabas). . . . 204
Deuxième ordre. — *Malacoptérygiens abdominaux.* — (Truite, Hareng, Brochet, Carpe, Silure).. . . . 206
Troisième ordre. — *Malacoptérygiens subbrachiens.* — (Morue, Sole). 211
Quatrième ordre. — *Malacoptérygiens apodes.* — (Anguille, Murène). 214
Cinquième ordre. — *Lophobranches.* — (Syngnathe, Hippocampe). 215
Sixième ordre. — *Plectognathes.* — (Diodon, Coffre). . 215

DEUXIÈME SOUS-CLASSE. — **Chondrodes**. 216

Septième ordre. — *Sturioniens.* — (Esturgeon). . . 216
Huitième ordre. — *Plagiostomes.* — (Requin, Raie). . 217
Neuvième ordre. — *Cyclostomes.* — (Lamproie). . . 219

DEUXIÈME EMBRANCHEMENT. — ANNELÉS. 219

PREMIER SOUS-EMBRANCHEMENT. — **Condylopes**. . . 221

PREMIÈRE CLASSE. — **Insectes**. 221

Premier ordre.— *Coléoptères.*—(Carabe, Staphylin, Hanneton, Ver-luisant, Ténébrion, Cantharide, Charançon, Bostriche, Capricorne, Chrysomèle, Coccinelle).. . . 237
Deuxième ordre. — *Orthoptères.* — (Forficule, Blatte, Mante, Grillon, Sauterelle, Criquet). 244
Troisième ordre. — *Hémiptères.* — (Punaise, Cigale, Puceron, Cochenille). 246
Quatrième ordre. — *Névroptères.* — (Libellule, Éphémère, Fourmilion, Hémérobe, Termite, Frigane). . . 250
Cinquième ordre. — *Hyménoptères.* — (Abeille, Guêpe, Fourmi, Cynips, Ichneumon, Mouche à-scie). . . 251
Sixième ordre. — *Lépidoptères.* — Diurnes (Papillon). — Crépusculaires (Sphinx, Sésie). — Nocturnes (Bombyx, Noctuelle, Pyrale, Phalène, Teigne). 261
Septième ordre. — *Diptères.* — (Tipule, Cousin, Taon, Syrphe, Mouche). 275
Huitième ordre.—*Aptères.*—(Puce, Pou, Lépisme, Podure). 277

DEUXIÈME CLASSE. — **Myriapodes**. — (Scolopendre, Iule). 278

a.

TABLE DES MATIÈRES.

TROISIÈME CLASSE. — **Arachnides**. 280
   Premier ordre. — *Aranéides*. — (Araignée, Scorpion). . 281
   Deuxième ordre. — *Acarides*. — (Mite). 283
QUATRIÈME CLASSE. — **Crustacés**. 284
   Premier ordre. — *Décapodes*. — (Crabe, Ecrevisse). . 286
   Deuxième ordre. — *Stomapodes*. — (Squille). . . . 288
   Troisième ordre. — *Amphipodes*. — (Crevette). . . 288
   Quatrième ordre. — *Isopodes*. — (Cloporte). 288
   Cinquième ordre. — *Branchiopodes*. — (Daphnie). . 288
   Sixième ordre. — *Entomostracés*. — (Cyclope, Lernée). 288
   Septième ordre. — *Xiphosures*. — (Limule). 289
DEUXIÈME SOUS-EMBRANCHEMENT. — **Vers**. 289
Annélides. — (Sangsue, Lombric ou *Ver-de-terre*). . . 290
Entozoaires. — (Ascaride, Strongle, Ténia, Hydatide). 291
TROISIÈME EMBRANCHEMENT. — MOLLUSQUES. 293
PREMIER SOUS-EMBRANCHEMENT. — **Mollusques proprement dits**. 294
PREMIÈRE CLASSE. — **Céphalopodes**. — Poulpe, Seiche, Ammonite). 296
DEUXIÈME CLASSE. — **Ptéropodes**. — (Clio, Hyale). . 298
TROISIÈME CLASSE. — **Gastéropodes**. — (Escargot, Limnée). 298
QUATRIÈME CLASSE. — **Acéphales**. — (Huitre, Moule, Taret). 300
DEUXIÈME SOUS-EMBRANCHEMENT. — **Tuniciers**. . . 302
QUATRIÈME EMBRANCHEMENT. — ZOOPHYTES. 303
PREMIÈRE CLASSE. — **Echinodermes**. — (Oursin, Astérie). 305
DEUXIÈME CLASSE. — **Acalèphes**. — (Méduse). . . 306
TROISIÈME CLASSE. — **Polypes**. — (Madrépore, Coraux). 307
QUATRIÈME CLASSE. — **Infusoires**. — (Kérone, Volvoce, Monade). 308
CINQUIÈME CLASSE. — **Spongiaires**. — (Éponge). . 309

FIN DE LA TABLE.

PROGRAMME

DE L'ENSEIGNEMENT SECONDAIRE SPÉCIAL

ZOOLOGIE

PREMIÈRE ANNÉE.

Notions sur les principaux organes d'un animal, tel que le lapin, et sur les usages de ces parties : estomac, intestins, foie, poumons, cœur, vaisseaux, cerveau, muscles et os (§ 34, note).

Ressemblances et différences entre les animaux, les plantes et les corps minéraux ; caractères des trois règnes de la nature (§ 4).

Notions sur les classifications en général. — Classifications naturelles et artificielles. — Unité de la classification naturelle dans l'étude des animaux et des plantes (§ 3, note).

Notions élémentaires sur la nomenclature. — Explication des sens que l'on doit attacher aux mots *espèce, genre, famille, ordre et classe* (§ 3).

Examen comparatif du mode de conformation du chien, de l'écrevisse, du colimaçon et d'une étoile de mer. Tous les animaux sont constitués d'après un plan analogue à celui qu'offre l'une ou l'autre de ces espèces, et par conséquent le règne animal se subdivise en quatre embranchements (§ 36, 37, 40, 41). — Montrer que les caractères les plus importants de l'organisation du chien se retrouvent chez un oiseau, un lézard, une grenouille, une carpe ou tout autre poisson ; par conséquent, tous ces animaux appartiennent à un même embranchement (§ 37, 43).

Montrer que les caractères les plus saillants de l'écrevisse se retrouvent chez le hanneton ou le crabe, chez l'araignée, chez les mille-pieds, et même chez les vers de terre ; donc, tous ces animaux appartiennent à un même embranchement.

Notions élémentaires sur la charpente intérieure des animaux vertébrés (§ 19 à 33, 39).

Des principales différences qui existent entre les animaux qui sont pourvus d'un squelette intérieur, et qui appartiennent par conséquent à l'embranchement des vertébrés (§ 48).

Différences dans les téguments du corps chez un chat, ou un

mouton, un oiseau, un lézard ou une grenouille et un poisson (§ 48).

Relations entre l'existence des poils ou des plumes, et la nécessité de conserver la chaleur propre de l'animal. Animaux à sang chaud et à sang froid. Ces derniers n'ont pas besoin de vêtements naturels comme les premiers (§ 48, note 1).

Donc, tous les animaux vertébrés qui ont des poils ou des plumes, sont des animaux à sang chaud[1] (§ 48, note, § 49).

Les vertébrés pourvus de poils appartiennent tous à la classe des mammifères; ceux qui ont des plumes appartiennent à la classe des oiseaux (§§ 49, note 3, § 216, 217).

Les vertébrés dont la peau est couverte d'écailles, ou qui sont dépourvus de toute espèce de téguments de ce genre, sont presque tous des reptiles, des amphibiens ou des poissons (§§ 287, 288, 328, 341, 342).

Les reptiles sont des vertébrés à peau écailleuse, qui sont conformés pour vivre sur la terre seulement (§ 301 et note).

Les poissons sont des vertébrés à peau écailleuse qui sont conformés pour vivre toujours dans l'eau (§ 341 et note).

Les amphibiens ou batraciens sont des vertébrés à peau écailleuse ou nue, qui sont conformés pour vivre d'abord dans l'eau, comme les poissons, puis à terre, comme les reptiles[2] (§ 328).

Notions sur la structure de la peau, des poils, des ongles, etc. (§§ 52, 53).

Mammifères. Les animaux vertébrés dont la peau est garnie de poils, ont tous besoin d'une nourriture particulière dans le jeune âge. — Allaitement. — Exemple: la vache (§§ 66, 69). — L'existence des mamelles a beaucoup plus d'importance que celle des poils: les caractères sont d'autant plus constants qu'ils ont plus d'importance. Donc, l'existence des mamelles doit être plus générale que l'existence des poils chez les animaux qui appartiennent au même groupe naturel que la vache. En effet, la baleine, par exemple, a la peau nue, mais elle appartient à la même classe d'animaux que les pilifères,

---

1. Les cétacés ont la peau nue et sont cependant des animaux à sang chaud; mais la Providence a employé pour eux un autre moyen de conserver au sang sa chaleur : elle leur a donné dans ce but un lard épais et huileux qui remplit le même office que les plumes.

2. Les derniers amphibiens comme les protées, pourvus de poumons et de branchies, peuvent vivre indifféremment sur la terre et dans l'eau.

et, comme eux, elle a des mamelles. De là, le nom de mammifères donné à tous les animaux appartenant au groupe naturel qui comprend la vache, le cheval, le chat, le chien, le singe, etc. (§ 49, note 3).

Tous les mammifères ont besoin d'une respiration très-puissante. Il faut donc qu'ils respirent l'air en nature, et ils ne peuvent se contenter de la petite quantité de ce fluide qui se trouve en dissolution dans l'eau (§ 49, note 2). Les organes à l'aide desquels cette respiration aérienne s'exerce, sont les poumons. Donc, les mammifères sont tous pourvus de poumons, tandis que les poissons qui respirent dans l'eau n'en ont pas (§§ 48, 49, 355).

Résumé des principaux caractères de la classification des mammifères (§§ 84 et 85).

Notions sur la classification des mammifères (§§ 84, 85, 202, 211). — Énumération des principaux groupes (§§ 85, 202, 211 et note).

Espèce humaine. Caractères organiques qui distinguent l'homme de tous les animaux (§ 11). — Insister sur les avantages des fonctions de la main et du pied (§ 10). — Comparaison entre le mode de conformation des membres chez l'homme et chez les quadrumanes ou singes (§ 86).

Du développement du cerveau et de la face chez les animaux doués de plus ou moins d'intelligence. — Mesure de l'angle facial chez la grenouille, le lapin, le singe. — Angle facial de l'homme et de quelques statues antiques, telles que le Jupiter olympien (§ 18 et note 2).

Notions sur les principales races humaines (§ 19 et note).

Quadrumanes. Singes de l'ancien continent (§ 86, note 1). — Notions sur le chimpanzé, l'orang-outang, le gorille et le magot (§ 86).

Singes du Nouveau Monde. — Caractères qui les distinguent (§ 86, notes 2 et 3).

Carnassiers. Notions sur les carnassiers (§ 99). — Différences dans la conformation de leurs pieds en rapport avec leurs mouvements (§ 99). — Plantigrades, ours, etc. (§§ 100, 101, 102, 103). — Digitigrades (§ 104 et 105). — Chien (§§ 108 à 111). Chat (§ 114). — Ces animaux ne sont pas tous également carnivores (§ 100). — Différences correspondantes dans la disposition des dents (§ 100).

Notions sur l'histoire naturelle : 1° de la belette (§ 106, note 4), de la fouine (§ 106, note 2), de la marte (§ 106, note 1), du loup (§ 109), du chacal (§ 110), du renard (§ 111), du lion, du tigre, etc. (§ 113), de l'ours commun, de l'ours maritime (§ 102).

Mammifères de l'ordre des ruminants. Disposition de l'estomac chez ces animaux (§ 151).—Mécanisme de la rumination (§ 151).

Histoire naturelle des bœufs et autres espèces les plus remarquables du même genre (§§ 153 à 160).

Histoire naturelle du mouton et de la chèvre (§§ 161 à 163).

Histoire naturelle des cerfs. — Développement et chute des bois (§ 168).

Détails relatifs à l'utilité des rennes (§ 171).

Histoire naturelle du chameau (§§ 176, 177).

Mammifères à sabots qui ne ruminent pas. Famille des solipèdes (§§ 179, 181). — Le sanglier, le cochon (§§ 195, 197).

Quelques mots sur les hippopotames (§ 194), les rhinocéros (§ 192), et les éléphants (§ 187).

Notions sur les *mammifères insectivores.* Le hérisson (§ 98), la musaraigne (§ 96), la taupe (§ 95), les chauves-souris (§ 90).

Caractères du groupe des *rongeurs* (§ 121). Histoire des castors (§ 126), des marmottes (§ 125). — Phénomènes de l'hibernation des écureuils (§ 121). — Famille des rats hamsters (§§ 121, 135, 136). — Voyages et migrations des lemmings (§§ 121, 131). — Lièvres (§ 138) et lapins (§ 139).

Mammifères aquatiques :

1° Carnassiers aquatiques : la loutre (§ 117), les phoques (§ 119).

2° Ordre des cétacés: (§ 202) le marsouin, le dauphin (§ 208), la baleine (§ 210), et le cachalot (§ 209).

Quelques mots 1° sur les édentés (§ 143), tatous (§ 145), fourmilier (§§ 148, 149, 150); — 2° sur les sarigues (§ 212), kanguroos (§ 213) et autres marsupiaux (§ 211); — 3° sur l'ornithorhynque (§ 215).

Résumé de la classification des mammifères. Indications des caractères extérieurs à l'aide desquels on peut reconnaître les ordres (§§ 84, 85, 202, 211) et les principaux genres (§§ 86 à 251).

Rappeler les caractères généraux de l'embranchement des vertébrés (§§ 36 à 41).

DEUXIÈME ANNÉE.

Classe des oiseaux. Mode d'organisation des oiseaux (§§ 217 à 232). Notions sur les plumes, leurs développements et leurs usages (§§ 218, 219). — Structure des ailes (§§ 217 à 219 et 240). — Mode de respiration des oiseaux (§ 240).

Différences de conformation des oiseaux en rapport avec leur manière de vivre (§ 249). — Oiseaux de proie (§ 251), diurnes, aigles (§ 252), nocturnes, hiboux (§ 253), oiseau bon voilier, hirondelle (§ 255), insectivores et granivores, moineau, pigeon, poule (§§ 256, 257, 262, 267). — Oiseaux coureurs, autruche (§ 271) ; oiseaux de rivage, cigogne (§§ 273) ; oiseaux de haute mer, pétrels (§ 278) ; oiseaux nageurs, canards, cygnes (§§ 280 à 284). — Construction des nids (§ 242). — Éducation des jeunes (§ 245). — Voyages (§ 246).

Classe des reptiles et des amphibiens (§§ 287 et 332). Notions sur le lézard (§ 315) et sur le crocodile (§ 310).

Notions sur les tortues (§ 302 à 308. — Construction de la carapace de ces animaux (§ 302).

Notions sur les serpents (319). — Différences entre les serpents venimeux (vipères) et les serpents non venimeux (§ 319). — Caractères à l'aide desquels on peut distinguer entre elles les vipères (§ 322) et les couleuvres (§ 319). — Serpents à sonnettes (§ 325).

Différences entre les reptiles et les batraciens (§ 300). — Notions sur quelques-uns de ces animaux (§§ 328 à 331). — Venin qui suinte de la peau des crapauds (§ 336). — Fables relatives aux salamandres (§ 338, note).

Classe des poissons. Notions sur l'histoire naturelle et sur l'organisation des poissons (§§ 341 à 356). — Structure de leurs nageoires. — Comparaison entre ces organes et les pattes des mammifères (§§ 341 à 349). — Vessie natatoire, ses usages (§ 351). — Mécanisme de la respiration des poissons (§ 355). — Poissons osseux et cartilagineux (§ 359). — Notions sur l'histoire du saumon (§ 373), du hareng (§ 374), et de quelques espèces, la sardine (§ 368), l'anchois (§ 375), le brochet (§ 378), la carpe (§ 379), la morue (§ 388), l'anguille (§ 393), l'esturgeon (§ 394), le requin (§ 396).

Résumé de la classification naturelle des animaux vertébrés (§ 48).

Classe des insectes. Caractères généraux de ces animaux (§ 403). — Leur squelette extérieur (§ 404). — Divisions du corps (§ 405). — Nombre et structure des pattes (§ 419). — Structure des ailes (§§ 417, 418). — Mode de respiration (§ 428). — Différences dans la conformation de la bouche, suivant le régime (409). — Insectes mâcheurs, hanneton, carabe, etc. (§ 410) ; insectes suceurs, abeille (§ 411) ; punaise (§ 412) ; papillon (§ 415) ; puces (§ 413) ; mouches (§ 414) ; papillons (§ 415).

Métamorphoses (§§ 431, 432 à 437).

Différences entre un scarabée, un criquet, une demoiselle

une abeille, un papillon, une punaise de bois, une mouche et une puce (§ 438, note 2).

QUATRIÈME ANNÉE.

Application de la zoologie à l'agriculture et à l'industrie. — *Animaux de boucherie.* — De l'esclavage et de l'engraissement des animaux de boucherie. — Des circonstances qui influent sur la rapidité avec laquelle le résultat voulu peut être obtenu, et sur la quantité d'aliments consommés par un animal et la quantité de viande ou d'autres substances comestibles qu'il fournit (§ 151, p. 90, note 2).

Notions sur le repeuplement des eaux (§ 358).

Insectes utiles. — Insectes qui vivent aux dépens des espèces nuisibles à l'agriculture, et en limitent ainsi la multiplication : Exemples, ichneumons et autres parasites (§ 489). — Insectes qui, en piquant les végétaux, déterminent la formation de produits utiles : noix de galle (§ 488).

Insectes dont le corps renferme des substances utiles en médecine ou dans les arts. Exemples : cantharides, cochenille (§§ 456-474).

Insectes qui produisent de la cire, du miel, de la soie. — Compléter l'étude des vers à soie au point de vue agricole et industriel (§§ 484-496).

Insectes nuisibles à l'agriculture. — Faire connaître les mœurs de ces animaux, les dégâts qu'ils occasionnent et les moyens de les combattre (§§ 447 à 511).

Sauterelles et criquets voyageurs. — Exemples de dévastations produites par ces animaux en Algérie, en Orient (§ 468). Insectes nuisibles au blé. — Charençons, teigne, alucite (§§ 542, 503).

Insectes qui attaquent les arbres forestiers. — Scolytes, etc. (§ 458). — Chenilles (§ 494). — Bombycite. — Insectes qui attaquent les fruits, etc. — Pyrale de la vigne (§ 502). — Larves qui se logent dans les fruits charnus, tels que les pommes et les poires (§ 503). — Insectes qui attaquent les oliviers (§ 511).

ÉLÉMENTS
DE ZOOLOGIE

INTRODUCTION.

§ 1. Définition et but de l'histoire naturelle. On a donné le nom d'*Histoire naturelle* à la partie des sciences physiques dont l'étude a pour objet les divers corps existant sur la terre, ou faisant partie de sa masse. Elle s'occupe de leur structure, de leurs conditions d'existence, du rôle qui leur a été assigné dans les desseins de la Providence ; elle recherche les caractères propres à les faire distinguer entre eux.

De toutes les sciences elle est une des plus aimables et des plus attrayantes ; elle est surtout une des plus capables d'élever nos pensées vers le Souverain Auteur de toutes choses ; car si les cieux racontent sa gloire, la terre publie sa toute-puissance, sa sagesse et sa bonté. A la vue du spectacle harmonieux qui s'offre à ses yeux, l'homme se sent entraîné par un charme souvent irrésistible à en étudier les merveilles ; il ne peut faire un pas dans ce champ de découvertes, sans reconnaître son néant et la grandeur infinie de Dieu, et chaque observation lui offre un motif nouveau de le bénir et de l'aimer.

Mais l'Histoire naturelle n'est pas seulement une étude pleine de charmes ; son utilité est aujourd'hui si généralement reconnue, qu'il n'est pas besoin d'en faire sentir l'importance. Elle ressortira sans peine, nous l'espérons, de ces leçons élémentaires, dans lesquelles nous tâcherons d'indiquer les principales ressources qu'elle peut offrir à l'agriculture, à l'économie domestique, à l'industrie et aux arts.

§ 2. Nécessité de la méthode pour l'étude de l'histoire naturelle. Pour arriver à la connaissance des corps si nombreux dont s'occupe cette science, il est indispensable de s'aider du secours de la méthode ; avec elle on peut établir des classifications, c'est-à-dire des divisions successives, renfermant chacune des êtres réunis par des points plus ou moins nombreux de ressemblance dans leur conformation, et différant, par ces particularités auxquelles on a donné le nom de *caractères*, des êtres composant chacun des groupes opposés ou parfois en quelque sorte parallèles.

Les êtres compris dans les premières catégories ne se lient nécessairement les uns aux autres que par les rapports les plus généraux ; mais à mesure qu'on passe d'une division à une autre, les relations des êtres réunis dans chacune d'elles deviennent plus nombreuses et plus frappantes, et l'on arrive enfin jusqu'à l'*Espèce*, c'est-à-dire jusqu'à la forme ayant un cachet spécial, un caractère n'appartenant qu'à elle, et se perpétuant sans altération [1].

§ 3. Mais si les espèces avaient chacune une dénomination particulière, c'est-à-dire s'il y avait autant de noms différents que d'espèces de corps, notre mémoire serait impuissante à les retenir. On a donc formé des groupes appelés *Genres*, destinés à comprendre chacun un certain nombre d'espèces, ayant entre elles une sorte de parenté, ou des rapports particuliers de conformation que n'offrent pas avec elles les autres espèces. Ainsi le Cheval, l'Ane, le Zèbre et quelques autres Mammifères à un seul sabot, constituent le genre Cheval. Lorsqu'on veut désigner l'espèce, on ajoute à ce nom générique ou de parenté un nom spécifique ou particulier.

---

[1]. La forme spécifique montre parfois, chez les individus, des modifications plus ou moins légères dans quelques-uns de ses caractères peu importants, et constitue alors des *variétés*, tantôt passagères, tantôt plus constantes désignées sous le nom de *races* chez les animaux supérieurs ; mais, même chez ces variétés, reste toujours fixe et immuable le principe caractéristique de l'espèce.

La réunion d'un certain nombre de genres ayant entre eux des rapports de conformation qu'on ne trouve pas chez d'autres, forme une *Famille*.

En répétant pour les familles ce qu'on a fait pour les genres, on établit un *Ordre*.

En suivant la même marche, on constitue, avec les ordres, une *Classe*; avec les classes, un *Embranchement*; avec les embranchements, un *Règne*. On peut même établir quelques autres coupes intermédiaires entre celles que nous venons de nommer.

Ces divisions offrent de grands avantages; elles abrègent les recherches, et soulagent la mémoire; elles donnent des idées d'ordre et de classement, que notre esprit prend facilement l'habitude de reporter dans les autres actes de la vie.

Les caractères sur lesquels repose chacune des divisions employées par la méthode, sont donc comme autant de poteaux indicateurs du chemin à prendre pour arriver à la connaissance de l'espèce. On peut sans doute choisir entre diverses voies pour parvenir au même but; mais il n'existe qu'une méthode vraiment digne de ce nom : celle qui s'efforce de suivre autant que possible la marche de la nature[1], c'est-à-dire d'offrir, réunis dans chaque groupe, les êtres ayant entre eux les rapports les plus nombreux, en partant des points de vue les plus élevés de leur organisation, et par conséquent plus rapprochés les uns des autres,

---

[1]. Cette méthode est appelée par cette raison *Méthode naturelle*, par opposition aux *Méthodes artificielles*, suivant lesquelles les êtres réunis dans les mêmes groupes, sont rassemblés d'après des caractères souvent peu importants, et par conséquent d'une manière plus ou moins arbitraire. Si par exemple on choisissait, pour base principale de la division des animaux, le nombre de leurs pieds, on accolerait dans une première grande coupe le Bœuf et la Grenouille, qui n'ont entre eux que des rapports de conformation bien plus éloignés que ceux qui existent entre les Bœufs ayant quatre membres, et les Lamantins pourvus seulement de deux membres en forme de nageoires.

que tous ceux qui composent chacun des autres groupes.

§ 4. **Division des corps de la nature.** Les différences les plus saillantes qui existent entre les divers êtres, frappent facilement nos sens et notre esprit. Ainsi, depuis longtemps on a réparti les corps de la nature en deux grandes divisions : celle des *êtres bruts* ou privés de vie, et celle des *êtres vivants* [1].

§ 5. Les premiers ont été appelés *inorganisés*, parce qu'ils sont dépourvus de cette organisation qui constitue une sorte de tissu chez les corps vivants ; ils n'offrent point de traces de vaisseaux ; n'ont point d'irritabilité ; ne peuvent augmenter de volume que par la superposition de molécules nouvelles ; sont susceptibles d'être divisés en fragments très-petits, sans cesser d'exister et d'être de même nature, et ont une durée très-diverse.

Leur forme est variable jusque dans la même espèce, et moins essentielle que les éléments matériels dont ils sont constitués. Plusieurs peuvent se montrer sous trois états différents : solide, liquide, gazeux.

On a donné le nom de *Règne minéral* à la grande division qui comprend tous les êtres bruts. Leur étude forme la base de deux sciences particulières : la *Minéralogie* et la *Géologie*.

§ 6. Les *êtres vivants* ont été nommés *organisés*, parce qu'ils sont pourvus d'une organisation indispensable pour le mouvement vital dont ils jouissent. Ils présentent, à cet effet, dans la composition de leur corps, une sorte de tissu formé de parties plus ou moins solides et de parties liquides : les premières, pour assurer leur forme ; les secondes, pour leur donner la flexibilité, et pour faire pénétrer dans tout leur être les éléments nutritifs. Ils croissent, non plus comme les corps bruts par superposition, c'est-à-dire par

---

1. La première de ces divisions constitue le *Règne inorganique* ; la seconde, le *Règne organique*. On peut se borner à répartir les corps de la Nature dans ces deux grandes coupes, ou les distribuer en trois règnes : *minéral*, *végétal* et *animal*. L'homme est une créature à part.

l'effet de molécules nouvelles venant se déposer à leur surface, mais par intus-susception, c'est-à-dire à l'aide de matières nutritives pénétrant dans leur intérieur. Cependant, en même temps que des éléments nouveaux s'assimilent à eux, ces corps rendent au monde extérieur d'autres éléments qui faisaient partie de leur substance ; ils éprouvent donc un renouvellement moléculaire continuel. Néanmoins, malgré ces changements incessants, leur forme reste la même ; elle est donc plus constante chez eux que la matière.

Toutefois la vie dont ces corps jouissent ne saurait durer toujours ; elle a un terme très-variable, selon les espèces, mais qui pour les individus a des limites que nous pouvons jusqu'à un certain point fixer. Après avoir crû pendant un certain temps, les modifications apportées dans leurs tissus par leur densité devenue plus grande, ou diverses autres causes, finissent par arrêter le mouvement vital et par amener la mort : celle-ci est la conséquence inévitable de la vie. Le corps, livré alors à l'influence de divers agents, se dissout dans un terme plus ou moins court ou plus ou moins long.

§ 7. Parmi les êtres vivants, les uns, tels que les *végétaux*, sont *inanimés*, c'est-à-dire incapables de sentir, et de produire des mouvements volontaires ; ils ne peuvent se nourrir que de matières inorganiques [1].

On a donné le nom de *Règne végétal* à la division qui renferme les êtres vivants inanimés. La science qui s'en occupe porte le nom de *Botanique ;* elle se divise elle-même en plusieurs branches.

§ 8. Les autres sont *animés*, c'est-à-dire jouissent de la sensibilité et peuvent manifester, par des mouvements volontaires [2], qu'ils ont reçu l'impression qui leur a été com-

---

1. Certains végétaux manifestent bien, dans diverses circonstances, des mouvements plus ou moins appréciables ; ainsi, la Sensitive replie ses feuilles sous les doigts qui la touchent ; mais ces mouvements ne peuvent être répétés immédiatement après qu'ils ont eu lieu. La plupart d'ailleurs s'expliquent par des causes physiques.

2. Ils ont pour exécuter ces mouvements un système musculaire

muniquée. Ils ne peuvent se nourrir que de matières tirées du règne organique. Avec la sensibilité, correspondent, chez eux, des facultés intérieures, dont le développement, très-variable, suivant ces divers êtres, sert surtout à les faire partager en deux catégories très-distinctes : les *animaux* et l'*homme*.

§ 9. Les premiers ont le corps plus ou moins penché vers le sol ; leurs membres, quand ils en sont pourvus, sont tous destinés à la progression ; leurs instincts, leurs penchants et leurs goûts se rattachent à des besoins ou à des objets terrestres. Par leurs actes, les plus simples de ces êtres s'élèvent à peine au-dessus d'une vie toute végétative : les autres, suivant qu'ils occupent un rang plus ou moins considérable dans la série animale, montrent des sensations variées, manifestent des sentiments instinctifs plus ou moins étonnants, ou des facultés moins aveugles, dont il nous est facile de tracer les limites assez restreintes, et quand ils ont rempli le rôle providentiel auquel ils étaient destinés, ils disparaissent de la scène, avec le principe immatériel qui est en eux.

On a donné le nom de *Règne animal* à la division dans laquelle se trouvent compris les animaux. La science qui s'occupe de ces derniers est appelée *Zoologie*, et se subdivise elle-même en plusieurs branches particulières.

§ 10. Dans l'homme, au contraire, tout semble indiquer le roi d'ici-bas. Il marche debout ; ses membres antérieurs, inutiles pour la progression, et réservés à de plus nobles usages, sont terminés par des mains d'une admirable adresse, ayant le pouce facilement opposable aux autres doigts. L'analogie même de ses formes extérieures avec celles de certains animaux, quand ses facultés psychologiques sont comparativement si élevées, suffit pour montrer en lui une créature à part. Sa pensée est plus rapide que la

plus ou moins développé, qui agit sous l'influence de la matière nerveuse, organe de la sensibilité.

lumière qui en offre l'image; il l'exprime par la parole; il ne connaît pas les limites précises de son intelligence, et sa raison, le plus noble des attributs qu'il reçut du Créateur, révèle en lui ce souffle de Dieu que nous appelons *âme* et qui survit à la destruction de son corps[1].

L'HOMME.

§ 11. Objet d'une création toute spéciale, doué d'une âme créée à l'image de Dieu, fait pour le connaître et pour l'aimer, destiné à dominer sur les animaux et à jouir de toutes les productions de la terre, l'homme, malgré sa chute et l'état de déchéance qui en a été la déplorable suite, possède encore des priviléges assez beaux pour témoigner de sa noble origine et pour montrer qu'il se souvient des cieux. Seul, il est fait pour avoir l'idée d'un Auteur Souverain de toutes choses, la conscience d'une autre vie et le don de la parole; seul, il a la prévision de la mort; seul, il jouit du libre arbitre, c'est-à-dire de la faculté de choisir à son gré entre le bien et le mal; seul enfin, il a en partage la raison et l'intelligence dans toute l'acception de ce mot.

Cette noble faculté supplée, chez lui, aux avantages matériels qui lui manquent, et laissent incontesté entre ses mains le sceptre de la terre. Elle lui a permis d'améliorer sans cesse sa condition. Fait pour vivre principalement de fruits ou de quelques autres parties tendres des végétaux[2],

---

1. On donne le nom d'*Anthropologie* à la science qui traite du corps de l'homme, soit sous le rapport moral, soit sous le rapport physique, et qui s'occupe alors des variétés qu'il présente, et de la répartition de ces variétés sur la terre.
2. Cette destination est indiquée par la forme de ses dents, par la simplicité et par la dilatation de son estomac, par la longueur médiocre de ses intestins.

il a pu, à l'aide du feu, varier sa nourriture, la choisir parmi tous les corps organisés; préparer ses substances alimentaires, les transformer même, pour les approprier à ses goûts et aux besoins de ses organes. Il a su réduire à l'état domestique divers mammifères visiblement créés dans ce but par la Providence, et dès lors, il a trouvé dans le lait, la chair, la peau ou la toison de ses troupeaux, des ressources précieuses pour le soutien ou la conservation de son existence. Parmi les animaux dont il s'est entouré, les uns sont devenus pour lui des compagnons fidèles et dévoués; d'autres, des serviteurs utiles; plusieurs, des esclaves laborieux. Avec le secours de ces derniers, il a multiplié et assuré par l'agriculture ses moyens de subsistance. La tradition orale et l'écriture, cette langue en images, ont successivement transmis toutes les connaissances déjà acquises, et préparé par là des découvertes et des progrès incessants.

§ 12. Aujourd'hui, de quoi l'homme n'est-il pas capable? Il sait jusqu'à certain point maîtriser tous les éléments. Il force le sol ingrat à devenir fécond, et couvre d'opulentes moissons ou de prairies verdoyantes des champs jusqu'alors infertiles; il comble les vallées et perce les montagnes pour se créer des chemins nouveaux; il ouvre le sein de la terre pour lui enlever ses richesses minérales. Avec le feu, il assouplit ou liquéfie les métaux pour les faire servir à ses usages; il inonde de clartés, pendant la nuit, les rues de ses villes et supplée ainsi à l'absence du soleil. Il emploie les vents à enfler les voiles de ses navires, à activer le feu de ses fourneaux; il a osé même s'élever dans les airs jusqu'aux limites où la vie est possible. L'Océan et ses flots irrités n'ont pu effrayer son audace; ses plaines liquides sont devenues des routes faciles pour le transporter jusqu'aux plus lointaines contrées; l'eau s'est convertie entre ses mains en une force motrice; réduite en vapeur, elle offre à sa volonté une puissance admirable, destinée à faire mouvoir des milliers de machines, à accélérer la marche de ses vaisseaux, ou à le faire voyager sur ses voies ferrées avec la vitesse de l'oiseau. Les corps impondérables eux-mêmes sont devenus pour lui des agents d'un pouvoir merveilleux. A l'aide de la lumière, il reproduit avec le daguerréotype, comme avec la baguette d'une fée, les images dont il veut garder le souvenir. Il emprunte à la foudre son fluide subtil, pour transmettre sa pensée d'une partie du monde à l'autre, avec la rapidité de l'éclair.

Quels prodiges n'opère-t-il pas dans les arts? Il transforme la laine de la brebis ou le duvet de la chèvre en vêtements chauds et moelleux; les fibres du chanvre et du lin, ou la bourre du cotonnier, en toiles souples et délicates; le fil de la chenille du mûrier, en étoffes splendides ou parées des dessins les plus gracieux. Partout, les diverses industries créées par son génie offrent de l'occupation aux bras, et améliorent la destinée de celui qui cherche l'aisance par le travail, et le bonheur dans la satisfaction de vœux raisonnables ou modérés.

§ 13. Son intelligence fait plus encore; elle offre à son esprit, dans divers sujets d'étude, des jouissances indicibles et variées. Avec l'histoire, elle lui fait remonter l'échelle des âges et embrasser tous les siècles; avec les belles-lettres, elle lui permet de confier au papier, dans des pages éloquentes ou gracieuses, soit les conceptions de son génie, soit les inspirations les plus heureuses de la poésie; avec les sciences, elle soumet les différents corps à ses calculs, à ses expériences, à ses observations; par la musique, la peinture et les arts qui s'y rattachent, elle fait le charme de ses principaux sens. Quelle que soit la nature de ces études intellectuelles, il y trouve des plaisirs inépuisables, plaisirs d'autant plus doux qu'ils sont plus épurés, ou qu'ils tendent davantage à élever son âme vers son Créateur.

§ 14. Enfin la raison de l'homme, principalement quand elle est éclairée par la religion, lui inspire le sentiment de sa dignité, lui apprend à se maîtriser lui-même et à s'élever au-dessus des penchants qui cherchent à l'entraîner vers la terre. La religion surtout lui enseigne ses devoirs envers

Dieu et envers ses semblables; elle cherche à le maintenir dans les sentiers de la justice et de la vertu, en lui rappelant les récompenses ou les peines qui l'attendent dans une autre vie; elle le soutient et l'encourage de ses espérances, adoucit ses misères en lui en montrant la durée passagère, et contribue à faire son bonheur ici-bas, en assurant sa félicité future.

§ 15. La position de ses yeux, et celle de sa tête presque en équilibre sur la colonne vertébrale, tout montre qu'il est fait pour considérer les cieux ou pour dominer de son regard les objets terrestres, plutôt que d'être, comme les animaux, destiné à se pencher sur le sol.

Tout concourt donc à faire voir en l'homme un anneau particulier de la chaîne destinée à rattacher les autres êtres qui peuplent notre globe, aux intelligences célestes qui approchent plus ou moins près du trône de la Divinité, à le montrer comme une créature privilégiée, séparée des animaux par un abime infranchissable.

§ 16. Faible en naissant, l'homme a besoin, pendant un temps proportionnellement plus long que les mammifères, des soins de sa mère et de son père; de là naissent ces douces affections, ces sentiments de reconnaissance et d'attachement, destinés à lier pour toujours les enfants à leurs parents; de là, découlent ces habitudes de subordination auxquelles sont dues la paix et une partie du bonheur des familles, et qui sont les bases de la société. Sa vie peut être partagée en diverses périodes[1]. Il est enfant jusqu'à dix

---

1. M. Flourens, dans son livre remarquable: *de la longévité de la vie humaine*, divise ainsi l'existence de l'homme:

Enfance
{
1re, depuis la naissance jusqu'à dix ans, époque de la terminaison de la deuxième dentition.
2e, ou *adolescence*, de dix à vingt ans, terme de l'accroissement des os en longueur, et de leur réunion à leurs épiphyses (expression par laquelle on désigne les éminences séparées du corps principal de l'os, par une couche plus ou moins épaisse de cartilage).
}

ans, et croît environ jusqu'à vingt, terme de son adolescence. Il entre alors dans la jeunesse, que les poëtes ont comparée aux plus beaux jours du printemps de l'année; c'est l'âge des illusions et des espérances; il voit comme à travers un prisme enchanté la route qu'il doit parcourir encore; mais à mesure qu'il avance dans l'âge mûr, le chemin lui semble moins riant, et après une vieillesse toujours d'autant plus longue, plus exempte d'infirmités et plus heureuse, qu'il a su davantage avoir en toutes choses des habitudes de sobriété et de tempérance, dominer ses passions, vivre en paix avec les autres et avec lui-même, il arrive à la fin de son existence terrestre; mais la mort qui pour les animaux est la dernière fin de l'être, n'est pour lui que l'aurore d'une nouvelle vie, et le commencement de ses destinées immortelles.

§ 17. L'homme est unique en son espèce. Les divers points de ressemblance ou de parenté des langues, qui permettent de les rattacher toutes, de plus ou moins loin, à une langue mère aujourd'hui perdue; les données de la tradition, les recherches de l'histoire, les explorations des voyageurs, les études de la science: tout vient à cet égard confirmer les récits de la Bible. L'espèce humaine cependant présente, dans quelques-uns de ses caractères physiques, des variations plus ou moins remarquables, qui l'ont fait subdiviser en *races*. Ces variations n'ont rien de plus éton-

Jeunesse { 1re, de 20 à 30 ans.
2e, de 30 à 40 ans, terme de l'accroissement du corps en grosseur; grosseur indépendante de la graisse, qui souvent s'accumule plus tard dans les tissus.

Age viril { 1re, de 40 à 55 ans, époque du travail d'invigoration, qui agit dans les tissus les plus intimes de nos parties, et qui rend celles-ci plus achevées et plus fermes.
2e, de 55 à 70 ans, époque pendant laquelle le travail se maintient.

Vieillesse { 1re, de 70 à 80 ou 85 ans.
2e, de 85 à 100 ans.

nant que celles dont nos animaux domestiques nous offrent de si nombreux exemples. Les unes paraissent dues à l'influence de la chaleur, des climats [1], de la nourriture, des habitudes ou aux déformations volontaires imprimées par la plûpart des tribus sauvages; diverses causes morales ont eu de l'influence sur les autres. Si nos organes, en effet, peuvent, jusqu'à certain point, recevoir un développement proportionnel à la manière dont ils sont exercés, il est permis de penser que chez les familles humaines qui, pendant un certain nombre de générations successives, ont négligé de cultiver les plus nobles de leurs facultés et se sont abandonnés de plus en plus aux penchants qui rapprochent de la brute, il est permis de penser que le cerveau, cet organe immédiat des fonctions de l'intelligence, a dû se ressentir de ces habitudes, perdre de son volume, et forcer le front à fuir en arrière, tandis que la partie postérieure de la tête acquérait un développement plus considérable.

§ 18. On s'est principalement servi, pour diviser l'espèce humaine en races, des moyens de comparaison tirés de la couleur de la peau et des formes extérieures, dont le squelette sert, d'une manière plus précise, à indiquer les variations. Le crâne et la face, renfermant le cerveau, les principaux organes des sens, et donnant à la physionomie un cachet particulier, ont surtout servi de base à ce travail; mais l'inconstance des caractères assignés [2], les transitions

---

1. Il faut entendre par climats tous les milieux dans lesquels l'homme vit, et par conséquent toutes les causes extérieures qui peuvent influer sur les variations de ses caractères physiques.

2. Camper a cherché à déterminer la saillie ou l'avancement de la figure par la mesure de l'*angle facial*, c'est-à-dire de l'angle formé par deux lignes droites : l'une tirée du front à la base des dents incisives; l'autre, passant de la mâchoire supérieure au trou occipital, ou de la base du nez au bord inférieur de l'oreille; en général, la saillie et le développement du front, dont le *Jupiter olympien* présente le caractère remarquable, sont des signes d'intelligence; mais ni cet angle, ni les autres caractères employés par Blumenbach, Cuvier, Pinel, Owen, etc., ne peuvent permettre d'établir des règles fixes.

insensibles par lesquelles on passe d'une race à l'autre, la diversité des naturalistes sur le nombre de celles à établir [1], concourent à fournir une des plus fortes preuves de l'unité de l'espèce.

§ 19. **Squelette.** Le corps de l'homme offre à l'intérieur une sorte de charpente osseuse, à laquelle on a donné le nom de *squelette* (*fig.* 1) [2]. Celui-ci détermine la forme générale du corps, sert d'attache aux muscles, permet aux mouvements d'avoir plus de précision, de force et d'étendue; il constitue une espèce de cage destinée à protéger les viscères les plus importants, le cœur et les poumons; il sert à loger le tronc principal du système nerveux et à le garantir de toutes sortes de pressions. Son étude peut faire ressortir une partie des différences physiques qui séparent l'homme des animaux. Elle nous servira de point de départ pour suivre les modifications que présente la charpente des divers animaux vertébrés.

Le squelette se divise naturellement en trois parties : la tête, le tronc et les membres.

§ 20. **Tête.** Elle comprend le *crâne* et la *face*.

Le *crâne* est une boîte osseuse, destinée à loger le cerveau, le cervelet et la partie de la moelle épinière à laquelle on a donné le nom de moelle allongée. Il est formé de la réunion de huit os, savoir : le *frontal* ou *coronal* en avant, les deux *pariétaux* en haut et latéralement, les deux *temporaux* sur les côtés, l'*occipital* postérieurement, le *sphénoïde* et l'*ethmoïde*, à la partie moyenne et inférieure et en dedans. Ces os sont unis par des engrenages très-solides, et disposés de manière à résister aux diverses violences que le

---

1. Cuvier en a admis trois principales : la blanche ou *caucasique*, la jaune ou *mongolique*, la nègre ou *éthiopique*. Blumenbach, cinq : la *caucasique*, la *mongole*, l'*éthiopienne*, l'*américaine*, la *malaise*. M. Duméril, six : la *caucasique*, l'*hyperboréenne*, la *mongole*, l'*américaine*, la *malaise* et l'*éthiopienne*; quelques autres en ont élevé le chiffre jusqu'à seize.

2. Elle est tirée de l'atlas du Manuel d'anatomie descriptive, par M. Jules Cloquet.

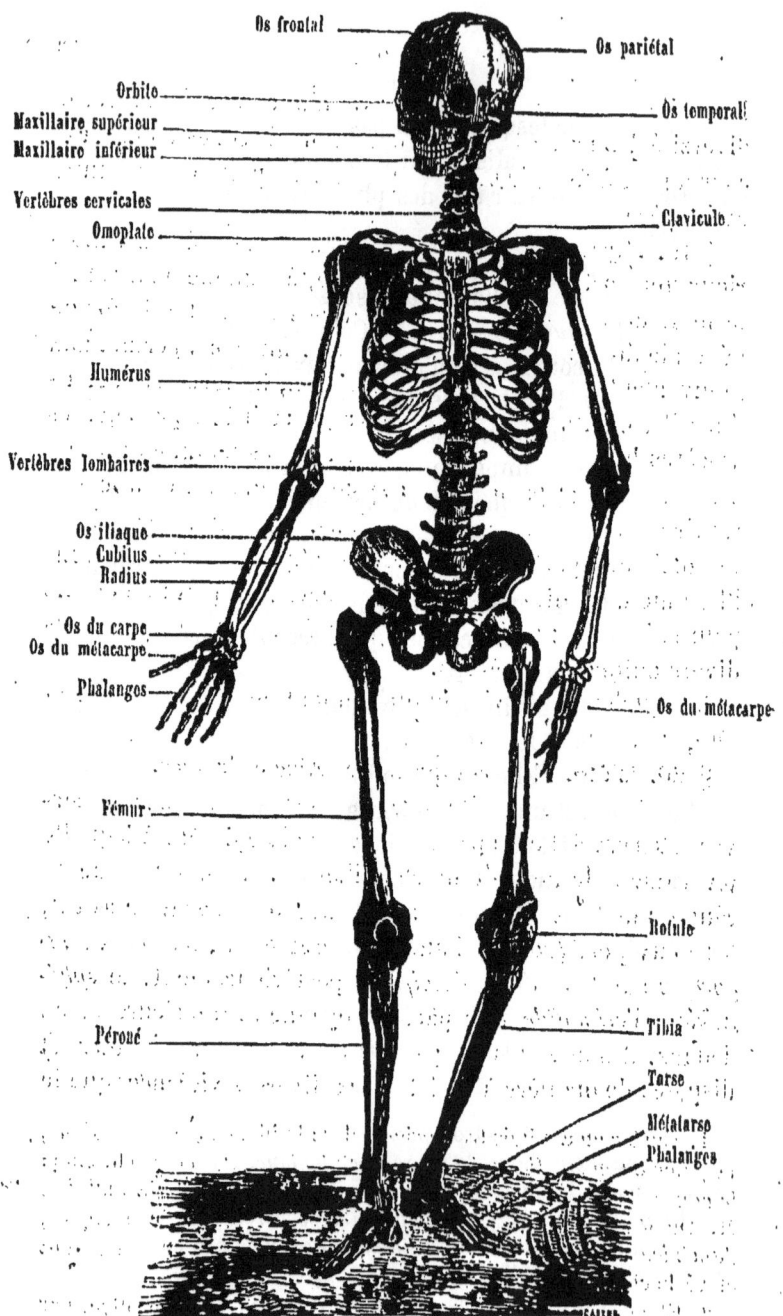

Fig. 1.

crâne peut éprouver. Dans l'os temporal, se trouve le conduit auditif. A la base du crâne, se montrent le trou occipital et divers autres plus petits. Le premier, situé chez l'homme immédiatement en arrière du diamètre transversal de la boîte crânienne, permet à la moelle de se prolonger dans la colonne vertébrale : les autres servent de passage aux vaisseaux sanguins du cerveau, et aux nerfs qui y prennent naissance. De chaque côté du trou occipital, existe un condyle [1] ou éminence large et convexe, servant à l'articulation de la tête avec la colonne vertébrale. Sur les côtés de la base du crâne, se voient encore deux autres apophyses [2], appelées *mastoïdes*, destinées à servir d'attache aux muscles moteurs de la tête.

§ 21. La *face* comprend quatorze os, savoir : le maxillaire inférieur, les maxillaires supérieurs, les palatins, le vomer, les cornets inférieurs, les nasaux, les jugaux et les lacrymaux.

Le *maxillaire inférieur* est le seul mobile ; il porte les dents de la mâchoire inférieure. Sa forme se rapproche de celle d'un fer à cheval relevé à ses extrémités. Chacune de celles-ci est terminée par un condyle saillant, reçu dans une cavité du crâne, appelée *glénoïdale* [3]. Au-devant de chacune de ces éminences, se montre une apophyse nommée *coronoïde*, servant de point d'attache à des muscles releveurs de la mâchoire inférieure, muscles qui vont s'insérer, à leur extrémité opposée, sur les côtés de la tête, jusque vers le sommet des tempes.

Les *maxillaires supérieurs* portent les dents de la mâchoire supérieure; ils s'articulent avec le frontal et unissent les os de la face, à laquelle ils donnent de la solidité ; ils concou-

---

1. On appelle *condyle* les éminences des articulations.
2. On donne le nom d'*apophyses* aux prolongations osseuses, de diverses forme et grandeur.
3. On donne l'épithète de *glénoïde* ou *glénoïdale* à toute cavité peu profonde ou superficielle, qui reçoit la tête d'un os.

rent à la formation des cavités nommées *orbites* et *fosses nasales*.

Les *palatins* constituent, avec les maxillaires, la voûte du palais. Ils se joignent au sphénoïde.

Le *vomer* sépare inférieurement les fosses nasales. Dans l'intérieur de celles-ci, se trouvent les *cornets inférieurs* ou *sous-ethmoïdaux*.

Les *nasaux*, auxquels est réduite la partie osseuse du nez, ont peu d'étendue, ainsi qu'il est facile d'en juger par l'inspection du squelette. A l'état de vie, ils sont continués par des cartilages, qui donnent au nez sa forme particulière.

Les *jugaux* ou *os des pommettes* constituent la saillie des joues; de celles-ci, s'étend jusqu'à l'os temporal une arcade appelée *zygomatique*[1], destinée à protéger une partie des muscles releveurs de la mâchoire inférieure, et servant de point d'attache à d'autres muscles chargés de la même fonction.

Les os de la face sont disposés de manière à constituer, outre la bouche, deux autres cavités remarquables : les orbites et les fosses nasales.

Les *orbites*, destinées à loger le globe de l'œil, ont la forme d'une espèce de cône, dont le sommet occuperait la partie la plus profonde. Leurs parois sont formées : supérieurement, par une portion de l'os frontal ; inférieurement, par le maxillaire supérieur ; en dedans, par l'ethmoïde, et le plus petit des os de la face, le *lacrymal;* sur les côtés, par l'os jugal, et par le sphénoïde qui en occupe aussi le fond ; en dehors, par l'apophyse orbitaire externe du palatin. A sa paroi interne, se rattache un canal qui descend dans les fosses nasales et qui sert de passage aux larmes : celles-ci sont sécrétées par une glande appelée *lacrymale*, logée dans une dépression de la voûte de l'orbite.

Les *fosses nasales* sont séparées entre elles par une lame

1. Cette arcade destinée à unir les os de la pommette à celui des tempes, est formée par l'apophyse zygomatique du jugal, et par l'apophyse zygomatique du temporal, unies par une suture oblique.

ou cloison verticale, formée supérieurement par une portion de l'ethmoïde, et inférieurement par le vomer. A leur partie supérieure elles sont creusées dans l'ethmoïde, dont l'intérieur présente de nombreuses cellules; en dessous, elles sont limitées par la voûte du palais. Elles communiquent avec des cavités situées sous l'os du front, et appelées *sinus frontaux*.

Parmi les os de la tête doivent encore être compris les quatre osselets contenus dans l'oreille moyenne : le *marteau*, l'*enclume*, l'*os lenticulaire* et l'*étrier;* et l'os *hyoïde*, placé en travers de la partie supérieure du cou, lié par des ligaments au temporal, et destiné à servir de support à la base de la langue, et de soutien au larynx.

§ 22. Le **tronc** comprend la colonne vertébrale, les côtes et le sternum.

La *colonne vertébrale* ou *épine du dos* est la partie principale de la charpente osseuse; elle est comme la colonne destinée à soutenir tout l'édifice. On l'a nommée vertébrale, parce qu'elle est formée de vertèbres, espèces d'anneaux osseux, placés bout à bout, et unis entre eux d'une manière très-solide. A son extrémité supérieure, elle supporte la tête. La colonne vertébrale ou l'épine dorsale, est composée de trente-deux ou de trente-trois vertèbres; elle peut être divisée en cinq régions : 1° la *cervicale* ou celle du cou, composée de sept vertèbres : 2° la *dorsale* ou celle du dos, correspondant au thorax, composée de douze vertèbres : 3° la *lombaire* ou celle des flancs, composée de cinq vertèbres : 4° la *sacrée*, composée de cinq vertèbres dans le très-jeune âge, mais qui, plus tard, se soudent en un seul os appelé *sacrum:* 5° la *coccigienne*, composée de trois ou de quatre vertèbres, suivant que les deux dernières sont plus ou moins intimement soudées entre elles.

Ces sortes d'anneaux osseux, par leur réunion, offrent dans leur intérieur, depuis la tête jusque près de l'extrémité, un canal destiné à loger la moelle épinière. De chaque côté de ce canal, se montrent, pour le passage des filets nerveux naissant de la moelle épinière pour se rendre aux diverses parties du corps, une série de trous, appelés *trous de conjugaison*, formés par la réunion de deux échancrures, pratiquées : l'une, au bord inférieur ; l'autre, au bord supérieur de chaque vertèbre.

Chacune de celles-ci est composée d'une partie principale ou corps de la vertèbre, et de diverses éminences ou apophyses. Le *corps de la vertèbre*, dans lequel est creusé le canal vertébral, s'unit par ses faces supérieure et postérieure à la face correspondante de la vertèbre voisine. Cette union a lieu à l'aide d'une couche fibro-cartilagineuse, dont l'élasticité variable avec l'âge, permet à la colonne vertébrale d'avoir une certaine mobilité. La solidité de la colonne vertébrale est encore augmentée par l'existence de quatre petites *apophyses articulaires*, situées de chaque côté, deux en haut, deux en bas, s'engrenant avec celles des vertèbres contiguës. Deux autres, appelées *apophyses transverses*, dirigées en dehors, une de chaque côté, sur lesquelles s'insèrent quelques-uns des muscles chargés de soutenir la colonne vertébrale ; celles de la région dorsale servent, en outre, de point d'appui aux côtes. Enfin une apophyse impaire plus saillante, située en arrière, sur la ligne médiane, est appelée *apophyse épineuse*, et sert de point d'attache aux muscles, et aux ligaments qui unissent entre eux ces divers anneaux osseux, et limitent les mouvements de flexion de l'épine du dos. Ces mouvements sont plus prononcés dans la partie lombaire, et surtout dans la cervicale que dans la dorsale. Ils sont nuls dans la région sacrée.

Par une disposition qui révèle toujours la sagesse de la Providence, les apophyses servant d'attache aux muscles, sont plus longues dans les parties de la colonne où ces liens doivent exercer une plus grande puissance ; elles ont au contraire moins de développement dans la région cervicale, chez l'homme, attendu que la tête repose presque verticalement sur la première des vertèbres ou *atlas*. Les mouvements de rotation que la tête opère sur le cou, sont dus au mode d'articulation existant entre l'atlas et la seconde vertèbre appelée *axis*.

§ 23. Les *côtes* sont des arceaux longs et aplatis, articulés postérieurement avec les vertèbres dorsales, appuyés contre l'une des apophyses transverses de celles-ci, et dirigés en avant vers le sternum, pour former avec ce dernier une sorte de cage osseuse, destinée à protéger le cœur et les poumons. Elles sont au nombre de douze paires : on donne le nom de *vraies côtes* aux sept premières paires, dont l'extrémité antérieure se continue par une partie cartilagineuse jusqu'au sternum ; on appelle *fausses côtes* les cinq autres, dont les dernières n'arrivent pas au sternum, dont les autres ne se lient que par leurs cartilages à la partie cartilagineuse des vraies côtes.

§ 24. Le *sternum* ou l'os du devant de la poitrine est plat ; il occupe la partie antérieure et moyenne de cette cavité. Il s'unit d'une part avec les côtes ; de l'autre, il se lie aux membres antérieurs par les clavicules. Il paraît formé de plusieurs os qui ne tardent pas à se souder.

§ 25. **Membres.** Ils sont divisés en supérieurs et inférieurs. Chacun d'eux a une portion basilaire et une portion mobile.

Les *membres supérieurs*, dans leur portion basilaire, se composent de deux os, l'omoplate et la clavicule.

L'*omoplate* est un os large, mince, triangulaire ; uni, à l'aide de muscles, à la tête, au cou et à la colonne vertébrale. Il présente deux faces : l'une *antérieure*, l'autre *postérieure*, et trois bords : le supérieur ou *coracoïdien :* le postérieur ou *vertébral :* l'externe ou *axillaire*. Sa face postérieure est chargée d'une éminence transversale, située vers son tiers supérieur, appelée *épine de l'omoplate*, qui se termine au-dessus de l'articulation de l'épaule, par l'apophyse *acromion*. Le bord supérieur porte une autre apophyse appelée *coracoïde*. A l'union de ce bord avec l'axillaire, se montre la *cavité glénoïdale de l'omoplate*, cavité peu profonde, destinée à recevoir l'extrémité de l'os du bras. L'omoplate fournit des points d'attache à divers muscles[1]. La *clavicule* est un os grêle, faisant l'effet d'arc-boutant; il s'appuie sur le sternum et sur l'omoplate, et sert à tenir les épaules écartées.

§ 26. La partie mobile des membres supérieurs comprend l'humérus ou os du bras, les os de l'avant-bras et ceux de la main. L'*humérus* est un os long, presque cylindrique, offrant à son extrémité antérieure un renflement appelé *tête de l'humérus*, articulé avec la cavité glénoïdale de l'omoplate. Son extrémité inférieure est élargie, et a la forme d'une poulie; postérieurement, elle est creusée d'une fossette ou cavité. L'humérus sert d'insertion à des muscles[2], qui s'attachent par leur extrémité opposée à diverses parties, surtout au thorax ou à l'omoplate.

L'avant-bras est formé de deux os : le *cubitus*, en dedans, et le *radius*, en dehors. Ces os, quoique unis l'un à l'autre par une membrane aponévrotique et par des ligaments, jouissent d'une assez grande mobilité. Le *cubitus* ou l'os du coude, renflé à son extrémité supérieure, se meut comme sur une charnière sur la partie postérieure de l'humérus, avec lequel il s'articule. Il ne peut opérer avec cet os que des mouvements d'extension et de flexion, et pour qu'il ne puisse se renverser en arrière, sa partie supéro-postérieure présente une apophyse appelée *olécrane*, destinée à se loger dans la fossette de l'humérus. A son extrémité inférieure, cet os va en se rétrécissant.

---

1. L'un des principaux, le *grand dentelé*, s'insère au bord vertébral de cet os triangulaire, et passe entre sa face interne et les côtes, en se portant vers la partie antérieure du thorax. Un autre, le *trapèze*, qui sert à relever l'épaule et à supporter le poids du membre supérieur, s'insère sur l'épine transversale d'une part, en se liant de l'autre à la partie cervicale de la colonne vertébrale; le *triceps brachial* est fixé en partie au bord axillaire de l'omoplate.

2. Les principaux de ces muscles sont le *grand pectoral*, destiné à porter le bras en dedans, en l'abaissant; le *grand dorsal*, chargé de le porter en arrière et en bas; le *deltoïde*, au moyen duquel il se relève.

Le *radius* doit son nom à sa forme qui se rapproche de celle d'un rayon. Il est destiné à tourner sur le cubitus. A sa partie supérieure, il est assez grêle; il va en s'élargissant à son extrémité inférieure, destinée à supporter la main. Les mouvements qu'opère l'avant-bras, en se repliant sur le bras ou en s'étendant, sont dus à l'action de divers muscles fléchisseurs ou extenseurs, prolongés de l'épaule ou de la partie supérieure de l'humérus à la partie supérieure du cubitus. Ceux de rotation du radius sur le cubitus sont dus à des muscles fixés, soit à ces deux os, soit à l'humérus et au cubitus.

La main se divise en trois parties : le *carpe*, le *métacarpe* et les *phalanges*.

§ 27. Le *carpe* est formé de deux rangées de petits os, unis par des ligaments, qui, en les joignant d'une manière très-solide, leur permettent néanmoins quelque mobilité. Ces os, dont les noms rappellent la forme, sont au nombre de huit : le *scaphoïde*, le *semi-lunaire*, le *pyramidal* et le *pisiforme* pour la première rangée : le *trapèze*, le *trapézoïde*, le *grand os* et l'*os crochu* pour la seconde. Ces os laissent entre eux un espace suffisant pour laisser passer les vaisseaux sanguins, et les nerfs qui se portent de l'avant-bras à la main et aux phalanges.

§ 28. Le *métacarpe* est formé de cinq os longs et parallèles, disposés sur une rangée transversale : les quatre externes, liés entre eux à leur extrémité, sont peu mobiles : l'interne ou celui qui porte le pouce, jouit d'une grande liberté.

Les *phalanges* sont formées par des os qui s'articulent bout à bout : le pouce n'en a que deux : les autres en ont trois. La dernière ou celle qui porte l'ongle, est appelée *phalangette*.

Les membres inférieurs ont aussi leur portion basilaire et leur partie mobile.

§ 29. La première est formée d'un os appelé *iliaque* (os du flanc) ou *coxal* (os de la hanche), composé de trois pièces distinctes dans le jeune âge, mais qui ne tardent pas à se souder. L'os coxal semble le représentant de l'omoplate et de la clavicule. Chacun de ses os se soude en arrière avec la région sacrée de la colonne vertébrale, et se réunit en devant à son pareil, en constituant une arcade. De la réunion de ces os, résulte une ceinture osseuse, appelée *bassin* à cause de son évasement, et destinée à soutenir les intestins. Sur le côté extérieur, vers sa partie inférieure, chaque os iliaque présente une cavité destinée à recevoir l'os de la cuisse.

Le bassin sert d'insertion à la plupart des muscles chargés de faire mouvoir la cuisse et la jambe, et à divers muscles abdominaux.

§ 30. Les parties mobiles des membres inférieurs comprennent les os de la cuisse, de la jambe et du pied.

La cuisse, l'analogue du bras, n'a qu'un seul os, le *fémur*. Il est coudé en dedans vers son extrémité supérieure, et sa *tête* arrondie est logée dans la *cavité cotyloïde* [1] *du bassin*. Ces dispositions permettent à la cuisse des mouvements très-variés. La tête est suivie d'un rétrécissement appelé *col du fémur*; et vers la base de celui-ci, au côté externe, le fémur présente des éminences, appelées *trochanters* [2], servant de points d'attache aux principaux muscles chargés de faire mouvoir la cuisse. L'extrémité inférieure offre deux tubérosités, qui forment une sorte de poulie articulaire sur laquelle glisse la partie supérieure du tibia.

§ 31. Au-devant du genou se montre un os appelé *rotule*. La jambe, comme l'avant-bras, présente deux os, le *tibia* et le *péroné*, mais non destinés à se mouvoir l'un sur l'autre. Le premier, beaucoup plus important, s'articule avec le fémur, mais de manière à ne pouvoir se porter en avant; à son extrémité opposée, il soutient le pied. Le second, ou le péroné, est grêle, situé au côté externe du tibia, et appliqué

---

1. Cotylo, cavité d'un os, dans laquelle un autre os s'articule.
2. Apophyse de la partie supérieure du fémur.

contre celui-ci à ses extrémités : l'inférieur constitue la cheville.

§ 32. Le pied, comme la main, comprend trois parties : le tarse, le métatarse et les doigts. Le *tarse* est composé de deux rangées d'os. Dans la première se trouvent l'*astragale*, le *calcaneum*, l'*os scaphoïde*. La tête de l'astragale s'emboîte dans la cavité articulaire du tibia; elle repose à son tour sur le calcaneum, qui se prolonge en arrière pour former le talon, et servir de point d'attache au tendon d'Achille par lequel se termine le muscle du mollet. La seconde rangée se compose de trois os : les deux *cunéiformes* et l'*os cuboïde*, situé en dedans.

Les os du *métatarse* et ceux des *phalanges* sont en même nombre qu'à la main; mais ces os sont moins mobiles, et ceux des doigts sont plus courts.

§ 33. Tous ces os du pied sont disposés de manière à laisser un passage facile aux vaisseaux sanguins et aux nerfs, et dans ce but, les os du tarse et du métatarse forment ordinairement une sorte de voûte au côté interne. Quand celle-ci est peu prononcée, et que le pied est plus ou moins plat, les filets nerveux comprimés par le poids du corps, ne permettent pas une marche d'une longue durée.

ANIMAUX [1].

§ 34. **Caractères distinctifs des animaux.** Destinés soit aux besoins de l'homme, soit à des rôles divers, selon les

[1]. Les animaux présentent dans la composition de leur corps diverses parties ayant des destinations diverses; ainsi les animaux supérieurs, tels que le lapin, ont un *estomac*, espèce de poche ou de renflement du tube digestif, dans lequel s'accumulent les aliments, pour y subir un commencement de décomposition; des *intestins* qui font suite à l'estomac et qui terminent le tube digestif; un *foie*, or-

desseins de la Sagesse divine, les animaux se distinguent des végétaux par la faculté de sentir et de produire des mouvements volontaires ; mais ils jouissent de la sensibilité à des degrés bien différents : chez les uns, elle est réduite aux termes les plus obscurs de l'animation ; chez d'autres, au contraire, elle se manifeste par des facultés intérieures plus ou moins remarquables que, faute d'expression convenable, on nomme l'*intelligence des bêtes*, pour la distinguer de cette intelligence véritable, infiniment plus merveilleuse et plus étendue, que Dieu a départie à notre espèce.

§ 35. **Influence du système nerveux.** Ces manifestations particulières de la vie chez les animaux, ou si l'on veut, les degrés si variés qu'ils présentent dans leurs facultés intérieures, sont en général en harmonie avec le développe-

gane sécréteur de la bile, qui concourt à achever la digestion en décomposant une partie des aliments, dans la première partie des intestins, dans celle qui porte le nom d'intestin grêle ; un *cœur*, organe musculaire divisé en plusieurs cavités, chargé d'envoyer le sang dans les diverses parties du corps, à l'aide de *vaisseaux* dont les uns partent du cœur et dont les autres y ramènent le sang ; des *poumons*, espèces de poches spongieuses, susceptibles de se dilater pour recevoir l'air extérieur et de se contracter pour le rejeter, organes de la respiration, par laquelle l'oxygène de l'air, en se mettant en communication avec le sang, rend à ce dernier les qualités vitales qu'il avait perdues ; un *cerveau*, principale partie du système nerveux, organe de la sensibilité ; des *muscles*, constituant ce que nous nommons vulgairement la chair ; organes rouges ou rougeâtres, composés de fibres, qui sous l'influence du système nerveux sont susceptibles de contraction et de relâchement et sont destinés à l'exécution de tous les mouvements du corps ; des *os*, constituant la charpente solide ou le squelette du corps des animaux supérieurs, et dont les principaux des membres sont mis en mouvement par les muscles.

1. Les observations faites sur les animaux supérieurs, montrent que chez eux le développement de leurs facultés intérieures est en harmonie avec celui des lobes ou des hémisphères du cerveau, comme on peut le voir par l'angle facial du singe, du cheval et de la grenouille, mais ces observations sont loin de résoudre toutes les difficultés.

ment du cerveau ou certaines dispositions du système nerveux.

§ 36. **Division du règne animal, embranchements.** Si la matière nerveuse a une influence si évidente sur les facultés intérieures des animaux, toute modification importante dans le système nerveux doit en entraîner de correspondantes dans leurs divers organes chargés de concourir à la vie de relation. On peut, en effet, en étudiant le Règne animal, reconnaître dans la structure des êtres qu'il embrasse, quelques types principaux qui semblent avoir été pris pour point de départ ou pour base des formes diverses des animaux : de là, leur division en *vertébrés*, *annelés*, *mollusques* et *zoophytes*; mais ces types, surtout les derniers, ont été modifiés de telle sorte par la Puissance créatrice, que les êtres fixés vers les limites de chacun de ces groupes, en offrent parfois les caractères si altérés, qu'ils nous laissent souvent dans l'indécision sur la division à laquelle ils doivent être rapportés.

§ 37. Les animaux vertébrés ont tous une charpente intérieure plus ou moins solide, un squelette articulé, destiné à servir d'attache aux principaux muscles, à protéger les viscères les plus importants, à loger une partie du système nerveux [1]. Leurs organes du mouvement et autres, chargés de concourir à la vie de relation, sont disposés par paires d'une manière symétrique, de chaque côté de la ligne médiane et longitudinale du corps. La plupart ont quatre membres ; jamais ils n'en ont davantage ; tous ont le sang rouge, et le cœur a au moins deux cavités. Un Chien, un Oiseau, un Serpent, un Poisson, peuvent offrir des types des êtres compris dans cet embranchement.

1. Ils ont un système cérébro-spinal, c'est-à-dire offrant un tronc principal commençant au cerveau logé dans le crâne, et prolongé dans l'épine du dos qui lui sert de gaine. De chaque côté de cet axe principal, partent des cordons nerveux, qui se rendent soit aux organes des sens, soit aux diverses parties du corps. Ils ont en outre un système ganglionaire, formé de ganglions ou masses nerveuses, unies par des filets nerveux.

§ 38. Les autres animaux manquent de squelette articulé intérieur [1] et sont dits *invertébrés* ou dépourvus de vertèbres.

§ 39. Parmi ces derniers les **annelés** ou **articulés** doivent leur dénomination à la structure de leur corps, composé d'anneaux ou de tronçons en partie au moins articulés à la suite les uns des autres. Ces anneaux sont, en général, assez solides pour constituer une sorte de squelette extérieur, servant d'enveloppe protectrice aux parties internes et d'attache aux muscles. Les êtres compris dans cet embranchement ont encore leurs organes de la vie de relation disposés d'une manière symétrique, de chaque côté de la ligne médiane du corps, dont le plan est droit. La plupart ont des pieds articulés au nombre de trois paires au moins. Leur sang est ordinairement presque incolore. Leurs organes de la respiration sont en général plus développés que ceux de la digestion et de la circulation [2]. Un Insecte, une Araignée, un Mille-pieds, une Ecrevisse, une Sangsue, peuvent fournir divers exemples d'animaux compris dans cette catégorie.

§ 40. Les **mollusques** n'ont pas le corps divisé en anneaux. Leur peau est flexible, ordinairement gluante et contractile; elle est par conséquent incapable de remplir l'office de squelette extérieur; souvent il se forme dans son épaisseur des lames de substance cornée ou calcaire, tantôt destinées à rester cachées, tantôt constituant une enveloppe solide connue sous le nom de *coquille*. Ils ont encore les principaux organes disposés par paires et d'une manière symétrique; mais leur corps mou, au lieu de se développer longitudinalement en ligne droite, affecte habituellement une disposition courbe ou en spirale. Souvent ils manquent de membres; jamais ils n'ont de pieds articulés. Leurs organes de la di-

---

1. Ils n'ont également pas de système nerveux cérébro-spinal.
2. Leur système nerveux se compose d'une moelle abdominale composée d'un certain nombre de ganglions disposés par paires, reliés entre eux par des cordons longitudinaux, et communiquant ordinairement par un cordon œsophagien avec des ganglions cérébraux.

gestion et de la circulation sont ordinairement plus développés que ceux de la respiration [1]. Un Poulpe, un Escargot, une Huître, peuvent servir de représentants de cet embranchement.

§ 41. Les **zoophytes** [2] montrent généralement dans leur structure une simplicité plus ou moins grande. Plusieurs semblent offrir tant de ressemblance avec les plantes, que pendant longtemps ils ont été considérés comme faisant partie du *Règne végétal* : de là le nom de *zoophytes* ou *animaux plantes* sous lequel ils sont connus. On les a appelés également *radiaires*, parce que les parties de leur corps, au lieu d'offrir de la symétrie, rayonnent et divergent d'un point central. Quelquefois, au lieu d'une disposition rayonnée le corps a une figure sphéroïde soit constante, soit seulement dans le jeune âge, et se déformant dans la suite. Les Etoiles-de-mer, les Oursins, les Coraux, les Spongiaires, peuvent être pris pour types de cet embranchement.

PREMIER EMBRANCHEMENT.

ANIMAUX VERTÉBRÉS [3].

§ 42. CARACTÈRES. *Un squelette intérieur, articulé. Organes du mouvement et autres de la vie de relation disposés d'une manière symétrique de chaque côté de la ligne médiane*

---

1. Leur système nerveux se compose également, comme celui des Annelés, de ganglions unis par des cordons ; mais ces ganglions sont souvent épars et non sérialement disposés.
2. Leur système nerveux parfois en forme de cercle, garni de ganglions donnant naissance à des filets, est ordinairement rudimentaire ou indistinct.
3. Système nerveux cérébro-spinal, offrant un cerveau divisé en deux hémisphères, des lobes optiques, un cervelet, une moelle épinière, et des cordons naissant de cet axe principal.

du corps. Le plus souvent des membres; jamais plus de quatre. Sang rouge. Cœur au moins à deux cavités.

§ 43. Les Vertébrés sont suffisamment distingués par l'existence d'un squelette articulé, intérieur, dont l'épine dorsale et le crâne constituent les parties principales. Cette sorte de charpente, chez certains Singes, est presque semblable à celle de l'homme; mais elle offre, chez les autres animaux qui en sont pourvus, des différences plus ou moins remarquables, soit sous le rapport de la densité, soit sous celui de la forme ou du nombre de pièces dont elle se compose. Ordinairement osseuse, elle est simplement cartilagineuse chez les Requins, les Raies, ou même chez quelques autres [1], d'une consistance plus faible encore. Relativement aux pièces qui la constituent, le chiffre en est parfois très-différent, suivant les espèces, surtout quand elles appartiennent à des groupes plus ou moins éloignés. Parfois, une ou plusieurs divisions de la charpente font défaut. Ainsi, les membres manquent aux Ophidiens; le sternum aux Serpents; les côtes aux Grenouilles. D'autres fois, c'est le nombre des os de chaque division du squelette, qui est variable; celui des vertèbres, par exemple, est plus ou moins grand, soit dans l'ensemble de l'épine dorsale, soit dans chacune de ses régions.

§ 44. Leur système nerveux est plus développé que celui des animaux des embranchements suivants. Ils ont généralement cinq sens, et des organes, logés dans la tête, pour la vue, l'ouïe, l'odorat et le goût.

§ 45. La digestion, c'est-à-dire la décomposition des matières destinées à nourrir le corps, s'opère toujours dans un tube d'une simplicité ou d'une complication variable, mais ayant toujours ses deux extrémités très-éloignées. Les mâchoires agissent de bas en haut ou de haut en bas, au lieu de se mouvoir latéralement comme chez les Annelés.

[1] Les espèces de Poissons des genres Myxine et Amphioxe.

Le tube digestif est accompagné de glandes chargées de sécréter des liquides divers pour la décomposition des aliments. Parmi ces glandes, le foie, ou celle qui produit la bile, ne fait jamais défaut.

§ 46. Leur sang est toujours rouge. Il est mis en mouvement par un organe d'impulsion, par un cœur [1], chargé de l'envoyer soit aux organes de la respiration, soit aux diverses parties du corps. Ce cœur présente au moins deux cavités : une oreillette et un ventricule.

§ 47. Le sang, après avoir circulé dans le corps, est obligé de revenir se mettre en communication avec l'oxygène de l'air, pour reprendre les qualités nutritives qu'il a perdues. Cet acte, qui constitue la respiration, s'opère toujours dans des appareils logés dans une cavité du corps. Les vaisseaux sanguins chargés d'apporter le sang dans l'organe respiratoire, s'y subdivisent plus ou moins, pour rendre plus facile et plus active l'action de l'air sur le sang. Quand la respiration est aérienne, les organes dans lesquels elle a lieu constituent une réunion de poches où pénètre l'air, et sont appelés *poumons*. Quand elle est aquatique, ils peuvent être considérés comme des poches retournées; ce sont des organes saillants, nommés *branchies*, garnis de vaisseaux sanguins, et sur le sang desquels agit l'oxygène contenu dans l'eau qui les entoure.

§ 48. A part ces caractères généraux, les animaux vertébrés présentent des différences sensibles dans leurs téguments, suivant le rang qu'ils occupent. Ainsi le Chat et le Mouton ont la peau garnie de poils; celle de l'oiseau est cou-

---

1. Chez les Poissons le cœur est réduit à ces deux cavités. Chez les Reptiles, il offre ordinairement deux oreillettes et un ventricule, dans lequel se rendent confondus le sang veineux, venant de diverses parties du corps par l'oreillette droite, et le sang artériel, arrivant des poumons par l'oreillette gauche. Chez les Oiseaux et les Mammifères, le cœur a quatre cavités : deux oreillettes et deux ventricules, et semble formé de deux cœurs accolés; celui de droite, destiné à recevoir et à envoyer le sang veineux : celui de gauche, chargé de recevoir et d'envoyer le sang artériel.

2.

verte de plumes; elle est munie d'écailles chez la carpe, et nue chez la grenouille.

Les animaux vertébrés se divisent en quatre classes, d'après les caractères suivants :

Classes[1].

Animaux vertébrés
- pourvus d'organes de lactation.
  - Respiration s'opérant à l'aide de poumons, au moins dans l'âge adulte. Mâchoire inférieures'articulant avec le crâne à l'aide d'un et parfois de deux os.
    - pourvus d'organes de lactation. Mâchoire inférieure directement articulée avec le crâne. Sang chaud. Corps le plus souvent garni de poils. **MAMMIFÈRES.**
    - Sang chaud. Cœur à quatre cavités. Membres antérieurs en forme d'ailes. Corps garni de plumes. **OISEAUX.**
    - Sang froid. Cœur ordinairement à trois cavités. Corps garni d'écailles ou couvert d'une peau nue. **REPTILES**[2].
- dépourvus d'organes de lactation. Respiration s'effectuant à l'aide de branchies pendant toute la vie de l'animal. Sang froid. Membres en forme de nageoires. **POISSONS.**

1. Les Mammifères et les oiseaux, dont le sang est chaud, avaient donc besoin de vêtements naturels pour conserver au sang sa chaleur; aussi la plupart des Mammifères ont-ils le corps couvert de poils, et tous les oiseaux ont-ils le leur protégé par des plumes; les cétacés seuls, parmi les premiers, font exception à cette règle; mais ils ont reçu un lard épais et huileux qui remplit l'office des poils qui leur manquent. Les animaux à sang froid, comme les reptiles, les amphibies et les poissons, n'avaient pas besoin de poils ni de plumes, aussi les uns ont-ils le corps recouvert d'écailles ou d'une peau nue.

2. Divers naturalistes divisent les animaux de cette classe en *Reptiles* et en *Amphibies* ou *Batraciens*.

PREMIÈRE CLASSE.

MAMMIFÈRES.

§ 49. CARACTÈRES. *Des organes de lactation. Mâchoire inférieure directement articulée avec le crâne. Poitrine séparée de la cavité abdominale par un muscle appelé diaphragme. Cœur à quatre cavités : deux oreillettes et deux ventricules. Circulation complète*[1]. *Sang chaud. Respiration par des poumons*[2]. *Corps ordinairement garni de poils*[3].

§ 50. Les Mammifères occupent, après l'homme, la première place parmi les œuvres de la création. Ils l'emportent sur tous les autres animaux, par leur système nerveux plus développé, par leurs facultés intérieures plus remarquables. Ils réclament une étude plus approfondie, car ils renferment dans leurs rangs les êtres qui nous sont les plus utiles sous tous les rapports. Nous allons examiner leur organisation générale, et les moyens de les diviser en *sous-classes*, en *ordres* et en *familles*.

§ 51. **Système tégumentaire.** Le corps est revêtu

---

1. La circulation est dite complète, parce que tout le sang passe par les poumons pour y recevoir l'influence de l'oxygène de l'air.
2. Lorsqu'on tient alternativement entre ses mains un Mammifère et un Reptile, soit un Chat et une Grenouille, le premier de ces animaux nous fait éprouver la sensation de la chaleur et la seconde celle du froid. C'est que le premier absorbe une plus grande quantité d'air et par conséquent d'oxygène, source de l'espèce de combustion dont l'économie animale est le siège ; de là, la nécessité de l'air pour l'entretien de la vie.
La dépense des forces étant en proportion de l'oxygène qu'on dépense, les Mammifères n'auraient pu, comme les poissons, se contenter de la petite quantité d'air dissoute dans l'eau, et ont besoin de respirer l'air en nature.
3. Le nom de *Mammifères* convient donc mieux aux animaux de cette classe que celui de *Pélifères* que quelques auteurs avaient voulu leur donner ; car tous ont des organes de lactation et quelques

d'une enveloppe, soit à l'extérieur, soit dans celles de ses cavités qui communiquent avec l'extérieur. Dans le premier cas, cette enveloppe a reçu le nom de *peau :* dans le second, elle est appelée *membrane muqueuse,* parce qu'elle est sans cesse lubréfiée par une humeur muqueuse.

§ 52. La *peau* se compose de deux couches principales : le *derme* et l'*épiderme,* sorte de vernis ou de feuillet superficiel.

Dieu, en donnant à l'homme l'intelligence dont il l'a doué, lui a laissé le soin de se créer des vêtements, appropriés à la température des régions qu'il habite. Sa providence a été au-devant des besoins des animaux. Leur peau présente des modifications en harmonie avec leurs conditions d'existence ou avec les lieux dans lesquels ils doivent faire leur séjour. En général, elle est plus forte sur le dos chez les Mammifères terrestres ; plus résistante sur le ventre, chez ceux qui doivent avoir, comme la Loutre et le Castor, une existence plus ou moins aquatique. Les Cétacés, destinés à habiter continuellement les mers, sont revêtus d'une enveloppe offrant toutes les conditions nécessaires pour conserver au sang sa chaleur, pour n'être pas altérée par le fluide avec lequel elle est sans cesse en contact, pour n'offrir aucune résistance à la progression de ces animaux : elle est épaisse, huileuse et nue. Chez les Mammifères, destinés à une existence au moins en partie terrestre, la peau est garnie ou couverte de *poils.*

§ 53. Les *poils* sont produits par des organes sécréteurs logés dans le derme. Ils doivent leur couleur à une matière particulière. En général, ils sont de deux sortes : les uns, ordinairement plus courts, constituent la *bourre,* le *duvet,* le *fond,* remarquables par leur finesse et leur moelleux : les autres, connus sous les noms de *jar* ou de *jarre* et de *pointe,* généralement plus longs, paraissent destinés à protéger la

uns comme les Baleines ont la peau nue ; or, les caractères zoologiques ont d'autant plus d'importance qu'ils sont plus constants chez les êtres dont on s'occupe.

bourre contre la pluie et les autres agents extérieurs. Les poils varient sous le rapport de leurs qualités extérieures, et ont reçu divers noms, en raison de ces différences[1]. Les poils épineux des Échimys, les piquants du Hérisson ou du Porc-épic, peuvent être considérés comme des modifications des poils. Les espèces d'*écailles* qui recouvrent le corps des Pangolins, les *cornes* dont le nez des Rhinocéros est armé, et plus visiblement les *fanons* des Baleines, paraissent un assemblage de poils agglutinés. Les *étuis cornés* destinés à protéger les chevilles osseuses naissant du front de divers Ruminants, les *ongles*, les *griffes* et les *sabots* semblent avoir une origine analogue.

§ 54. **Parties extérieures du corps.** A l'extérieur, le corps des Mammifères peut ordinairement, comme celui de l'homme, être partagé en trois parties : la *tête*, le *tronc* et les *membres*.

§ 55. La *tête* offre le *crâne* et la *face*. Le premier se divise en plusieurs régions : le *sinciput* ou partie antérieure située après le front, et souvent confondue avec le *vertex* ou *sommet*; l'*occiput* ou partie postérieure; les *tempes* ou parties latérales, situées entre les yeux et les oreilles.

§ 56. A la face se montrent les *yeux*, le *nez* et la *bouche*. Les *yeux* offrent divers caractères distinctifs dans les variations de couleur de l'*iris*, membrane tendue derrière la cornée, et dans les formes de la *pupille*, ouverture percée dans le milieu de l'iris.

§ 57. Le *nez*, excepté chez divers singes, offre rarement l'idée que nous nous faisons de cette partie du corps. Ordinairement il se prolonge jusqu'à la partie antérieure de la face, et prend le nom de *museau*. Son extrémité est alors nue, sur une étendue variable, et comme percée d'un grand

[1]. Les *crins* sont des poils allongés, droits ou un peu onduleux, rudes, flexibles, et, par là, se rapprochant un peu des *cheveux*. Les *soies* sont moins longues, plus ou moins rigides. Les *laines* sont des poils plus ou moins fins, contournés sur eux-mêmes, hérissés de petites pointes ou de petites dents, auxquelles ils doivent la propriété de se feutrer.

nombre de pores, pour laisser passer la matière muqueuse. Quand le museau est large, et surtout quand la membrane humectée de mucosité revêt, comme on le voit chez les Bœufs, non-seulement le tour des narines, mais encore leur cloison intermédiaire et le dessus de la lèvre supérieure, il constitue un *mufle*. On l'appelle *groin*, comme chez le Porc, quand il est légèrement prolongé, jouissant de quelque liberté de mouvement, et propre à fouir. Il reçoit le nom de *trompe*, quand il est plus allongé. Chez l'Éléphant, la trompe offre une grande mobilité, et constitue, à son extrémité, un organe de préhension. La ligne longitudinalement saillante du nez est désignée sous le nom de *chanfrein;* celui-ci est rarement armé, comme chez les Rhinocéros, d'une ou de deux cornes fibreuses.

§ 58. La *bouche* est entourée en devant par les lèvres : celles-ci sont recouvertes d'une membrane muqueuse. La bouche prend le nom de *gueule*, lorsqu'elle est susceptible de s'ouvrir beaucoup et de se fermer brusquement, comme les animaux carnivores en offrent l'exemple.

§ 59. Le *tronc* se divise en trois principales régions : la *cervicale*, la *pectorale* et l'*abdominale*. La première comprend le *cou*, dont la partie supérieure porte ordinairement, par extension, le nom de *nuque;* l'inférieure est la *gorge*. Le cou est indistinct dans les Cétacés; il est ordinairement allongé chez les herbivores, pour leur permettre de brouter l'herbe avec facilité. La seconde région constitue le *dos*, en dessus; la *poitrine*, en dessous. La troisième région présente, en dessus, la *croupe;* en dessous, le *ventre;* sur les côtés, les *flancs*. Le tronc se prolonge ordinairement en un appendice caudal. La queue de certains animaux est dite *prenante* quand elle est susceptible de s'enrouler aux corps environnants, de manière à soutenir le corps. Chez les Kangaroos, elle sert comme de trépied en contribuant avec les membres postérieurs à soutenir le corps dans une position verticale. Elle est, chez les Cétacés, le principal organe de locomotion.

§ 60. Les *membres* se composent, savoir : les antérieurs, de l'*épaule*, du *bras*, de l'*avant-bras* et du *pied*, terminé par des *doigts;* les postérieurs, de la *hanche*, de la *cuisse*, de la *jambe* et du *pied*, également terminé par des *doigts*. Plusieurs de ces parties, les extrémités surtout, présentent des caractères servant à révéler les habitudes ou le genre de vie des divers Mammifères.

Les doigts sont généralement terminés par des *ongles*. Ces organes varient de configuration et, par suite, de nom; ils manquent aux doigts auxquels ils sont inutiles. Chez les Singes, faits pour grimper sur les arbres, en embrassant les branches avec leurs pattes préhensiles, ils sont le plus souvent plats et conservent le nom d'*ongles*. Chez la plupart des autres Mammifères, ils s'allongent au delà de la phalange, et constituent des *griffes*. Celles-ci ont des destinations diverses. Chez les Ecureuils, elles sont aiguës, pour leur permettre de grimper avec facilité. A un grand nombre elles servent à fouir et deviennent au besoin des armes défensives. Chez les Chats, ce sont de véritables crocs ou harpons, destinés à arrêter la proie. Celles des pieds postérieurs des Chauves-souris leur servent de crochets pour se suspendre dans l'état de repos. Chez les animaux faits pour une vie exclusivement terrestre, comme le Cheval, le Bœuf, etc., ces organes prennent plus d'extension, enveloppent toute l'extrémité de la dernière phalange, et deviennent des *sabots*.

§ 61. **Système musculaire.** Les muscles constituent ce qu'on nomme la chair des animaux. Fixés le plus souvent aux diverses parties de la charpente osseuse par des aponévroses ou des tendons, ils en font mouvoir les pièces mobiles, en se contractant, c'est-à-dire en se raccourcissant sous l'influence du système nerveux. Ils sont les organes du mouvement. Ils modifient les expressions de la physionomie, et jusqu'à certain point les formes du corps, dont le squelette détermine la structure.

§ 62. **Système osseux.** La charpente osseuse des Mammifères a, en général, plus ou moins de ressemblance avec celle de l'homme. La description que nous avons donnée de cette dernière, nous dispensera d'entrer ici dans de si longs détails. Il suffira de signaler les principales différences que présente, avec notre squelette, celui des premiers Vertébrés.

L'*os frontal* se charge, chez la plupart des Ruminants, de deux prolongements appelés *cornes*, ou plutôt *chevilles osseuses*. Chez le Sanglier et quelques autres, outre les os propres du nez, cette partie de la face en présente un particulier, l'*os du boutoir*.

Entre les maxillaires supérieurs se montre l'*inter-maxillaire*, qui se soude de très-bonne heure chez l'homme, sans laisser de traces.

§ 64. Les *dents* varient beaucoup dans leur nombre, leurs formes et leurs dispositions. De là résultent de nombreuses différences dans le genre de vie des Mammifères. Les uns ont, comme l'homme, le système dentaire complet, c'est-à-dire possèdent trois sortes de dents (*fig.* 2) : des *incisives*, des *canines* et des *mâchelières*. Les incisives, conformément à l'indication de leur nom, sont destinées à inciser, à couper. Les canines sont propres à déchirer; elles ont été ainsi nommées parce qu'elles sont très-développées chez les Chiens (*Canis*) et autres animaux carnivores. Les dents qui suivent, sont désignées sous le nom général de mâchelières, parce que le plus souvent elles servent à mâcher; mais elles présentent des modifications nombreuses dans leur configuration, changent de rôle en variant de forme, et reçoivent des noms appropriés à leurs usages. Ainsi, chez les Singes, les plus grosses de ces mâchelières ont pour mission de triturer les matières alimentaires; elles remplissent l'office de meules, et sont appelées *molaires ;* les premières de ces mâchelières ou les plus rapprochées des canines, remplissent un rôle moins spécial; elles peuvent couper au besoin, elles sont d'ailleurs moins grosses; on les distingue sous les noms de *petites* ou de *fausses mo-*

laires. Chez les Insectivores, les mâchelières sont hérissées de pointes plus ou moins coniques, disposées de telle sorte que les parties saillantes des dents de la mâchoire inférieure correspondent à des angles rentrants des dents de la mâchoire supérieure, et les rendent propres à briser l'enveloppe extérieure plus ou moins solide des animaux articulés. Chez l'Ours, les grosses mâchelières sont *tuberculeuses*, c'est-à-dire chargées de tubercules émoussés ; elles sont propres, par là, soit à écraser les matières végétales, soit à diviser la chair dans l'occasion. Mais chez les Mammifères plus particulièrement faits pour vivre de proie, la plus grosse des mâchelières, au moins, est comprimée, tranchante, ordinairement lobée, et remplit avec la correspondante l'office de ciseaux ; elle prend alors le nom de *carnassière*, terme qui s'applique parfois aussi à quelques-unes des précédentes ; mais les plus voisines des canines ne sont que de *petites* ou *fausses carnassières*. Chez les espèces moins exclusivement réservées à se nourrir de chairs palpitantes, derrière la carnassière principale se montrent une ou plusieurs *tuberculeuses*, ou mâchelières en partie planes, en partie tranchantes ou tuberculeuses, et propres à broyer les matières végétales. D'autres Mammifères ont le système dentaire incomplet, c'est-à-dire manquent d'incisives ou de canines ; quelques-uns même ont la bouche complétement édentée. Chez les Baleines, les dents sont remplacées par des lames cornées appelées *fanons*, fixées à la mâchoire supérieure.

La conformation des membres sert aussi à indiquer les habitudes des animaux ; ainsi les pieds à sabot du Cerf indiquent des mœurs inoffensives. Les pattes du Chat et du Lion, dont les griffes tenues relevées dans l'état ordinaire pour être toujours acérées et propres à arrêter la proie, suffisent pour révéler leur instinct carnassier ; les membres antérieurs des Chauves-souris transformés en rames aériennes, en font des animaux propres au vol, tandis que les doigts palmés des Loutres et des Phoques indiquent leur disposition pour la nage.

§ 65. **Système digestif.** Les Mammifères étant destinés, selon les desseins de la Providence, à avoir un genre de vie très-varié, leur appareil digestif devait offrir de nombreuses modifications. Elles nous offrent une preuve de ce pouvoir merveilleux avec lequel la Puissance créatrice sait varier tous les types, et une manifestation évidente des relations intimes qui existent sans cesse entre l'organisation des animaux et leur manière de se nourrir. Elles sont telles, qu'ordinairement quand on connaît le système dentaire d'un Mammifère, on peut, jusqu'à un certain point, pressentir la forme du tube dans lequel doit s'opérer l'acte de la digestion. En général, plus un animal vit exclusivement de chair, et surtout de proie vivante, plus il a l'estomac faible et simple, et les intestins courts. Pour transformer l'herbe en sang, il fallait un appareil plus long et plus compliqué; aussi, chez divers Pachydermes, l'estomac présente-t-il jusqu'à trois poches, à la suite les unes des autres; chez les Ruminants, il y en a quatre, dont trois communiquent avec l'œsophage.

§ 66. A leur entrée dans la vie, les animaux de cette classe sont incapables de chercher leur nourriture; ils manquent d'ailleurs des dents dont la plupart seront pourvus plus tard pour saisir et diviser leurs aliments. Mais la Providence, toujours attentive à la conservation de ses œuvres, n'abandonne pas ces êtres dans cet état de faiblesse; elle a donné à la mère la faculté de sécréter un liquide particulier, connu sous le nom de *lait*, destiné à sustenter le jeune animal, jusqu'au moment où il pourra lui-même pourvoir à ses besoins. Ce mode de nutrition, dont la vache nous fournit l'exemple, est un des traits les plus caractéristiques de ces Vertébrés.

§ 67. **Utilité des Mammifères.** Outre l'action providentielle que ces animaux sont appelés à exercer dans le monde, suivant leurs diverses destinations, un certain nombre semblent plus particulièrement avoir été créés en vue de l'homme. Nous mangeons la chair de plusieurs; nous retirons des services de quelques-uns; nous utilisons leurs produits ou diverses parties de leurs corps. Nous allons à ce sujet entrer dans quelques détails.

§ 68. **Animaux de Boucherie.** Divers Mammifères, principalement les Bœufs, les Vaches, les Moutons et les Porcs, fournissent nos viandes de boucherie. Ces animaux sont préalablement engraissés avant d'être livrés au boucher. La surabondance de graisse qu'on développe en eux par les moyens qu'on emploie, attendrit leurs fibres musculaires et rend leur chair plus succulente.

Les rapports ne sont pas toujours les mêmes entre la quantité d'aliments consommés et la quantité de viande ou d'autres substances comestibles fournies par des animaux de même espèce. Si un Bœuf, par exemple, a la poitrine resserrée, il s'engraisse avec plus de difficulté et emploie plus de temps à le faire. S'il a, au contraire, selon l'expression des emboucheurs, la *bonne côte*, c'est-à-dire s'il a de la disposition à bien se nourrir, il arrive plus promptement au résultat désiré. On engraisse les Bœufs au pré et à l'écurie. Dans le premier cas, la nature du sol exerce une influence très-sensible sur l'engraissement : les prairies reposant sur une terre forte, sont les plus recherchées pour l'embouchage. A l'écurie, on donne aux bœufs d'abord des herbes tendres, puis du foin de bonne qualité, mélangé avec des carottes ou des pommes de terre, et l'on termine par des farines de nos céréales ou de diverses légumineuses, telles que les fèves et les pois.

§ 69. **Lait.** Le lait est un liquide blanc, opaque, d'une saveur douce, agréable et légèrement sucrée. C'est l'aliment essentiel des premiers mois de l'enfance. Plus tard, celui de nos Ruminants constitue également pour l'homme une nourriture substantielle et réparatrice. Il convient surtout aux personnes qui exercent plus leur esprit que leur corps. Il est principalement composé d'eau, de matière butyreuse, de matière caséeuse, de sucre de lait et de divers sels.

La matière butyreuse ou matière à beurre est contenue dans le lait sous la forme de globules. Ceux-ci, par leur nature onctueuse qui leur donne de la légèreté, ont de la tendance à s'élever à la surface du lait, où ils forment une couche jaunâtre, connue sous le nom de crème.

§ 70. **Graisse.** La graisse qui se dépose dans diverses parties du corps des animaux, est une substance onctueuse, plus légère que l'eau, insoluble dans ce liquide, fusible à une température moins élevée que l'eau bouillante. Elle se compose de deux principales parties : l'une, solide, appelée, suivant son degré de solidité, *stéarine* ou *margarine;* l'autre, liquide à la température ordinaire, nommée *oléine*.

Les graisses ont donc une consistance variable, suivant la nature et la quantité des principes solides qu'elles renferment; plus elles sont riches en oléine, plus elles ont de fluidité. Cette substance entre généralement dans leur composition, dans une proportion d'autant plus grande, que les Mammifères sont destinés à une vie plus aquatique, et cette disposition répond merveilleusement aux conditions d'existence de ces animaux; l'huile, comme nous l'avons dit, conserve au sang sa chaleur, et préserve la peau des altérations que lui pourrait faire éprouver l'eau avec laquelle elle se trouve en contact.

Les graisses les plus consistantes ont reçu le nom de *suif*. Elles doivent leur qualité à la stéarine qu'elles renferment. Cette substance abonde surtout dans le suif des Chèvres et des Moutons, destinés principalement à vivre sur les montagnes des continents. Les autres graisses, dont la margarine forme la partie solide, sont connues sous les noms de *lard, axonge, saindoux*.

§ 71. **Peaux.** Les Mammifères, à l'exception des Cétacés, ont généralement l'enveloppe extérieure de leur corps plus ou moins garnie de poils. La dépouille de ces animaux comprend donc la peau proprement dite, ordinairement désignée sous le nom de *cuir*, et les poils qui s'y trouvent implantés. Ceux-ci donnent parfois à la peau presque tout son prix; d'autres fois le cuir en forme presque toute la valeur. Dans tous les cas, les peaux ont besoin de subir certaines préparations destinées à assurer leur durée, à leur donner des qualités variables, suivant les usages auxquels nous les réservons. Nous allons esquisser les principaux emplois auxquels sont réservées ces dépouilles.

Peaux employées pour fourrures. Tous les Mammifères piligères n'ont pas la peau également fournie de poils. La densité de ceux-ci est, en général, en sens inverse de l'épaisseur du cuir. Chez la plupart des Pachydermes à plusieurs sabots, et chez divers autres quadrupèdes des contrées tropicales, la peau est tantôt presque nue, comme celle des Éléphants et des Rhinocéros, tantôt peu garnie de *duvet*. Sous les zones septentrionales, au contraire, où les hivers sont parfois d'une rigueur excessive, le cuir plus souple est protégé par un *jarre* ou poil plus long ou moins grossier, et surtout par une bourre plus fine et plus chaude. La Providence a même eu le soin de faire varier, suivant les saisons, la densité de cette moelleuse fourrure. En faisant, chez ces habitants du nord, tomber le poil deux fois par an, au printemps et en automne, elle diminue la quantité de duvet dans la première de ces saisons, et l'augmente dans la seconde. Elle donne ainsi à ces animaux, suivant leurs besoins, des vêtements d'été et des vêtements d'hiver. Elle fait plus encore pour quelques-uns; à la mue d'automne, elle change la couleur de leur pelage, et les revêt d'une robe dont la blancheur se confond avec celle de la neige dont la terre est couverte; elle leur fournit ainsi les moyens d'échapper plus facilement à leurs ennemis.

En donnant une enveloppe plus chaude aux Mammifères des pays septentrionaux, en dotant ainsi ces quadrupèdes de tous les avantages qui leur étaient nécessaires, le Créateur a sans doute eu en vue d'offrir à l'homme la possibilité de se répandre sur toutes les parties du globe, et d'habiter des contrées dans lesquelles il lui serait impossible de vivre sans le secours des fourrures.

§ 72. Ces courtes considérations sur les dépouilles des Mammifères suffiront pour faire comprendre quelles sont les peaux destinées à alimenter le commerce des Pelleteries, et pour laisser pressentir celles qui doivent être les plus recherchées. En général, les fourrures ont d'autant plus de prix qu'elles proviennent d'animaux vivant sous des zones plus boréales; et celles des mêmes espèces habitant les mêmes localités, ont d'autant plus de valeur que l'animal a été tué pendant l'hiver.

§ 73. Sous le rapport des qualités du poil ou de la couleur du pelage, un grand nombre de peaux offrent des différences sensibles, suivant les parties du corps, et chacune de celles-ci reçoit souvent des destinations et des emplois très-divers.

§ 74. Les Mammifères dont les dépouilles sont principalement recherchées par les pelletiers sont la martre, la zibeline, la fouine, l'hermine, le renard argenté, le renard bleu, les loutres, le castor, le chinchilla, le petit-gris, le lapin, etc.

§ 75. Les soins apportés dans le dépouillement de l'animal, dans la manière de conserver et d'emballer les peaux, contribuent à donner à celles-ci une valeur très-variable.

§ 76. Enfin certaines peaux reçoivent un prix particulier de l'art avec lequel elles sont teintes, de manière à imiter des fourrures plus précieuses.

§ 77. Au commerce des pelleteries se rattachent encore certaines peaux, comme celles de Castors, de Lièvres, de Lapins, de Moutons, et d'un petit nombre d'autres Mammifères, dont le poil est employé par les chapeliers pour la fabrication des chapeaux de feutre.

§ 78. *Des peaux recherchées pour les cuirs.* — Ces sortes de peaux forment l'objet d'un commerce considérable, car elles sont d'un usage aussi fréquent que varié. Elles donnent lieu à diverses industries: celles du tanneur, du corroyeur, du mégissier, etc.

Quant aux tambours, aux cribles, etc., ils sont confectionnés avec des peaux d'ânes, de loups, de boucs, etc.

§ 79. Le *feutrage* consiste à préparer avec les poils de certains animaux une sorte d'étoffe appelée *feutre*, par la seule action du foulage, sans filage et sans tissage. Le feutrage exige des préparations pour disposer les poils à s'entrelacer d'une manière plus ou moins intime.

Les feutres étaient naguère presque exclusivement employés à la confection des chapeaux. On en fait aujourd'hui des tapis, des étoffes qu'on recouvre de caoutchouc, etc.

Les poils les plus propres au feutrage sont, la laine des moutons, le duvet des castors, des lièvres, des lapins, etc.

§ 80. *Colle*. Les peaux étant susceptibles de se dissoudre dans l'eau, surtout quand ce liquide est exposé à une température plus ou moins élevée, sont employées à la fabrication de la *colle forte* et de la *colle de peaux*. La première se fait avec les tendons, les cartilages et les parties inutiles des peaux destinées aux cuirs à œuvre et baudriers : la seconde se prépare avec des rognures de gants des mégisseries ou avec des peaux minces et épilées.

§ 81. Enfin le poil de diverses peaux est employé pour faire des pinceaux, des brosses, des tissus, ou à divers autres usages. Nous reviendrons sur ce sujet dans l'occasion.

§ 82. *Cornes*. Les cornes, ou étuis cornés destinés à protéger les prolongements osseux qui naissent du front de la plupart des Ruminants fournissent matière à un commerce très-important. Elles sont principalement travaillées par des fabricants de peignes, les tourneurs, les tabletiers. Leur usage s'est encore étendu, depuis qu'on est parvenu à donner à la corne le poli et les couleurs brillantes de l'écaille.

Les cornes désignées sous le nom de *bois* ont un emploi plus restreint ; nous parlerons des lames cornées connues sous le nom de *fanons de baleine* au § des Cétacés.

§ 83. *Os*. Les os des Mammifères servent à divers usages ; dans beaucoup de cas, ils remplacent l'ivoire. Ils sont employés à la fabrication du charbon connu sous le nom de *noir animal,* consommé surtout dans les raffineries de sucre, pour blanchir cette substance. On en extrait de la gélatine, utilisée dans la préparation de quelques substances alimentaires, ou pour la fabrication de la colle forte : on en tire du phosphore, du suif, etc.

§ 84. **Classification des mammifères.** Ces animaux peuvent être partagés en trois sous-classes, d'après les caractères indiqués dans le tableau ci-joint :

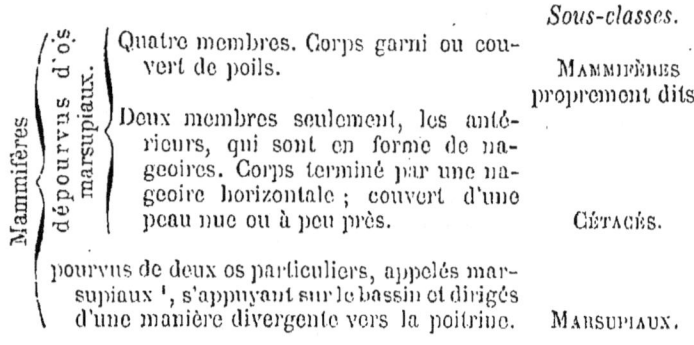

PREMIÈRE SOUS-CLASSE.

MAMMIFÈRES PROPREMENT DITS.

§ 85. CARACTÈRES. *Point d'os marsupiaux. Jamais de poches ventrales chez les femelles. Quatre membres. Corps revêtu d'une peau ordinairement couverte de poils, quelquefois de piquants, rarement d'espèces d'écailles.*

Cette sous-classe forme la division la plus nombreuse, et renferme les animaux qui nous sont les plus utiles ; on la divise ordinairement en huit ordres :

1. *Marsupium,* bourse. Ces os sont appelés marsupiaux, parce qu'ils sont destinés à soutenir l'espèce de bourse ou de poche ventrale qu'ont la plupart des femelles de ces animaux. Aussi ceux-ci sont-ils appelés souvent *animaux à bourse.*

MAMMIFÈRES. — QUADRUMANES.

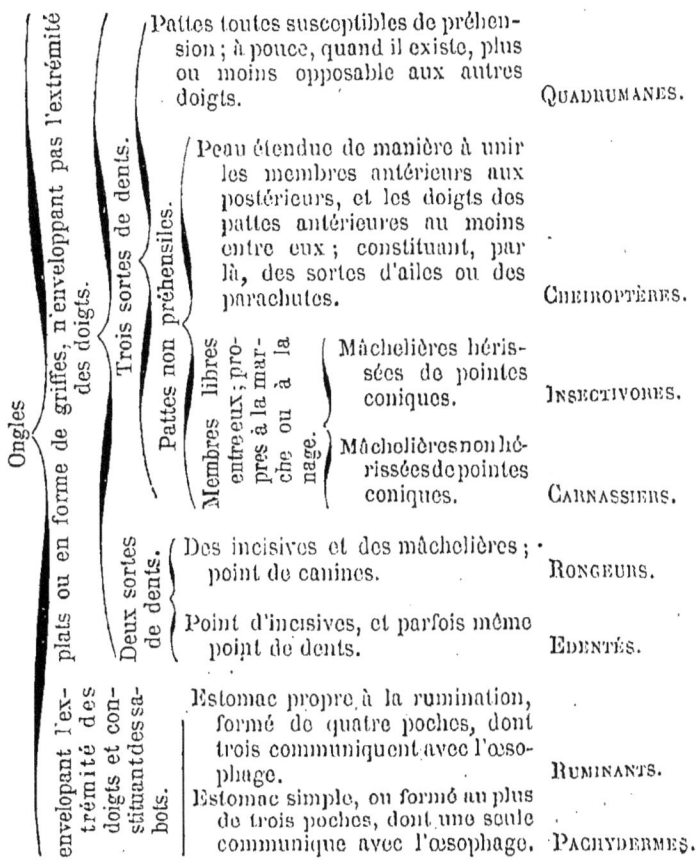

PREMIER ORDRE. — **QUADRUMANES.**

§ 86. CARACTÈRES. *Ongles n'enveloppant pas l'extrémité des doigts. Trois sortes de dents : incisives, canines et molaires. Quatre membres libres et terminés chacun par une patte préhensile, se rapprochant par là de la main de l'homme; à doigts longs et flexibles ; à pouce, quand il existe, séparé des autres et plus ou moins opposable à ceux-ci* (fig. 3 et 4).

Les Quadrumanes, les premiers du moins, sont, de tous les animaux, les plus rapprochés de l'homme par leurs formes extérieures et par leur organisation interne ; mais les dispositions des diverses parties de leur corps les rendent impropres à marcher naturellement debout. Ceux d'entre ceux qui peuvent le faire momentanément, sont obligés de

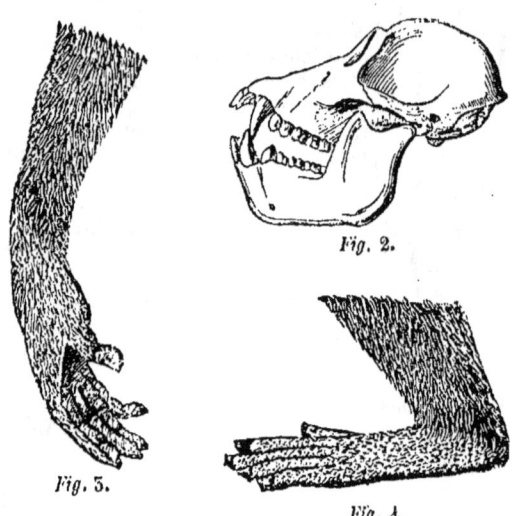

Fig. 2.

Fig. 3.

Fig. 4.

tenir les jambes ployées et de faire porter leur corps sur la tranche externe de leur pied, au lieu de poser celui-ci à plat sur le sol. Plusieurs sont imitatifs de quelques-unes de nos actions.

La plupart ont, dans le jeune âge, le caractère doux et affectueux, et l'angle facial très-ouvert ; mais à mesure qu'ils deviennent plus âgés, leur face s'allonge et ils montrent d'une manière plus prononcée les inclinations de la brute. Ces animaux sont faits pour grimper avec facilité sur les arbres ; la plupart sont vifs et agiles ; le développement de leurs membres postérieurs leur permet d'exécuter des sauts remarquables ; quelques-uns, en balançant leur corps suspendu à une branche par leur queue qui s'y est enroulée, peuvent s'élancer à d'assez grandes distances. Plusieurs ont des abajoues ou poches intérieures situées aux côtés de la bouche. Les Alouates, grâce au renflement vésiculeux de leur os hyoïde, ont un timbre de voix particulier, qui leur a valu le nom de *hurleurs*.

Les Quadrumanes habitent principalement les chaudes contrées, où la terre féconde produit des fruits dans toutes les saisons; ils recherchent surtout les parties boisées et voisines des rivières; une seule espèce, le Magot, paraît s'être naturalisée sur les rochers inaccessibles qui couronnent Gibraltar. Les plus anthropomorphes sont principalement frugivores; les plus rapprochés, par leurs formes, de l'espèce humaine, sont : l'orang-outang des îles de Sumatra et de Bornéo; le chimpanzé de la côte occidentale de l'Afrique; le gorille des forêts du Gabon, le plus remarquable par sa taille et le plus redoutable par sa force.

Plusieurs autres, les derniers surtout, se rapprochent de certains Carnassiers par leurs formes extérieures, par leurs mœurs et par leurs habitudes; ils vivent non-seulement de fruits, mais d'insectes, d'œufs, et même, dans l'occasion, d'oiseaux et de petits Mammifères. Ils trouvent à leur tour dans divers Carnivores des êtres chargés de mettre des bornes à leur trop grand nombre. Quelques-uns sont nocturnes.

Usages. La peau de plusieurs est utilisée dans certains lieux, soit pour vêtements, soit pour couvrir le dos des bêtes de somme.

§ 87. Ces animaux peuvent être partagés en trois familles :

- 1° Les Singes, dents incisives au nombre de quatre, contiguës et verticales. Ongles courts et semblables [1].
- 2° Les Ouistitis. Dents incisives au nombre de quatre, contiguës et verticales; cinq molaires de chaque côté, dont trois petites molaires à chaque mâchoire. Ongles presque tous en griffes [2].

1. Singes de l'ancien continent : cinq molaires (de chaque côté); narines inférieures. (Genres *Troglodyte, Orang, Nasique, Guenon, Macaque, Magot, Cynocéphale*, etc.). — Singes du nouveau continent : six molaires; narines latérales. (Genres *Alouate, Atèle, Sapajou, Saki*, etc.)

2. Genre *Ouistiti*.

3° Les Lémuridés. Dents incisives de la mâchoire inférieure soit inégales ou disposées par paires, soit réduites à deux. Quelques-uns des ongles des pattes postérieures généralement en griffes [1].

DEUXIÈME ORDRE. — CHEIROPTÈRES.

§ 88. CARACTÈRES. *Ongles en griffes. Pattes non en forme de mains. Trois sortes de dents : incisives, canines et mâchelières. Des expansions membraneuses servant à unir les membres antérieurs aux postérieurs, et les doigts antérieurs au moins entre eux : ces expansions constituant des ailes ou sortes de rames aériennes, ou des parachutes* (fig. 5).

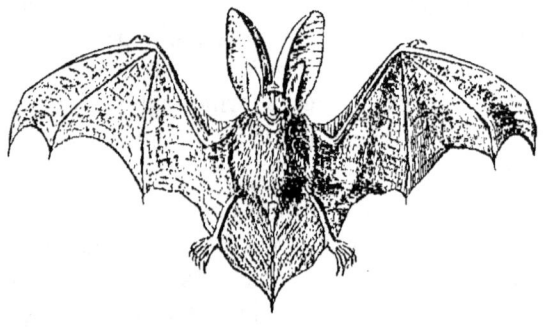

Fig. 5.

Ces animaux sont crépusculaires ou nocturnes. On les divise en deux principaux groupes :

1° GALÉOPITHÈQUES. Doigts des membres antérieurs à peu près égaux à ceux des postérieurs ;
2° Les CHAUVES-SOURIS. Doigts des membres antérieurs très-allongés, constituant, avec la membrane qui les unit, des espèces d'ailes ou plutôt des rames aériennes.

§ 89. Les Galéopithèques, connus sous le nom de *Chats-volants* et de *Singes volants*, servent à lier les Lémuridés aux Chauves-souris. Leurs expansions membraneuses sont trop peu développées pour leur permettre de se soutenir dans les airs ; elles ne peuvent leur servir que de parachutes. La seule espèce connue habite les Moluques.

1. Genres *Avahi*, *Indri*, *Loris*, *Galago*, *Tarsier*, etc.

§ 90. Les Chauves-souris ont des ailes ou plutôt des rames membraneuses, à l'aide desquelles elles nagent dans les airs plutôt qu'elles n'y volent. Comme les Oiseaux, elles sont pourvues, pour faire mouvoir ces organes, de muscles très-volumineux, et d'un sternum chargé d'une arête, pour fournir à ceux-ci de plus nombreux points d'attache.

Destinées à une vie aérienne, elles se traînent à terre plutôt qu'elles n'y marchent; aussi, dans le repos, se placent-elles toujours dans des endroits d'où elles puissent prendre leur vol avec facilité. Souvent elles y sont réunies en essaim. Elles se tiennent suspendues, par les pieds de derrière, aux voûtes des grottes, des vieux édifices, dans les troncs caverneux des arbres ou dans divers autres lieux obscurs. Dans cette position, elles se drapent de leurs ailes comme d'un vêtement. Celles de notre pays passent de la sorte l'hiver en léthargie; cependant si, dans cette saison, il survient quelques jours d'une douceur printanière, elles sortent de leur retraite, pour voler, vers les trois ou quatre heures du soir.

Les Chauves-souris ont l'ouïe très-fine; le pavillon de l'oreille très-développé; le tragus lui-même acquiert parfois une grandeur insolite, et contribue, en voilant en partie le conduit auditif, à modifier la perception des sons. Plusieurs ont sur le nez des expansions membraneuses plus ou moins singulières, qui paraissent jouer un rôle plus ou moins actif dans la manière d'apprécier les odeurs.

Ces animaux constituent un groupe nombreux.

Les Chauves-souris peuvent être divisées en deux principales familles.

§ 91. Les *Roussettes* se distinguent par leurs mâchelières à couronne presque plane (fig. 6); aussi vivent-elles particulièrement de fruits. Elles atteignent, en général, de grandes dimensions; on en connaît qui ont plus d'un mètre d'envergure. Plusieurs sont élevées dans les basses-cours pour la nourriture des habitants.

Fig. 6.

Toutes sont exotiques.

§ 92. Les *Vespertilionidés* ont les mâchelières hérissées de pointes coniques (fig. 7), conformation admirable pour diviser avec facilité l'enveloppe durcie du corps des insectes. Quelques-uns attaquent, pendant leur sommeil, divers Mammifères et l'homme même, pour en sucer le sang, à l'aide de leur langue disposée de manière à constituer un organe de succion.

Celles de nos contrées sont particulièrement destinées à

Fig. 7.

délivrer nos champs des insectes crépusculaires, comme les Hannetons, et surtout des Lépidoptères nocturnes, dont les larves deviennent quelquefois, par leur nombre, un fléau pour nos récoltes. Pendant le jour, ces Lépidoptères, connus sous les noms génériques de Noctuelles, de Phalènes, etc., se cachent dans les lieux obscurs, se tiennent collés aux branches ou à divers autres corps, dont leur robe imite souvent la couleur. Que deviendraient nos arbres fruitiers et une foule d'autres plantes utiles, si, pendant notre sommeil, les Chauves-souris ne décimaient ces races nombreuses? On dirait que la Providence a donné à ces animaux un aspect hideux, une odeur désagréable ou repoussante, pour nous empêcher de songer à nuire à des êtres qui nous rendent des services si importants [2].

TROISIÈME ORDRE. — INSECTIVORES.

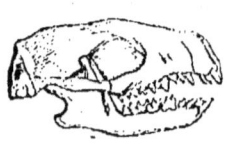
Fig. 8.

§ 93. CARACTÈRES. *Ongles en griffes. Pattes non préhensiles. Trois sortes de dents : incisives, canines et mâchelières, celles-ci, au moins en partie, hérissées de pointes coniques* (fig. 8). *Plante des pieds postérieurs appuyant en entier sur le sol. Pieds ordinairement courts. Des clavicules.*

L'auteur souverain de toutes choses ne s'est pas borné à

MAMMIFÈRES. — INSECTIVORES.

donner, dans notre intérêt, des ennemis vigilants et redoutables aux insectes qui volent pendant les ténèbres; sa bonté pour l'homme s'est révélée d'une manière aussi sensible, par la création d'autres petits Mammifères chargés de faire la chasse aux divers Invertébrés qui courent sur le sol pendant la nuit, se cachent dans la terre ou dans la vase de nos marécages. Cependant aux yeux du vulgaire, quelques-uns de ces insectivores, la Taupe par exemple, sont considérés comme des créatures nuisibles, dont il faudrait anéantir l'espèce. Juges aveugles que nous sommes! sans les petits fouisseurs de cet ordre, qui poursuivrait, dans leurs retraites cachées, ces Lombrics ou vers de terre qui criblent le sol de nos jardins potagers et de nos champs; ces Courtilières si détestées des jardiniers; ces larves de Hannetons et une foule d'autres, qui échappent à nos moyens de destruction par leur vie souterraine? On n'a pas d'ailleurs assez étudié combien les fouilles et les galeries pratiquées par ces divers êtres, sont utiles pour faire pénétrer dans le sol les eaux de pluie et les différents gaz nécessaires à la végétation des plantes.

Ainsi, tandis que l'ignorance ou les préjugés soulèvent en nous des murmures contre la Providence, la véritable science élève notre esprit jusqu'à Dieu par la reconnaissance et par l'admiration.

§ 94. Les Insectivores forment trois principales familles :

1. Les Talapidés[2]. Corps couvert de poils. — Pattes antérieures remplissant l'office de pelles ou de pioches. — Yeux très-petits.
2. Les Soricidés[2]. Corps couvert de poils. — Pattes antérieures non destinées à remplir l'office de pelles ou de pioches. — Yeux petits.
3. Érinacidés[3]. Corps armé de piquants.

§ 95. *Taupes.* Il suffit d'examiner l'organisation extérieure de notre Taupe ordinaire pour déterminer ses habitudes.

1. Genres *Taupe, Scalope, Chrysochlore,* etc.
2. Genres *Musaraigne, Desman.*
3. Genres *Hérisson, Tanrec.*

Son corps trapu, presque cylindrique, ou plutôt graduellement rétréci à partir des épaules ; son nez pointu ; ses yeux proportionnés au besoin qu'elle en a, c'est-à-dire très-petits ; ses membres antérieurs courts et robustes, terminés par des pattes larges et dont la paume est tournée en dehors ; les doigts de ces pattes réunis jusqu'à la racine des ongles longs et tranchants dont ils sont armés : tout en elle indique un animal destiné à mener une vie souterraine.

La Taupe habite particulièrement les prairies sèches, ou les terres cultivées douces et légères, abondantes en vers et en larves d'insectes, dont elle fait sa nourriture. Elle établit son gîte au pied d'un mur, d'un arbre ou d'une haie, et de ce point, elle trace ses galeries. A l'aide de son museau, muni d'un os de boutoir, elle perce la terre et y pratique une ouverture : celle-ci est aussitôt élargie par ses pattes faisant l'office de pelles. Cependant quand les déblais qu'elle forme la gênent et obstruent son passage, elle s'en débarrasse en les rejetant à la surface, où ils constituent ces petits monticules connus sous le nom de *taupinières*.

Pendant longtemps on a cru la Taupe aveugle, parce qu'elle a l'œil très-petit. Chez elle, le sens de la vue est en partie remplacé par celui de l'odorat, dont la perfection est extrême ; quoique privée d'une conque externe, elle a l'ouïe d'une très-grande finesse.

Nous lui faisons souvent une guerre injuste : car, sans elle, qui décimerait ces vers blancs et autres larves d'une vie souterraine, et qui nous sont si nuisibles ?

§ 96. *Musaraigne*. Les Musaraignes ont, par leur extérieur, quelque analogie avec les petites espèces du genre Rat, dont elles se distinguent par leur museau pointu et surtout par leur système dentaire complet. Plusieurs habitent les lieux humides ou voisins des marécages. Elles sont pourvues sur les flancs d'une glande sécrétant une humeur onctueuse, destinée à lubrifier leur peau.

§ 97. Les Desmans, plus rapprochés des Taupes, sont remarquables par leur museau prolongé en une longue trompe. Nous en avons en France une espèce, découverte dans les Pyrénées par Derouais. Elle se cache dans les racines des arbres voisins des eaux, et sort de sa retraite, principalement aux approches de la nuit, pour chasser aux sangsues, aux larves et aux insectes aquatiques. Ses pieds postérieurs palmés lui servent de rames; sa queue remplit l'office de gouvernail. Pendant ses chasses, si cet animal est troublé par un bruit insolite, s'il se croit menacé de quelque danger, il demeure immobile, caché dans les eaux, en se bornant, pour respirer, à élever au-dessus de leur surface l'extrémité de sa trompe mobile.

Fig. 9. Hérisson.

§ 98. *Hérisson.* Le Hérisson d'Europe a les formes trapues; les jambes basses; le corps revêtu en dessus d'un bouclier cutané hérissé de piquants, mais garni de poils en dessous, et depuis la base du museau jusqu'au sommet de la tête. D'une démarche lente, d'une intelligence bornée, cet animal aurait pu difficilement résister à ses ennemis, sans l'armure protectrice dont la Providence l'a revêtu. Au moindre danger, il se roule en boule, et n'offre à ses assaillants qu'un manteau hérissé d'épines entrecroisées; les Renards et les Chiens osent cependant parfois braver ces pointes aiguës.

Le Hérisson se retire pendant le jour dans les troncs des vieux arbres, se cache au pied des haies, dans les tas de pierres, et sort à la nuit close pour faire la chasse aux insectes, aux limaces, aux crapauds, etc. Sous ce rapport, il est utile dans les jardins ; on peut l'employer dans les maisons à la destruction des blattes. Il passe l'hiver en léthargie jusqu'au retour du printemps.

QUATRIÈME ORDRE. — CARNASSIERS.

§ 99. CARACTÈRES. *Ongles en griffes. Trois sortes de dents, au moins à l'une des mâchoires : incisives* [1]*, canines et mâchelières : celles-ci généralement en partie au moins destinées à couper. Membres libres entre eux. Pattes propres à la marche ou à la nage ; à pouce non opposable aux autres doigts ; ne constituant pas en conséquence des organes de préhension.*

Les animaux vivant de matières végétales se seraient bientôt multipliés au point de mettre l'homme dans l'impossibilité de lutter contre leurs ravages, si Dieu n'avait en même temps créé d'autres êtres ayant pour mission de réduire leur trop grand nombre. Chargés de ce soin, les Carnassiers ont été répartis sur toutes les parties du globe où leur intervention est nécessaire. Sans attache pour leur berceau, dès que leur proie devient moins abondante autour d'eux, un instinct particulier les pousse vers les cantons plus ou moins rapprochés, où leurs services seront plus utiles. La Providence leur a donné des armes proportionnées à la force des ennemis qu'ils ont à combattre. Les uns emploient des ruses, ou utilisent les sens exquis dont ils ont été doués, pour les surprendre ou les atteindre ; d'autres les attaquent à force ouverte. Quelques-uns chassent en plein soleil ; le plus grand nombre attend les heures plus favorables du crépuscule ou de la nuit.

Obligés de se procurer leur subsistance par l'adresse ou par la violence, ils vivent en général dans l'isolement. Cette impérieuse nécessité de subvenir sans cesse à leurs besoins,

---

1. Les incisives, généralement au nombre de six, sont presque inutiles.

affaiblit et étouffe bientôt en eux les plus doux sentiments de la Nature. Ils ne les éprouvent que pendant le temps nécessaire pour assurer l'existence de leur famille. Tant que leurs petits sont incapables de pourvoir à leur nourriture, ils ont pour eux cette tendresse active qui souvent les porte à braver tous les dangers pour les défendre; mais dès qu'ils sont devenus assez forts pour se passer de leurs soins, ils ne voient plus en eux que des rivaux; ils les chassent le plus souvent des lieux qu'ils considèrent comme étant leur domaine, et les forcent à choisir un autre théâtre de leurs exploits.

Leur vie solitaire, les privations auxquelles ils sont exposés, et diverses autres causes, mettent obstacle à leur trop grande multiplication; les guerres que nous leur livrons achèvent de contribuer à maintenir l'équilibre.

En dehors des caractères qui servent à les distinguer, les Carnassiers présentent dans leur organisation des différences plus ou moins importantes, d'où découlent des modifications harmoniques dans leur genre de vie. Les uns sont chargés de décimer les Mammifères terrestres et parfois même les Oiseaux; les autres, organisés pour une existence plus ou moins aquatique, sont faits pour vivre de Poissons. De là, les divisions à l'aide desquelles les Carnassiers peuvent être partagés en deux principaux groupes :

1° Les Terrestres. Pieds uniquement destinés à la marche.
2° Les Aquatiques. Pieds ayant les doigts unis par une membrane et organisés pour la nage.

PREMIER GROUPE. — **CARNASSIERS TERRESTRES.**

§ 100. CARACTÈRES. *Pieds uniquement destinés à la marche. Clavicules nulles ou rudimentaires.*

Chargés de refréner la trop grande multiplication des Vertébrés supérieurs, surtout de ceux vivant de matières végétales, les Carnivores ne sentent pas tous, au même degré, le besoin de vivre de chair. La diversité des armes dont ils ont été munis, et par suite leur inégale puissance de destruction sont un des merveilleux témoignages de cette Providence, qui sait maintenir le nombre des espèces dans des proportions convenables; il suffit au reste d'examiner la configuration des instruments qui concourent les premiers à la nutrition, c'est-à-dire des pattes et des dents, pour juger de la mission dévolue à chaque Carnivore, dans l'équitable répartition des animaux sur la terre. Ainsi, chez les Ours, principalement frugivores, ou ne vivant de chair que dans l'occasion ou par nécessité, les mâchelières s'éloignent médiocrement de celles de certains Quadrumanes, et elles sont tuberculeuses (*fig.* 10); elles agissent les unes contre les autres, à la façon des molaires. Chez le Tigre, le Lion, et autres essentiellement faits pour dévorer une proie vivante, elles sont comprimées, lobées, tranchantes (*fig.* 11), et celles de la mâchoire inférieure remplissent avec celles de la supérieure l'office de ciseaux. Les mâchelières conformées de la sorte ont reçu, avons-nous dit, le nom de *carnassières;* on le donne du moins à la plus forte de celles des deux mâchoires, à celle qui de chaque côté est la plus propre non-seulement à couper les muscles, mais surtout à briser les os.

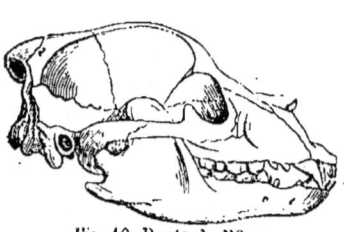

Fig. 10. Dents de l'Ours.

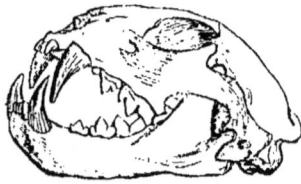

Fig. 11. Dents de la Panthère.

Entre le système dentaire des Ours et celui des Chats se montrent toutes les transitions de formes. Chez les espèces moins spécialement faites pour vivre de chair, dans le fond de la gueule s'offrent des *tuberculeuses*, servant à la mastication des matières végétales dont ces animaux se nourrissent plus ou moins volontiers; mais à mesure que l'appétit carnivore est plus développé, le chiffre de ces dents en partie planes, qui suivent la carnassière, va en diminuant; on en compte deux chez les Chiens (*fig.* 12); une chez la Fouine (*fig.* 13); le Tigre n'en a plus, au moins à la mâchoire d'en bas (*fig.* 11).

Les mâchelières antérieures se modifient aussi d'une manière harmonique : plus ou moins coniques chez les uns, elles finissent chez les autres par prendre la forme de car-

Fig. 12. Dents du Chien.   Fig. 13. Dents de la Fouine.

nassières; mais ces *petites* ou *fausses carnassières* peuvent à peine, chez les Chiens, atteindre ou rencontrer leurs correspondantes, quand la gueule est fermée; elles se croisent au contraire avec celles-ci, chez les Chats.

En même temps que les mâchelières se montrent plus évidemment constituées pour diviser la chair, les canines s'allongent davantage, et deviennent des instruments plus propres à saisir et à retenir la proie. Elles remplissent aussi un rôle qui a été peu remarqué : elles servent à guider la mâchoire inférieure, dans les mouvements de contraction, de manière à empêcher les autres dents de se rencontrer et de se briser.

Enfin les mâchoires ont également une longueur relative à la force qui doit être déployée; celles des Chats ont plus de brièveté, et offrent ainsi un levier d'une puissance plus énergique.

Les pattes concourent d'une manière non moins visible à déterminer le genre de vie de ces Carnassiers. L'Ours et diverses autres espèces, en appuyant en entier sur le sol la plante de leurs pieds postérieurs, indiquent suffisamment qu'ils sont peu propres à surprendre une proie vivante (*fig.* 14). Mais à mesure que l'instinct sanguinaire se manifeste davantage, la démarche devient moins lourde, plus vive et plus légère, et l'animal ne pose sur le sol que le bout des doigts, en relevant tout le tarse (*fig.* 16). Le Créateur a même poussé parfois la précaution jusqu'à donner à quelques-uns de ces Carnivores une molle chaussure, en garnissant de poils le dessous de leurs pieds, afin de rendre plus imperceptibles les mouvements de ces derniers. Quels soins d'ailleurs n'emploient-ils pas quand il s'agit d'arriver près d'une proie sans être entendus? Voyez avec quelle délicate lenteur le Chat allonge la patte, quand il s'approche du trou dans lequel est cachée une souris.

Des considérations tirées de la manière de marcher, ont fait partager les Terrestres en deux divisions :

1° Les Plantigrades, *ou appuyant sur le sol la plante du pied* (fig. 14). *Tête plus ou moins allongée.*

2° Les Digitigrades, *marchant ordinairement sur le bout des doigts* (fig. 16) ; *parfois seulement semi-digitigrades, mais alors offrant ordinairement les mâchoires courtes, et la tête presque arrondie.*

§ 101. *Carnivores Plantigrades*, ou appuyant sur le sol la plante du pied (*fig.* 14).

L'organisation extérieure de ces animaux suffit seule pour

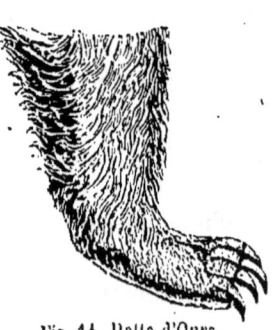

Fig. 14. Patte d'Ours.

montrer qu'ils n'ont pas été faits pour saisir une proie à la course; l'inspection de leurs dents vient confirmer ces indications : aucune de leurs mâchelières n'offre d'une manière bien prononcée le cachet des carnassières. Ces animaux avaient été réunis par Linné dans son genre Ours, aujourd'hui divisé en plusieurs autres[1].

§ 102. Les Ours vivent principalement de matières vé-

1. Ours, Raton, Coati, Blaireau, Glouton.

gétales; ils habitent en général les pays froids ou montagneux. L'Ours brun habite nos chaînes les plus élevées, se retire dans les parties les plus solitaires ou les moins accessibles des forêts; s'y choisit une demeure dans le creux d'un arbre ou dans une caverne pratiquée dans des rochers. Il y vit de fruits, de racines, de pousses des arbres. En automne, il descend parfois dans les champs cultivés et y ravage les récoltes; quelquefois il se rapproche des habitations, pour piller dans les ruches le miel qu'il aime beaucoup. Ordinairement il ne mange de la chair que par circonstance ou par nécessité; mais quand il en a goûté, il y revient plus volontiers. Il assaille alors dans l'occasion les moutons, les veaux ou les mulets qui paissent sur les hautes montagnes. Jamais il n'attaque l'homme, à moins d'être blessé ou effrayé par lui. A ce genre se rapporte l'*Ours blanc* ou *maritime* qui fréquente au moins pendant les hivers les bords de la mer Glaciale, où il se nourrit de phoques et au besoin de poissons.

Fig. 16. Blaireau.

§ 103. Le Blaireau ordinaire [1] (*fig. 15*) a le corps bas sur jambes; garni de longs poils offrant sur le dos et sur les côtés une teinte grise, quoiqu'ils soient de trois couleurs : blancs, noirs et roussâtres. Ses pieds sont armés d'ongles longs et robustes, qui lui fournissent des armes défensives contre ses ennemis; il s'en sert surtout pour se creuser des terriers,

1. Il est connu dans diverses provinces sous le nom de *Taisson*.

dans lesquels il passe une partie de son existence. Il sort la nuit de sa retraite pour faire la guerre aux reptiles, aux mulots et autres rongeurs et même aux lapereaux. Au besoin il se contente d'insectes. En automne il recherche les fruits.

Usages. Les poils de cet animal sont utilisés par les fabricants de pinceaux. Sa peau dépourvue de bourre sert à faire des fourrures grossières, des garnitures de harnais, etc.

§ 104. *Carnassiers digitigrades*, ou parfois seulement semidigitigrades, marchant plus ou moins sur la pointe des doigts (*fig.* 16).

Fig. 16. Patte.

Faits pour vivre principalement de chair, les digitigrades n'ont cependant pas tous le même rôle à remplir. Les uns sont chargés de faire disparaître les matières animales en voie de décomposition, susceptibles de laisser échapper dans les airs des effluves désagréables ou nuisibles; les autres ont pour mission d'attaquer des animaux vivant, de décimer les races herbivores, qui menaceraient, par leur trop grand nombre, de détruire nos récoltes. A ces derniers le Créateur a donné tous les moyens propres à atteindre le but proposé; ils ont reçu en partage la patience et l'adresse; leurs griffes, pour rester toujours acérées, sont tenues plus ou moins relevées pendant la marche; leurs dents, comme des tenailles ou des ciseaux robustes, peuvent briser ou couper les os les plus durs; leur langue est hérissée de papilles cornées, destinées à déchirer les vaisseaux sanguins, et à faire, par là, glisser avec plus de facilité dans leur œsophage les lambeaux palpitants de leur proie.

§ 105. On les divise en plusieurs petites familles.

A Semi-digitigrades.
    1° Les *Mustélidés*. Corps allongé. Pieds courts. Une seule tuberculeuse derrière la carnassière d'en haut. Langue douce. Ongles non rétractiles.

MAMMIFÈRES. — CARNASSIERS.

2° Les *Viverrides*. Deux tuberculeuses derrière la carnassière d'en haut ; une seule en bas. Langue rude ou hérissée de papilles cornées. Ongles parfois mi-rétractiles.

AA Digitigrades.

3° Les *Canidés*. Deux tuberculeuses en haut et en bas, derrière la carnassière. Langue douce. Ongles non susceptibles de se relever.

4° Les *Hyénidés*. Tuberculeuse nulle ou rudimentaire derrière la carnassière d'en bas : celle-ci pourvue en arrière d'un talon presque plan. Langue rude. Ongles mi-rétractiles. Dos déclive d'avant en arrière.

5° Les *Félidés*. Point de tuberculeuse derrière la carnassière d'en bas : celle-ci sans talon presque plan. Langue hérissée de papilles cornées. Ongles tenus relevés dans l'état ordinaire. Tête arrondie. Dos presque horizontal.

Fig. 17.

§ 106. *Mustélidés*. Les Mustélidés, remarquables par la brièveté de leurs pieds et par la forme cylindrique et allongée de leur corps, ne sont pas complétement digitigrades : mais la petitesse de leur taille, leur souplesse et leur vivacité donnent à leur démarche une agilité remarquable. Plusieurs ont, en outre, des soles velues qui contribuent à rendre moins perceptibles leurs mouvements. Dans la progression, leurs pieds postérieurs en se rapprochant des deux autres dont ils sont éloignés, forcent à se voûter le dos qui s'aplanit ensuite quand les deux antérieurs se portent en avant. Leur corps présente par là des ondulations successives, qui rappellent les mouvements de reptation du ver de terre, et qui ont fait donner à ces animaux le nom de *vermiformes*. A un appétit sanguinaire, ils joignent la ruse et l'audace nécessaires pour leur rôle destructeur. La plupart vivent dans les bois ou les champs; quelques-uns cependant, comme la Fouine et la Belette, ne craignent pas de venir, surtout pendant l'hiver, chercher un abri jusque dans nos granges ou dans nos hangars. En général, ils restent couchés pendant le jour; mais dès que les ombres commencent à couvrir la terre, ils sortent de leur retraite pour se mettre en quête. Ils cherchent à surprendre les petits Mammifères herbivores, et en osent souvent attaquer d'un volume beaucoup plus gros que le leur. Ils se jettent à leur cou, les enlacent de leur corps flexible, et, comme d'implacables sangsues, restent attachés à leur victime, qui cherche en vain par la fuite à échapper à leurs étreintes. Plusieurs grimpent avec facilité sur les arbres, font la guerre aux oiseaux et mangent leurs œufs; dans l'occasion, ils se nourrissent des fruits des arbres de nos vergers et de ceux de divers autres végétaux.

La forme de leur corps leur permet de pénétrer dans toutes les ouvertures par lesquelles leur tête peut passer. S'ils peuvent s'introduire dans nos poulaillers ou nos pigeonniers, ils y portent la dévastation et la mort. Ne leur reprochons pas cependant avec trop d'amertume de pareils dégâts; ils délivrent nos champs d'une si grande quantité de petits Rongeurs, qui causeraient à nos récoltes des torts autrement graves, qu'il ne faut pas y réfléchir longtemps pour reconnaître dans leur création un véritable bienfait de la Providence.

Les Mustélidés fournissent généralement des fourrures utiles ou précieuses. Plusieurs de ces animaux, pris jeunes, sont susceptibles d'être apprivoisés; mais l'inquiétude de leurs mouvements à l'aspect de toutes les personnes avec lesquelles ils ne sont pas familiarisés, démontre facilement qu'ils ne sont pas destinés à être domestiques.

Les espèces de cette famille sont : la Marte [1], la Zibe-

[1]. La Marte : d'un brun lustré, avec une tache d'un jaune fauve sous la gorge, assez rare en France, plus commune dans le nord des deux continents. La valeur de sa peau varie suivant les pays.

line[1], la Fouine[2], l'Hermine[3] (*fig.* 17), la Belette[4], le Putois[5], le Furet[6], etc.; ce dernier est utilisé dans la chasse au Lapin.

§ 107. *Viverridés.* Ces animaux, ordinairement d'assez faible taille, ont des mœurs rapprochées de celles des Mustélidés. A ce groupe appartiennent la Civette du nord de l'Afrique; la Mangouste d'Egypte, connue sous les noms d'*Ichneumon* et de *Rat de Pharaon*, chargée de refréner le nombre des Crocodiles, en dévorant leurs œufs. Une seule espèce, la Genette, habite la France. On la trouve dans les Pyrénées-Orientales et dans quelques départements voisins. Sa peau sert à faire des fourrures de paletots; lustrée, elle est employée pour manchons, etc.

AA Digitigrades.

§ 108. Les *Canidés* vivent de proie, de chairs mortes, ou se contentent au besoin d'une nourriture plus maigre. A cette famille se rapportent le Chien domestique, le Loup, le Chacal, le Renard ordinaire, etc.

1. La Zibeline : des régions les plus septentrionales des deux continents. Noire en hiver, brune en été. L'une des fourrures les plus précieuses.

2. La Fouine (la Marte de France des pelletiers) : d'un brun ardoisé; dessous de la gorge et du cou, blanchâtres; commune en France.

3. L'Hermine : en France, dans les lieux froids; mais plus particulière aux contrées boréales : queue noire à l'extrémité; dessous du corps blanc; dessus d'un roux testacé pendant l'été, blanc pendant l'hiver. Les individus de France ont une teinte légèrement jaunâtre et n'offrent pas le blanc pur des individus du nord. On en fait des doublures de manteaux des rois, des camails, etc.

4. La Belette : dessus du corps et partie des pieds d'un roux testacé; dessous blanc.

5. Le Putois : commun en France; d'un brun noirâtre, moins foncé sur les flancs; poils intérieurs d'un blanc jaunâtre; bout du museau, des oreilles et une tache derrière l'œil, blancs.

Le Putois, comme le Chat, aime le poisson, sans savoir nager, et parcourt les étangs à la suite des pêches, pour s'en procurer.

6. Le Furet : d'un blanc jaunâtre; yeux roses; originaire d'Afrique, n'est peut-être qu'une variété du Putois.

Chien domestique. L'homme, par l'effet de sa rébellion envers Dieu, déshérité d'une partie de l'empire qu'il avait sur les animaux, entouré d'une foule d'êtres capables de lui nuire, avait besoin pour sa sûreté de trouver, parmi les Mammifères armés de dents redoutables, une espèce susceptible de s'attacher à lui. Le Chien domestique paraît avoir été créé dans ce but. L'Auteur souverain de toutes choses lui a donné les avantages physiques nécessaires pour nous défendre; il l'a doté de toutes les qualités capables d'en faire le serviteur le plus intelligent, le plus fidèle et le plus dévoué, l'ami le plus affectueux et le plus désintéressé.

Le Chien se donne à nous sans réserve. Dans nos voyages il devient notre compagnon; il marche au-devant de nos pas pour assurer notre route. A la maison, il se charge de la garde de notre habitation, il veille et rôde sans cesse; au moindre bruit, il donne de la voix pour montrer qu'il est à son poste, et pour avertir son maître. Si l'ennemi approche, ses accents prennent le ton de la menace ou de la fureur. Malheur à quiconque ose franchir les limites qu'il est chargé de défendre! Pendant le jour, il aboie contre les gens suspects; il leur montre ses longues canines pour les empêcher de pénétrer dans notre logis; mais si nous accueillons l'étranger avec des marques de sympathie, il vient le flairer, pour savoir dans l'occasion reconnaître notre ami. Ne vous hasardez pas à porter une main téméraire sur son maître; il se ferait tuer pour le défendre. N'essayez pas de vous emparer d'un objet placé sous sa surveillance; il vous ferait chèrement payer votre audace. Il sait même lutter contre ses instincts, et garder, par exemple, des substances alimentaires que les incitations de ses organes le porteraient à dévorer.

Si parfois il nous a donné quelque sujet de mécontentement, il se traîne à nos pieds, d'un regard suppliant il cherche à implorer son pardon. Lui inflige-t-on une correction sévère, lui fait-on même subir un châtiment cruel ou immérité, sa soumission et ses cris plaintifs ou douloureux sont ses seules armes contre nous.

MAMMIFÈRES. — CARNASSIERS.

Il nous consacre toutes les puissances de son être; il sait se plier à toutes nos exigences. Il consent à piétiner en haletant dans une roue pour la faire mouvoir; à traîner un attelage souvent disproportionné au volume de son corps; à se livrer à des travaux plus ou moins pénibles ou humiliants.

Il cherche dans nos yeux à lire nos désirs pour les prévenir ou les satisfaire; il s'efforce de s'identifier avec nos penchants et nos goûts, et de s'inspirer, pour ainsi dire, de nos sentiments. A la chasse, il emploie l'exquise délicatesse de son odorat pour faire tomber le gibier en notre pouvoir; il poursuit le lièvre à la piste, ou fascine la perdrix de son regard, pour nous fournir l'occasion de les tuer. Avec le berger, il se fait le gardien du troupeau; il veille à sa conservation et ramène soigneusement l'animal qui s'égare. Avec le religieux du Saint-Bernard, il trace la neige et brave les avalanches, pour sauver le voyageur prêt à périr.

Fidèle à celui qui le nourrit, il lui voue toutes ses affections et un attachement que rien ne saurait rompre. Son bienfaiteur est-il aveugle, il lui sert de guide; blessé, il lèche ses plaies pour les guérir; pauvre, il va jusqu'à se faire mendiant pour lui; abandonné de tous, il reste invariablement son ami sur la terre; et si le trépas vient lui ravir ce maître qui n'avait rien à lui donner, si ce n'est quelques caresses, on le voit parfois se traîner sur son tombeau pour s'y laisser mourir de douleur ou de faim.

La vie du chien est d'environ douze à quinze ans [1].

---

1. Le Chien est un des animaux qui donnent le plus de marques de mémoire et de cette intelligence qu'on a nommée intelligence des Bêtes. L'anecdote suivante suffira pour en servir de preuve.

Un négociant de Lyon avait un chien auquel il tenait beaucoup; cet animal, après s'être battu avec un de ses pareils, rentre un jour tout sanglant chez son maître. Celui-ci le conduisit à l'École vétérinaire, en le recommandant à un professeur de ses amis. Le chien fut bien soigné et renvoyé guéri à son propriétaire. A quelque temps de là, le chien se battit de nouveau et reçut diverses blessures; il se souvint d'avoir été bien traité à l'École; il s'y rendit directement;

Le Chien [1] à l'état sauvage est fait pour se nourrir du produit de sa chasse ; la finesse de son odorat lui permet de

on le reconnut, et on le soigna comme la première fois. Un peu plus tard, on vit encore revenir le chien à l'École ; cette fois, il n'était pas blessé : on crut d'abord qu'il venait faire une visite de politesse ou de reconnaissance ; mais il montrait une certaine inquiétude, il allait et venait du côté de l'entrée ; on l'y suivit machinalement ; à la porte, on trouva un Chien tout sanglant qui attendait avec une certaine honte ce qu'on ferait de lui. L'autre Chien lui avait sans doute dit dans son langage : mon camarade, viens avec moi, je sais un endroit où l'on te traitera bien et où l'on te guérira.

1. Attaché à l'homme qu'il a suivi en tous lieux, le Chien a dû subir l'influence des diverses causes capables de modifier ses formes ; nul animal ne présente autant que lui de variétés différentes. F. Cuvier les a partagés en trois principales races :

1° Les *Mâtins*. Tête allongée ; museau effilé vers son extrémité ; corps ordinairement de grande taille. (Le *Mâtin ordinaire*. — Le *grand Danois*, employé à la chasse au Loup. — Le *petit Danois*. — Le *Lévrier*. — Le *grand Lévrier*, dont on se sert en plaine pour forcer le lièvre. — Le *Chien de Berger*. — Le *Chien du mont Saint-Bernard*, utilisé par les religieux de cette partie des Alpes pour aller à la recherche des voyageurs égarés dans les neiges, etc.)

2° Les *Epagneuls*. Tête médiocrement allongée ; à museau moins effilé ; corps de moins grande taille.

(Le *Chien-Loup*, un des meilleurs Chiens de garde. — Le *Chien des Esquimaux*, attelé par ces peuples à des traîneaux, et à l'aide duquel ils peuvent avec rapidité exécuter de longs voyages sur la glace ou sur la neige. — Le *Chien de Sibérie*, employé aux mêmes usages. — L'*Épagneul français*. — L'*Épagneul frisé*. — L'*Épagneul écossais* ou *Chien anglais*, employé à la chasse en plaine ou au marais. — Le *Chien renardier* ou *terrier*, utilisé contre le Renard. — Le *petit Epagneul*, le *Pyrame*, le *Bichon*, le *Gredin*, etc. Chiens de salon ou peu utiles. — Le *Basset à jambes droites* et le *Basset à jambes torses*, dont on se sert pour la chasse au Blaireau, au Lapin, etc. — Le *Basset de Saint-Domingue*, exercé à la chasse aux Rats. — Le *Barbet* ou *Caniche*, un des Chiens les plus intelligents et les plus disposés à se jeter à l'eau pour y poursuivre une proie. — Le *Chien de Terre-Neuve*. — Le *Chien-courant*, le *Limier*, employés tous les deux à la poursuite du Lièvre et des bêtes fauves. — Le *Chien d'arrêt*, etc.)

3° Les *Dogues*. Museau court ; crâne relevé ; front saillant ; corps robuste.

(Le *grand Dogue*, et le *Bouledogue*, dressés au combat. — Le

suivre à l'aide du flair les traces du gibier, et ses pieds dont le talon est relevé, indiquent sa faculté de le pouvoir suivre à la course ; ses longues canines lui permettent d'arrêter et de déchirer sa proie, et ses carnassières de couper la chair et de briser les os.

Usages. Dans quelques lieux, on mange sa chair. Sa peau est employée principalement par les bandagistes, pour faire des chaussures.

§ 109. **Le Loup.** A n'examiner que les caractères extérieurs de cet animal, on pourrait être tenté, à l'exemple de divers Naturalistes, de le considérer comme étant de la même espèce que le Chien ; mais il diffère trop de ce dernier, par ses habitudes, ses mœurs et ses penchants, pour ne pas constituer un type spécifique particulier[1]. Pendant le jour, il dort caché dans les parties les plus épaisses des forêts ; à bord de nuit, il quitte sa retraite et gagne la lisière des bois. Avant de s'aventurer, il met en jeu son flair excellent pour guider sa marche. Si les effluves odorants d'un corps privé de vie arrivent jusqu'à lui, il se dirige vers ces restes inanimés qu'il semble particulièrement destiné à faire disparaître, et parfois il fouille la terre pour lui enlever le cadavre qu'elle recèle. Quand son odorat n'évente rien, il prête une oreille attentive pour préparer ses plans d'attaque. Si des brebis sont alors à paître encore dans les champs voisins, il choisit son moment, s'élance sur l'une d'elles, et l'emporte avec légèreté, malgré le berger et les chiens. Il fait la chasse à divers petits Mammifères herbivores, mange des Reptiles ou, au besoin, se contente de fruits. En général, il ne s'avance qu'avec défiance ou précaution ; pendant l'hiver, cependant, il est moins timide ; il s'approche alors plus volontiers des habitations rurales, pour

Doguin, employé ordinairement chez les bouchers. Le *Carlin*, — le *Roquet*, etc.)

Toutes ces variétés présentent les mêmes caractères essentiels et appartiennent à la même *espèce*.

1. La voix du Loup a reçu le nom de *hurlement*.

y surprendre les chiens, ou pour chercher à se glisser dans les bergeries. Il se hasarde même alors jusque dans les villages. Quand il est pressé par la faim, il ose attaquer nos grands animaux domestiques, et dans quelques circonstances l'homme lui-même. Durant la saison rigoureuse, quand les neiges couvrent les hauteurs boisées, les Loups descendent des montagnes et se réunissent en troupes, pour trouver fortune avec plus de facilité. Le Loup habite les diverses parties de l'Europe, les contrées septentrionales de l'Asie et de l'Amérique. Il a été détruit dans les îles Britanniques; il tend de plus en plus à disparaître de la France, ou du moins à y diminuer de nombre.

Usages. Sa peau est employée pour tapis, pour descentes de lits, pour vestes de chasse de conducteurs, etc.

§ 110. Le Chacal ou Jackal, connu aussi sous le nom de *Loup doré* en raison de son pelage, habite quelques parties orientales de l'Europe, l'Asie occidentale jusqu'aux Indes, la plus grande partie de l'Afrique. Il vit par troupes, et se nourrit principalement de chairs mortes. C'est le *Thos* d'Aristote, et probablement l'animal dont se servit Samson pour incendier les blés des Philistins.

§ 111. *Renard.* On a séparé du genre Chien, sous le nom

Fig. 18. Le Renard.

générique de Renard, des espèces qui toutes ne sont pas encore bien distinctement caractérisées.

Le Renard commun habite les bois. Il s'y creuse des terriers, dans lesquels il se retire toujours quand il élève sa jeune famille. Dans les autres temps, il se contente souvent de se cacher dans les fourrés les plus épais. Ordinairement il attend la tombée de la nuit pour se mettre en quête.

Il tâche de surprendre dans leur sommeil les Perdrix ou d'autres oiseaux; il se met en embuscade dans les buissons, pour saisir à leur passage le Lièvre ou le Lapin. Quelquefois il se réunit à l'un de ses pareils pour faire la chasse à ces animaux; ils s'entendent alors à merveille pour s'emparer de leur proie. Si le chant d'un coq vient frapper son oreille, il se dirige vers le lieu d'où part ce son réjouissant, et malheur aux poules qui se laissent surprendre ! Nous lui faisons la guerre principalement pour ces sortes de méfaits. Cependant, s'il nous cause à cet égard quelques préjudices, il détruit, par contre, une foule de Mammifères nuisibles, tels que Rats, Campagnols et autres Rongeurs; il mange les Lézards et les Grenouilles; décime les Sauterelles, les Hannetons, les Carabes et divers autres insectes. En automne, il recherche les fruits, surtout les raisins. Pris par les chiens, il contrefait le mort, et au moment où l'on y pense le moins, il se relève et s'esquive parfois avec agilité. Ses ruses, soit pour l'attaque, soit pour la défense, ont rendu sa finesse proverbiale; elles sont cependant moins variées qu'on ne le pense.

Sa voix a reçu le nom de *glapissement*; mais il en varie les sons suivant les époques de l'année. La durée de sa vie est de 13 à 15 ans. Pris jeune, il peut être apprivoisé; mais fidèle à son naturel, il ne tarde pas à attaquer les Poules ou les Lapins de son maître, et à forcer ce dernier à se défaire de lui.

Ce genre renferme un certain nombre d'autres espèces, parmi lesquelles nous mentionnerons le *R. isatis*[1], le *R. argenté*[2].

1. Le *Renard isatis* ou *Renard bleu* des contrées boréales.
2. Le *Renard argenté* ou *Renard noir* des contrées les plus froides de l'Amérique du Nord; il exhale une odeur infecte; sa peau fournit une des plus riches fourrures.

§ 112. *Hyénidés.* Dans les régions tropicales où les chairs privées de vie se corrompent avec tant de promptitude, quels effluves nuisibles n'auraient pas répandus dans les airs ces matières en voie de décomposition, si divers êtres n'avaient été chargés de les faire disparaître! Les Hyènes, parmi les Mammifères, ont eu principalement ce soin en partage. Espèces voraces et amies des ombres, elles s'acquittent à merveille de leur mission providentielle. L'une se repaît des débris des grands herbivores délaissés par les Lions ou autres carnassiers, qui n'ont pu engloutir toute leur proie; une autre s'occupe de purger les rivages de la mer des immondices rejetées par les flots, et surtout de dévorer les Crustacés morts, qui constituent parfois des bancs infects de plusieurs pieds de hauteur.

§ 113. *Félidés.* L'œuvre de la création eût été incomplète, si pour maintenir le nombre des Mammifères herbivores dans des proportions convenables, il n'y avait eu sur la terre d'autres Carnassiers que ceux des familles précédentes. Il fallait pour attaquer les Pachydermes de grande taille, pour décimer les Antilopes constituant en peu de temps des troupes nombreuses, des animaux plus avantageusement dotés, soit sous le rapport de la taille, soit sous celui des armes. Les Félidés ont été créés avec toutes les conditions requises pour en faire les Carnassiers les plus redoutables.

Fig. 19. Griffe de Lion.

Leurs ongles, relevés dans la marche, sont chargés, comme des harpons acérés (*fig.* 19), d'arrêter la proie; des muscles d'une puissance incroyable mettent en mouvement leurs mâchoires; leurs longues canines (*fig.* 11) s'implantent, comme des crocs puissants, dans le corps de leur victime; leurs muscles cervicaux ont une force suffisante pour leur permettre d'emporter le plus souvent celle-ci à la gueule; enfin leurs carnassières, comprimées et tranchantes, sont propres à briser et à couper les os. A l'audace résultant de la confiance en leurs forces, ils joignent toute la souplesse nécessaire pour s'élancer d'un bond sur leur proie, ou une patience étonnante pour attendre pendant de longues heures le moment de surprendre celle qu'ils convoitent.

La plupart de ces espèces féroces, les plus grandes, du moins, n'ayant à peu près à redouter que l'homme, seraient devenues trop puissantes en nombre, si la Providence n'y avait apporté divers obstacles. Elle leur a suscité des ennemis dans leur propre espèce. Souvent ces animaux se livrent des combats, dans lesquels les deux adversaires trouvent le moyen de s'entre-déchirer jusqu'à se donner la mort. L'époque de la dentition paraît en faire périr un grand nombre. D'autres causes contribuent encore à réduire le chiffre des individus.

Au reste, à mesure que l'homme envahit d'une manière plus complète les pays peu occupés où leur intervention était nécessaire, ils fuient devant ses pas, et vont chercher d'autres solitudes pour en faire leur domaine. Les Lions ont ainsi abandonné la Grèce qu'ils habitaient autrefois, et deviennent chaque jour plus rares en Algérie, à mesure que ce pays voit augmenter sa population, sous notre administration tutélaire.

Les Félidés ont des voix diverses, suivant les espèces. Ils habitent l'ancien et le nouveau monde; ils n'ont pas été trouvés dans la Nouvelle-Hollande, ni dans les îles de l'Océanie.

A cette famille appartiennent, dans l'ancien continent : le Lion, le Tigre, le Léopard, la Panthère, le Lynx, le Chat, le Guépard; dans le nouveau : le Jaguar, le Couguar, etc.

§ 114. Le Chat ordinaire. Dans sa jeunesse, le Chat est familier, surtout avec les enfants; il joue avec les moindres objets, les saisit, les pousse, s'en amuse avec ses pattes, puis les abandonne, les guette, saute brusquement dessus et s'exerce ainsi à la chasse qu'il fera bientôt aux souris, pour la destruction desquelles nous le gardons dans nos maisons; mais, hôte infidèle, il nous fait souvent payer par des larcins nombreux les services qu'il nous rend. Plus attaché à l'habitation qu'au maître, il voit partir ce dernier sans être tenté de le suivre; souvent même il revient à son logis accoutumé, quand on le transfère dans une nouvelle demeure. Il balance sa queue en signe d'impatience ou de colère; *feute*, c'est-à-dire fait entendre de faux sifflements quand on le menace; exprime sa satisfaction par un *rourou* ou bruit analogue à celui d'un rouet; manifeste sa surprise et sa crainte en élevant son dos et se haussant sur ses pattes, produit les mêmes mouvements sous la main qui le flatte; il gronde en mangeant, quand il craint l'approche de tout être suspect de convoiter sa proie; il révèle ainsi le naturel féroce particulier aux animaux de ce groupe, naturel que l'homme parvient parfois à adoucir, mais qu'il lui est impossible de changer. Devenu libre et sauvage, le Chat ne tarde pas à montrer les espèces de liens de parenté qui le rattachent au Tigre ou du moins les affinités qui le rapprochent de ce dernier. L'homme a su se l'attacher par l'intérêt; mais il n'avait pas été destiné à être l'un de nos animaux domestiques [1].

La voix du Chat se nomme *miaulement*. La durée de sa vie est d'environ quinze ans.

Usages. La peau du Chat sauvage, pourvue de son poil, est employée contre les douleurs rhumatismales, etc.

DEUXIÈME GROUPE. — **CARNASSIERS AQUATIQUES.**

§ 115. CARACTÈRES. *Pieds ayant les doigts unis par une membrane et organisés pour la nage.*

Ces animaux se partagent en deux divisions:

1° Les PALMIPÈDES. *Pieds propres à la marche et à la nage. — Une tuberculeuse au moins à chaque mâchoire.*

[1]. On distingue plusieurs variétés du Chat domestique; les principales sont: *Chat tigré, Chat des Chartreux, Chat d'Espagne, Chat d'Angora.*

MAMMIFÈRES. — CARNASSIERS. 73

2° Les Pinnipèdes. *Pieds ne pouvant, sur la terre, servir qu'à ramper. — Mâchelières toutes tranchantes ou coniques.*

§ 116. Les premiers constituent la famille des *Lutridés*. Ces Mammifères, par leurs formes extérieures, offrent quelque analogie avec les Mustélidés; ils servent à unir les Carnivores aux Phocidés. Ils ont le corps allongé, épais; les pieds courts, palmés, munis de cinq doigts réunis jusqu'aux ongles par une membrane; la tête large et plate; une tuberculeuse après la carnassière.

Ces animaux vivent sur le bord des eaux douces ou salées; se creusent dans les berges des retraites profondes, et y restent le plus souvent cachés pendant le jour. Ils vivent principalement de Poissons; mais ils mangent aussi d'autres Mammifères aquatiques, des Reptiles, et au besoin se contentent de matières végétales. Leur pelage, d'un brun de nuance variable en dessus, plus clair en dessous, se compose généralement d'un jarre luisant assez long et d'un duvet moelleux et serré; leur peau, en raison de ces qualités, est recherchée pour les fourrures.

Fig. 20. Loutre.

§ 117. La Loutre commune (*fig. 20*) est un fléau pour nos étangs qu'elle dépeuple d'habitants. On la détruit à l'aide de pièges, ou on la tue à l'aide d'armes à feu. Prise jeune, elle peut être apprivoisée et employée à la pêche; mais ces exemples sont rares.

§ 118. Les carnassiers de la seconde division, destinés à une vie plus exclusivement aquatique, ont une organisation qui répond au but pour lequel ils ont été créés. Leurs pieds courts et constituant d'excellentes rames, ne leur servent qu'à se traîner sur la terre. Ils ont le corps allongé, l'épine du dos flexible, la peau garnie de poils ras; leurs narines et leurs oreilles sont susceptibles de se fermer quand ils plongent. Leur foie est pourvu d'un sinus veineux qui leur permet de rester assez longtemps sous l'eau, sans respirer l'air extérieur. Ces animaux habitent les mers et viennent se reposer ou sommeiller sur le rivage ou sur quelque glaçon. Ils détruisent une grande quantité de Poissons, et mangent des oiseaux aquatiques quand ils peuvent les saisir. Ils sont à leur tour la proie des Ours blancs.

Leur chair et leur graisse huileuses servent de nourriture aux Groënlandais et à divers autres peuples du Nord, dont l'estomac réclame des aliments d'une digestion plus difficile, pour résister au froid qui dévore la vie sous ces cieux incléments. Les Kamtschadales construisent des pirogues avec leur peau; elle fournit une fourrure grossière. Leurs intestins sont employés pour vitraux ou utilisés pour chaussures.

Ces animaux se divisent en deux familles:

§ 119. 1° Les PHOCIDÉS. *Deux incisives aux deux mâchoires. Point de défenses.*

Les Phoques ont la tête presque semblable à celle d'un chien qui serait privé d'oreilles; aussi ont-ils été appelés *cynomorphes*. Ils se rapprochent encore de ce dernier par leur intelligence et par la douceur de leur regard. Pris jeunes, ils deviennent facilement privés, s'attachent à leur maître et se montrent caressants et affectueux. La peau de quelques espèces, après avoir été éjarrée, sert à faire des casquettes, etc.

120. 2° Les MORSES. *Point d'incisives ni de canines à la mâchoire inférieure. Mâchoire supérieure armée de deux longues défenses.*

Le Morse, connu sous les noms de *Cheval marin* et de *Vache marine*, habite les mers du Nord. Ses défenses, longues parfois de deux pieds, fournissent un ivoire estimé.

CINQUIÈME ORDRE. — **RONGEURS.**

Fig. 24. Marmotte.

§ 121. CARACTÈRES. *Ongles en griffes. Deux sortes de dents seulement : des incisives et des mâchelières : les premières séparées des secondes par une barre ou espace très-notable* (fig. 24).

Parmi les Mammifères chargés de mettre obstacle à la trop grande multiplication des plantes, ceux de cet ordre ont été réservés à un emploi dont leur dénomination suffit pour indiquer la nature. Ils sont chargés de ronger, c'est-à-dire de réduire en molécules déliées, les parties même les plus dures des végétaux, par un travail analogue à celui de la lime ou de la râpe. Leur organisation répond à ce but providentiel. Chacune de leurs mâchoires est armée de deux fortes incisives, revêtues d'émail seulement en devant, s'usant par conséquent davantage en arrière, et ordinairement taillées ainsi en biseau. Ces dents ont reçu la propriété de croître à mesure qu'elles s'usent par le frottement, et quand l'une d'elles vient à être brisée par accident, celle qui lui est opposée ne trouvant plus d'obstacle à son développement, finit par acquérir une grandeur monstrueuse. Les canines manquent, et les incisives se trouvent séparées des mâchelières par un espace assez considérable, désigné sous le nom de *barre*. La mâchoire inférieure jouit horizontalement, dans le sens de sa longueur, d'un mouvement de va-et-vient indispensable à l'action des incisives ; mais cette mâchoire n'a pas à remplir un rôle aussi pénible que chez les Carnassiers, et la structure des arcades zygomatiques grêles et dirigées en bas, suffit pour révéler la faiblesse des muscles chargés de la relever.

Cependant le genre de vie des Rongeurs est loin d'être uniforme; les différences qu'ils présentent à cet égard sont indiquées par des modifications dans la couronne des mâchelières : celle-ci est plane, chez les espèces herbivores ou frugivores; chargée de tubercules mousses, chez quelques autres, sachant s'accommoder de toutes sortes d'aliments; armée de pointes, chez un petit nombre, mangeant des insectes dans l'occasion, ou pouvant même au besoin se nourrir de chair. Leur tube intestinal vient aussi confirmer ces indications; il est plus long et plus compliqué chez les herbivores que chez les autres.

En général le train de derrière de ces animaux est plus élevé que celui de devant, et rend par là leur démarche sautillante. Quelquefois, comme chez les Gerboises, les membres postérieurs ont acquis une longueur anormale, analogue à celle qu'ils présentent chez les Kanguroos. Chez les Polatouches, la peau des flancs, par son développement, constitue une sorte de parachute, comme chez les Galéopithèques.

Les Rongeurs ont une intelligence très-bornée, mais un instinct parfois merveilleux. Les uns, comme les Ecureuils, se tiennent presque constamment sur les arbres; le plus grand nombre a une existence terrestre ou en partie souterraine. La plupart préfèrent les lieux secs ou élevés; plusieurs ne se plaisent qu'au bord des eaux. Quelques-uns ont une activité diurne; d'autres attendent les heures plus tranquilles et plus sûres du crépuscule ou de la nuit pour sortir de leur retraite. Ceux-là, comme les Lapins, vivent d'herbes; ceux-ci attaquent les racines; d'autres, comme le Castor, rongent les écorces ou même les parties ligneuses des bois tendres. Plusieurs détruisent les graines des légumineuses que nous confions à la terre, ou se nourrissent dans nos champs ou dans nos greniers de nos céréales les plus précieuses. Les Hamsters les entassent dans des fosses pratiquées avec soin. Peut-être ces animaux, par leur industrieux instinct, ont-ils appris à l'homme à creuser des silos pour y conserver ses récoltes. Les semences des conifères, des hêtres, des châtaigniers, et celles des noyers et des noisetiers, malgré l'enveloppe plus dure dont elles sont revêtues, sont recherchées par les Ecureuils, les Loirs et divers autres. Les Lérots, à l'approche des ombres ou pendant la nuit, se plaisent à cueillir sur nos espaliers les prémices de nos fruits les plus savoureux. D'autres Rongeurs, comme la plupart des Rats, sont à peu près omnivores. Plusieurs de ces dernières espèces, hôtes nuisibles et incommodes, s'établissent dans nos habitations dont nous ne pouvons parvenir à les faire déloger.

Les Mammifères de cet ordre sont en général de médiocre ou parfois de très-petite taille; mais ils suppléent par le nombre au faible volume de leur corps, et ils remplissent, par-là, dans l'économie de la Nature un rôle très-important. Ils mettent des bornes à la trop grande multiplication des plantes, et comme légère compensation au mal qu'ils font sous ce rapport, quelques-uns, dans les soins instinctifs qui les poussent à faire des provisions de graines, concourent à leur dispersion sur la terre. La plupart d'entre eux, sans cesse en lutte contre nos intérêts, semblent destinés à rappeler à l'homme l'obligation dans laquelle il se trouve depuis sa désobéissance envers son Créateur, de manger son pain à la sueur de son front, d'avoir à le disputer sans cesse avec une foule d'êtres avides de profiter du fruit de ses travaux. Mais la Providence, dans les lois d'harmonie qui nous révèlent la sagesse divine, a tout disposé pour empêcher les Rongeurs d'exercer leur action nuisible au delà de certaines limites. Plusieurs de ces animaux tels que l'Écureuil, le Loir, etc., ont été condamnés à l'inactivité d'un sommeil profond, pendant les mois les plus rigoureux de l'année. Divers Mammifères carnivores et la plupart des oiseaux de proie s'occupent à les décimer et le jour et la nuit; quelquefois même certaines espèces du même genre s'entre-dévorent. Malgré les ennemis nombreux intéressés à leur faire la guerre, les Rongeurs deviennent souvent, par leur nombre, un véritable fléau. Combien de fois n'ont-ils pas contribué à occasionner des disettes! De nos jours encore, dans le nord de notre continent, les Lemmings multipliés parfois à l'excès, se rassemblent en hordes innombrables, comme jadis les Goths et les Vandales, et comme eux se répandent dans d'autres contrées, en portant de tous côtés le ravage et la dévastation ; mais bientôt alléchées par l'espoir d'une proie abondante, les Martes, les Hermines et une foule d'autres Carnassiers vermiformes accourent sur leurs traces, en font une boucherie affreuse, et ne tardent pas à rétablir l'équilibre, jusqu'au moment où des causes pareilles nécessiteront de nouveau un remède semblable.

Quelques Mammifères de cet ordre fournissent encore à l'industrie des dépouilles recherchées par les fourreurs, ou dont le poil est utilisé par les chapeliers.

On trouve, à l'état fossile, de nombreuses espèces de Rongeurs, dans diverses couches des terrains tertiaires.

§ 122. Ces animaux peuvent être répartis dans les familles suivantes, d'une importance variable.

A Rongeurs à clavicules complètes, plus ou moins fortes.
B Cinq mâchelières à la mâchoire supérieure.
- 1° Les *Sciuridés*. Corps ordinairement svelte et fait pour grimper sur les arbres. Membres postérieurs plus longs que les antérieurs. Queue longue et velue, souvent garnie de longs poils disposés de chaque côté.
- 2° Les *Arctomydés*. Corps ordinairement trapu. Membres postérieurs presque égaux à ceux de devant.

BB Quatre mâchelières au plus.
C Yeux de grandeur ordinaire.
- 3° Les *Castoridés*. Pieds postérieurs entièrement palmés. Queue large et aplatie.
- 4° Les *Muridés*. Pieds postérieurs libres ou incomplètement palmés.

CC Yeux très-petits ou rudimentaires.
- 5° Les *Spalacidés*.

AA Rongeurs imparfaitement claviculés.
D Corps armé de piquants.
- 6° Les *Hystricidés*.

DD Corps couverts de poils.

7° Les *Léporidés*. Incisives de la mâchoire supérieure doubles.
8° Les *Cavidés*. Incisives de la mâchoire supérieure simples.

§ 123. Les *Sciuridés* vivent généralement de fruits secs, dont ils font souvent des provisions. La plupart passent la plus grande partie de leur vie sur les arbres ; quelques-uns se creusent des terriers. Les Polatouches sont pourvus d'espèces de parachutes formés par l'extension de la membrane de leurs flancs.

§ 124. L'Écureuil ordinaire est sans contredit le plus leste et le plus agile de tous les habitants de nos forêts. Son œil est vif et saillant; son dos arqué; ses jambes postérieures allongées et disposées pour le saut ; sa queue touffue est garnie sur les côtés de poils arrangés comme les barbes d'une plume. Dans ses bonds précipités, il l'agite comme un balancier, il la fait mouvoir comme un parachute ; dans le repos, il la relève comme un élégant panache.

Il habite les forêts, principalement de pins, de sapins et de hêtres. Il grimpe sur les arbres avec une facilité incroyable, tâche de mettre toujours l'épaisseur du tronc entre lui et l'observateur qui le suit des yeux, et semble voler lorsqu'il s'élance de branche en branche. Son agilité ne le sauve cependant pas toujours de la griffe des Buses ou des Autours.

Il vit de faînes, de noisettes, de châtaignes, de graines des conifères, dont il fait des provisions dans les troncs excavés. Près du sommet des arbres les plus élevés, il bâtit avec des brochettes de bois et de la mousse son nid ou sa *bauge*.

Il varie beaucoup pour la couleur ou les nuances du pelage. La variété connue sous le nom de *Petit-Gris*, qu'on trouve dans les pays septentrionaux des deux continents, fournit une fourrure estimée. Des poils de sa queue on fait des pinceaux pour les doreurs, etc.

§ 125. Les *Arctomidés* ou Marmottes habitent généralement les lieux secs ou élevés. Ils vivent principalement d'herbes et de graines, mais leurs mâchelières hérissées de pointes leur permettent de manger des insectes dans l'occasion, et même au besoin de la chair. Ces animaux se creusent des terriers, dans lesquels ils passent en léthargie les mois les plus rigoureux de l'année.

§ 126. Les *Castoridés* vivent sur les rives des lacs ou des fleuves; se construisent quand il le faut, du moins quand ils ne craignent pas d'être troublés dans leurs opérations, des digues pour arrêter le cours des eaux; se creusent dans les berges voisines des retraites à deux étages, dont l'inférieur inondé sert de magasin pour les provisions, et le supérieur élevé au-dessus du niveau des eaux est destiné à loger la famille. C'est par l'étage inférieur, dont l'ouverture est cachée dans l'eau, que ces animaux se rendent dans leur retraite.

La seule espèce connue de Castor habite le Canada, les bords du Rhône, du Danube, de l'Euphrate, etc. Son poil est recherché pour la fabrication des chapeaux.

§ 127. Les *Muridés* connus autrefois sous le nom de *Rats*, constituent une famille nombreuse, ils se divisent en plusieurs genres: *Ondatras, Campagnol, Lemming, Loir, Rat, Hamster, Gerboise*, etc., dont les espèces sont souvent très-nuisibles.

§ 128. Les uns ont des mâchelières planes et sont herbivores ou frugivores. Parmi ceux-ci:

§ 129. Les Ondatras ont les pieds palmés; ils nagent avec facilité. La seule espèce connue, l'O. Rat-musqué, du Canada, d'un gris roussâtre, de la grosseur d'un Lapin, fournit une fourrure estimée.

§ 130. Les Campagnols ont des mœurs variées. L'une des espèces, le C. Rat d'eau habite le bord des eaux dormantes, y vit de plantes marécageuses, se creuse une retraite dans les berges, et nous cause parfois des dommages en perforant les chaussées des étangs. D'autres espèces plus nuisibles se nourrissent de nos céréales et en font des provisions dans les champs.

§ 131. Les Lemmings à oreilles très-courtes, aux pieds

propres à creuser, habitent les régions septentrionales. L'une de ces espèces surtout s'est rendue célèbre par ses migrations et ses ravages.

§ 132. Les Loirs, à poil doux; à queue velue ou touffue; à mâchelières au nombre de quatre, divisées par des bandes transverses. Ils vivent de fruits; passent l'hiver en léthargie. L'une des espèces, le Lérot, connue sous le nom de *Rat fruitier*, n'est malheureusement que trop commune dans nos pays. Durant le jour, le Lérot se tient caché dans les murs de nos enclos; mais à la tombée de la nuit, il vient visiter les fruits des arbres de nos jardins et de nos vergers; il mange souvent les plus beaux de nos espaliers. On lui fait la chasse à coups de fusil, dans les nuits d'un beau clair de lune, à la faveur duquel il est facile de le voir grimpant sur les arbres. On cherche surtout à le détruire à l'aide de piéges [1].

§ 133. Les autres ont les mâchelières tuberculeuses et sont plus omnivores que les précédents.

§ 134. Parmi ces derniers, les Hydromys ont les pieds de derrière mi-palmés.

§ 135. Les Rats ont les doigts libres; trois mâchelières à tubercules mousses, dont l'antérieure est la plus grande; la queue longue et écailleuse. Trois espèces de ce genre sont malheureusement trop communes dans nos maisons. La Souris, connue dans tous les temps et de tout le monde; le Rat noir ou Rat ordinaire originaire, dit-on, de l'Asie Mineure, venu en Europe dans le moyen âge : le Surmulot, le plus gros et le plus vorace des trois, importé probablement de la Perse ou, selon d'autres opinions, de l'Amérique, inconnu dans nos contrées avant le dix-huitième siècle [2].

§ 136. Les Hamsters à dents semblables à celles des Rats,

---

1. Notre pays en possède encore deux autres espèces : le Loir et le Muscardin. Ce dernier, de la grosseur d'une Souris.

2. Ce Rat se cache dans les granges, les conduits, les égouts, souvent dans les lieux les plus dégoûtants; il abonde dans les lieux où l'on équarrit les animaux.

à queue courte et velue, sont pourvus d'abajoues ou d'espèces de poches à l'aide desquelles ils transportent les graines dont ils font des provisions.

§ 137. Les Gerboises ou *Rats à deux pieds*, à pieds antérieurs très-courts et presque inutiles, à pieds postérieurs très-allongés. Elle vont presque uniquement par sauts.

§ 138. Les *Léporidés* constituent une famille assez nombreuse en espèces. Deux de celles-ci sont communes en France.

Le Lièvre commun vit solitaire; ne se terre point; se nourrit principalement d'herbes, ronge les écorces des arbres, surtout pendant l'hiver, et fait par là beaucoup de tort dans les enclos de peu d'étendue dans lesquels on l'enferme. Il n'a pu être encore réduit à l'état domestique. Sa chair noire est estimée, surtout quand il habite les montagnes. Il est le sujet d'une des chasses les plus agréables. On la lui fait à l'aide de Chiens courants ou de Lévriers.

Les Renards, les Fouines et autres Carnassiers vermiformes, et divers Oiseaux de proie en détruisent un grand nombre. La bourre du Lièvre est utilisée pour la fabrication des chapeaux de feutre [1].

§ 139. Le Lapin [2], originaire d'Espagne, est aujourd'hui naturalisé dans toute l'Europe. Il vit en troupes dans des terriers, où il se réfugie dès qu'il est poursuivi. Sa chair est blanche et moins estimée que celle du Lièvre. A l'état

---

1. La femelle se nomme *Hase*.
2. On donne le nom de *Lapin de garenne* au Lapin sauvage, et celui de *Lapin de clapiers* au Lapin domestique. Ce dernier est élevé en grand dans certaines provinces de France. Sa dépouille a généralement plus de prix que dans les pays voisins ; teinte, elle est employée pour manchons, etc.

Ce dernier offre diverses variétés. Les plus remarquables sont : 1er le *Lapin riche* ou *argenté* d'un gris argenté; fournit une fourrure recherchée. On le trouve en Champagne. 2e Le *Lapin d'Angora*, à poils longs et soyeux.

La fourrure du Lapin blanc, même de celui dit de Pologne, se distingue facilement de celle de l'Hermine, par le jarre moins cylindrique et notablement plus long que le duvet.

domestique, il multiplie beaucoup, et offre une ressource utile pour la nourriture des habitants des campagnes. Sa dépouille sert à faire des fourrures. Son poil est employé dans la chapellerie ; on le file pour faire des bas, etc.; sa peau sert à faire des gants, de la colle, etc.

§ 140. Parmi les derniers Rongeurs compris sous le nom de *Cavidés*, deux espèces seulement méritent de fixer particulièrement l'attention : le Chinchilla et le Cobaye.

Fig. 22. Chinchilla.

§ 141. Le premier vit au Chili dans des terriers; se nourrit d'herbes et de racines; fournit une fourrure recherchée, remarquable par sa bourre épaisse, longue et soyeuse. Son pelage est d'un gris cendré en dessus, plus pâle en dessous.

§ 142. Le second, plus connu sous le nom de *Cochon d'Inde*, élevé dans les maisons à l'état domestique, est originaire de l'Amérique méridionale.

SIXIÈME ORDRE. — ÉDENTÉS.

§ 143. CARACTÈRES. *Ongles en griffes. Système dentaire*

incomplet; généralement point d'incisives (fig. 24), *et parfois même point de dents. Ongles robustes.*

Les ongles dont les Édentés sont armés ont un volume si remarquable, qu'ils semblent faire pressentir le développement plus singulier encore qu'ils offriront chez les Mammifères à sabots. Ces ongles robustes répondent, au reste, au genre de vie des animaux de cet ordre. Aux uns, ils servent de crampons, pour s'accrocher aux branches des arbres sur lesquels ils passent leur vie; pour les autres, ils sont des instruments propres à fouir. Leurs mâchoires, toujours dépourvues d'incisives, ont un système plus ou moins incomplet; parfois même elles sont entièrement édentées.

Ces considérations et quelques autres peuvent faire diviser ces animaux en trois Sous-Ordres.

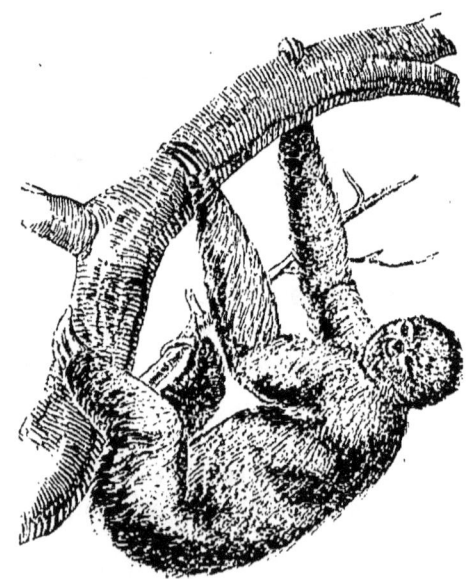

Fig 23. Bradypo.

§ 144. 1° Les Tardigrades. *Face courte. Des canines et des mâchelières* (fig. 23). *Ongles crochus ou fléchis en dedans.*

Les Tardigrades sont des animaux singuliers, à face de Singes, dont ils sont les représentants dans cet ordre. Ils

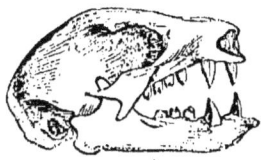

Fig. 24. Dents du Bradype.

se tiennent suspendus à la renverse sous les branches des arbres qu'ils dépouillent de leurs feuilles; toute leur organisation est en harmonie avec cette bizarre manière de vivre. Ils se meuvent de la sorte avec assez d'agilité; mais sur terre ils se traînent péniblement. Leur pelage se rapproche généralement de la couleur du tronc des végétaux ou de celle des lichens qui couvrent ceux-ci.

§ 145. 2° Les Fossipèdes. *Museau allongé. Des mâchelières; point de canines. Ongles propres à fouir.*

Ces animaux se tiennent habituellement dans des terriers, pendant le jour.

Les *Tatous* ont la peau encroûtée de pièces osseuses, constituant des espèces de boucliers séparés par des bandes transversales, qui permettent à leur corps une certaine mobilité. Les parties de la peau servant à unir ces compartiments osseux sont garnies de quelques poils épars. Ces Édentés vivent, les uns, d'herbes, d'autres, d'insectes ou de chairs corrompues.

§ 146. Près de ces espèces vivantes, paraît devoir se placer le *Megatherium* ou *animal du Paraguay*, de la taille d'un Éléphant, rapproché des Bradypes sous certains rapports, mais ayant le corps cuirassé comme celui des Tatous.

§ 147. Les *Oryctéropes*, surnommés *Cochons de terre*, du sud de l'Afrique, ont le corps couvert de poils. Ils vivent de fourmis et autres insectes.

§ 148. 3° Les Édentés *proprement dits. Museau allongé. Mâchoires dépourvues de dents.*

Les mâchoires des derniers Édentés sont si allongées et mues par des muscles si faibles, que ces animaux n'auraient pas pu diviser des matières alimentaires offrant quelque résistance. Aussi ont-ils été dépourvus de dents. Ils n'en avaient pas besoin pour le genre de vie auquel le Créateur les a destinés. Ils sont chargés de faire la guerre à divers insectes qui infestent les pays chauds. A l'aide de leurs ongles robustes, ils mettent en désordre les nids des Fourmis, ils entr'ouvrent les habitations coniques et très-solides des Termites[1], y introduisent leur langue mobile et visqueuse, et en la retirant, avalent les insectes qui s'y trouvent agglutinés.

§ 149. Parmi ces animaux, les Fourmiliers ont le corps couvert de poils. Ils vivent les uns à terre, les autres sur les arbres.

§ 150. Les Pangolins ont le corps revêtu d'espèces d'écailles placées en recouvrement, et qui se redressent quand ces Edentés se roulent en boule, pour se défendre contre leurs ennemis.

SEPTIÈME ORDRE. — RUMINANTS.

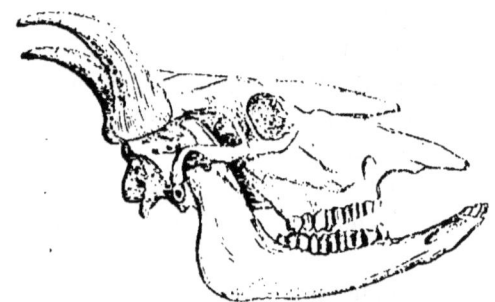

Fig. 25. Tête du Bœuf.

§ 151. CARACTÈRES. *Pieds pourvus chacun de deux sabots*[2], *se regardant par une face aplatie, offrant ainsi l'apparence d'un sabot unique qui serait fendu longitudinale-*

---

1. Espèce d'insectes appelés *Fourmis blanches* par quelques voyageurs, vivant en familles, comme les Fourmis véritables.
2. Derrière le sabot se montrent quelquefois, sous la forme d'ergots, deux autres doigts rudimentaires terminés par des vestiges d'ongles et appelés *onglons*.

ment dans son milieu. *Estomac divisé en quatre parties, dont trois communiquent avec l'œsophage. Ordinairement point d'incisives à la mâchoire supérieure* (fig. 25). *Front le plus souvent armé de cornes.*

Les Ruminants doivent figurer à la tête des Mammifères de cette seconde série, car leur apparition sur la terre paraît avoir été postérieure à celle des Pachydermes; celle de plusieurs semble même avoir précédé de peu de temps la création de l'Homme, qui a couronné l'œuvre de la sixième époque.

Ces animaux sont tous herbivores. Ils doivent leur nom à la propriété singulière dont ils jouissent de *ruminer*, c'est-à-dire de faire revenir à la bouche pour les mâcher et les insaliver plus complétement, les aliments introduits dans le tube digestif. Cette propriété est due à la conformation de leur estomac, toujours divisé en quatre compartiments (fig. 26) : la *panse,* le *bonnet,* le *feuillet,* et la *caillette.* Chacun d'eux

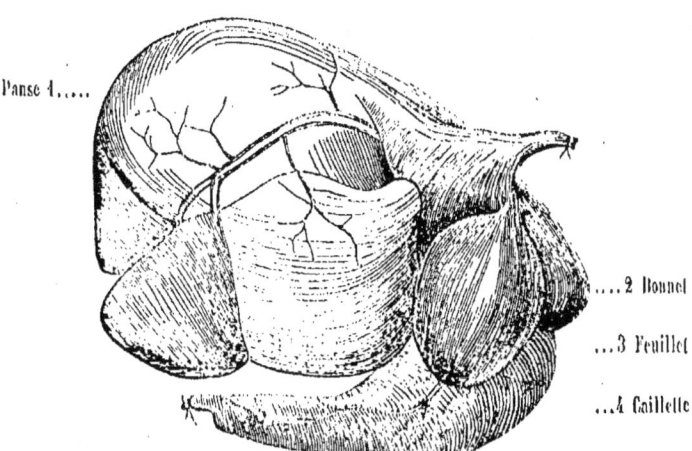

Fig. 26. Estomac du Bœuf.

est garni d'une membrane interne d'une structure particulière; elle est le plus souvent recouverte de papilles, dans la panse : d'une sorte de réseau ou de petites lames disposées en mailles polygones, dans le bonnet[1]; de grandes lames longitudinales dans le feuillet : de simples rides ou replis, dans la caillette. L'œsophage ou le conduit qui s'étend de l'arrière-bouche à l'estomac, se termine inférieurement par une gouttière ou par un demi-canal auquel aboutissent les trois premières poches.

Cette division de l'estomac en plusieurs réservoirs est merveilleusement appropriée aux besoins de ces Mammifères. Naturellement timides, en raison des ennemis nombreux intéressés à leur faire la guerre, jamais, à l'état de liberté, ils ne mangent sans inquiétude les végétaux que la terre est chargée de leur offrir. Ils se hâtent d'en faire une provision, qu'ils feront plus tard revenir partiellement à la bouche, quand ils se seront retirés dans un lieu plus sûr. Là, du moins, ils pourront espérer de ruminer en paix. Pendant tout le temps que dure cet acte, ils restent en repos et ordinairement couchés. Mais tant qu'ils sont à paître, les végétaux coupés et avalés à la hâte ou en torchon, arrivent principalement dans la panse[2], où ils sont imbibés et ballottés par un mouvement particulier à cet organe. Quand le besoin de ruminer se fait sentir, la panse et le bonnet se contractent en même temps[3] : la première pousse les aliments vers la gouttière œsophagienne : celle-ci s'élargit alors en forme d'entonnoir, pour recevoir une quantité de ces matières proportionnées à sa dilatation; puis elle se referme, et les contractions péristaltiques de l'œsophage

---

1. Cette disposition a fait donner également au bonnet le nom de *réseau*.

2. L'ouverture cardiaque étant située à peu près entre la panse et le bonnet, rend l'introduction des matières alimentaires aussi facile dans l'un de ces réservoirs que dans l'autre. Le bonnet conserve peu d'aliments solides; mais il tient toujours en réserve une certaine quantité d'eau.

3. La contraction des deux premières poches stomacales et le rejet des matières contenues dans leur sein, ont lieu sous l'influence des mouvements du diaphragme et surtout des muscles abdominaux.

font remonter cette pelote jusqu'à la bouche. Arrivées dans l'ouverture buccale, les matières alimentaires y sont soumises à la mastication et à l'action de la salive, chargée d'en préparer la décomposition. Le bol alimentaire, réduit par la trituration à un volume peu considérable et à une faible consistance, descend[1] dans la caillette[2], où il doit subir l'influence du suc sécrété par les glandes logées dans les parois de ce compartiment qui est le véritable estomac.

Pendant tout le temps de l'allaitement, les trois premières poches ne jouent à peu près aucun rôle; aussi, la panse est-elle alors réduite ordinairement à un moindre volume que la caillette; elle ne commence à se dilater, qu'en remplissant sa destination de sac à fourrage.

La manière de se nourrir des Ruminants, c'est-à-dire d'avaler les matières végétales sans les mâcher complète-

1. Toutefois, dans le chemin qu'il suit alors pour arriver à la caillette, le bol alimentaire laisse souvent tomber dans les autres poches stomacales quelques parcelles de sa masse, car lorsqu'on tue un bœuf ou un mouton, on trouve généralement dans les autres estomacs des matières ruminées.

2. La caillette tire son nom de sa propriété de faire cailler le lait. Elle doit celle-ci au suc gastrique sécrété par les follicules ou glandes logées dans ses parois : aussi se sert-on de l'estomac des jeunes Ruminants, de ceux qui n'ont pas encore mangé de l'herbe, pour faire la *présure*. A cet effet, les bouchers fendent la caillette, la débarrassent des matières étrangères, la salent et la font sécher. Quand on veut s'en servir, on la coupe; on en fait infuser les morceaux dans du petit-lait aigri ou dans tout autre liquide acidulé, au besoin dans du vin blanc; au bout d'un jour ou de deux, on passe au travers d'un linge et on met dans une bouteille, pour le conserver, le liquide devenu de la présure. Il est facile dès lors de comprendre que cette dernière ne doit jamais être d'égale qualité; car si le veau ou l'agneau amené à la boucherie, a, depuis peu de temps, ingéré des matières alimentaires dans son estomac, les glandes ont dû déverser sur ces matières le suc acide qu'elles contenaient, et la présure doit se ressentir de l'état de pauvreté dans lequel se trouvent les glandes de cette caillette. Si, au contraire, l'animal était à jeun depuis un jour ou deux, les glandes gastriques gorgées de suc qu'elles n'ont pas eu l'occasion d'utiliser, doivent donner à la présure une force plus ou moins remarquable.

ment et sans les ensaliver suffisamment, produit quelquefois sur ces animaux, à l'état domestique du moins, un effet fâcheux connu sous le nom de *météorisation*[1].

Destinés à vivre de végétaux, les Mammifères de cet ordre ont ordinairement huit incisives à la mâchoire inférieure, et ils en manquent généralement à la supérieure ; elles sont remplacées par un bourrelet calleux contre lequel agissent les incisives inférieures. Plusieurs ont des canines. Le nombre de leurs mâchelières est ordinairement de six de chaque côté, en haut et en bas. Leur mâchoire inférieure jouit de mouvements latéraux assez étendus, destinés à favoriser la division des matières alimentaires.

La plupart des Ruminants ont (chez les mâles du moins) le front armé de prolongements osseux désignés sous le nom de *chevilles osseuses* ou de *cornes*. Ces parties saillantes sont tantôt protégées par une corne véritable, c'est-à-dire par une sorte d'étui corné, formé par un amas de poils agglutinés, désignés sous le nom de *corne creuse*; tantôt revêtues d'une peau persistante ou caduque.

De tous les animaux, les Ruminants, sans contredit, sont ceux qui nous offrent les témoignages les plus évidents de la bonté de Dieu envers l'homme. La plupart ont été visiblement créés pour assurer son existence ou pour la rendre plus douce et plus facile. Ils fournissent à nos besoins alimentaires la chair la plus nourrissante, celle dont on se lasse le moins[2]. Le lait de plusieurs, soit à l'état liquide,

---

1. Les fourrages verts et humides, particulièrement les trèfles, au printemps, météorisent souvent les Ruminants, c'est-à-dire produisent dans leur panse ou rumen, des gaz qui, n'ayant point d'issue, font gonfler cette poche stomacale de telle sorte qu'elle refoule les poumons, empêche l'acte de la respiration d'avoir lieu, et occasionne par asphyxie la mort de l'animal.

2. L'élevage et l'engraissement des animaux de boucherie constituent une industrie importante. L'époque la plus favorable est celle où la croissance est terminée. On engraisse les bœufs à l'écurie ou dans des prés d'embouche. Dans le premier cas, on varie la nourriture, on entremêle des farineux avec l'herbe ou le foin ; dans

soit durci en fromages, est encore sous ce rapport une de nos ressources les plus précieuses; nous en retirons le beurre indispensable pour nos préparations culinaires. La toison de quelques-uns nous sert à confectionner nos vêtements les plus chauds; leur cuir est employé à nos chaussures et à une foule d'autres usages. La dépouille d'un petit nombre nous offre des fourrures utiles. A l'aide de leur graisse, nous façonnons ces chandelles et ces bougies qui éclairent nos appartements. Leurs cornes, leurs os, et jusqu'à leurs intestins reçoivent des applications dans les arts ou l'industrie. Plusieurs sont pour nous des serviteurs d'une grande utilité. Nous employons les uns comme montures, les autres comme bêtes de somme ou d'attelage; à l'aide de quelques autres, nous déchirons la surface du sol pour lui confier des semences; tous ceux de ces animaux qui vivent auprès de nous contribuent à nous fournir les moyens de rendre à la terre, par des engrais, les sucs nourriciers que lui ont enlevés nos récoltes. Ainsi est née l'agriculture; elle a hâté la civilisation, favorisé la création des villes, et elle permet aujourd'hui à une partie des hommes de se livrer à l'industrie et aux arts, tandis que l'autre assure par ses travaux et par ses soins la nourriture de tous.

§ 152. Les Ruminants peuvent être partagés de la manière suivante :

1° Point d'incisives à la mâchoire supérieure.

A Front armé, au moins chez le mâle, de prolongements persistants ou caducs.
B Prolongements frontaux formés chacun d'une cheville osseuse persistante, revêtue d'un étui corné, appelé *corne creuse*.
Ils peuvent être compris dans une seule famille, celle des ANTILOPIDÉS.
BB Prolongements frontaux formés chacun d'une cheville osseuse, recouverte de peau pendant toute la vie de l'animal. Dos déclive. CAMÉLÉOPARDALIDÉS.

le second cas, on les laisse au pré nuit et jour. Diverses circonstances influent sur la rapidité de l'engraissement, la constitution de l'animal, la nature du sol et par suite la nature des herbes. Les prés secs dont le sol est une terre forte, sont toujours les meilleurs.

BB Prolongements frontaux caducs. Dos à peu près horizontal. Cervidés.
AA Front sans prolongements frontaux. Moschidés.
  2° Des incisives à la mâchoire supérieure. Sabots à semelles calleuses. Prolongements frontaux nuls. Camélidés.

Les Antilopidés peuvent se diviser eux-mêmes en plusieurs petites familles ou genres principaux :

α Les uns ont les cornes osseuses à noyaux creux ou celluleux et communiquant avec les sinus frontaux. Parmi ceux-ci
β Les *Bœufs* ont les cornes dirigées ordinairement de côté, avec la pointe revenant en dessus ; le corps trapu ; les membres robustes ; la peau du cou ordinairement lâche, pouvant se plisser, et désignée sous le nom de *fanon*.

A ce genre, se rattachent les espèces suivantes :

§ 153. 1° Bœuf ordinaire. De tous les animaux destinés par le Créateur au service de l'homme, le Bœuf est, sans contredit, le plus utile. On l'emploie au labour, au charroi, au halage et même parfois comme bête de charge ou de monture. Sa chair nous fournit un des aliments les plus sains et les plus nourrissants. Quels avantages ne retirons-nous pas du lait, soit à l'état liquide, soit converti en fromage, ou de la partie butyreuse qu'il contient. Son suif sert à la fabrication des chandelles et des bougies ; la partie oléagineuse de sa graisse, à celle du savon. Son sang fournit un engrais puissant ; il entre dans la composition de la matière colorante connue sous le nom de *Bleu de Prusse* ; il est utilisé dans les raffineries de sucre et dans quelques arts chimiques. Sa bile est mise à profit par les dégraisseurs. La membrane qui enveloppe ses intestins est convertie en baudruche par la dessiccation. Ses os sont transformés par les bimbelotiers, en objets de formes variées. La peau des individus âgés fournit les cuirs les plus forts et les plus durables ; celles des jeunes, les empeignes de nos souliers, les plus belles reliures de livres, etc. ; les tendons, les parties membraneuses ou cartilagineuses donnent, par l'ébullition, la colle forte ou colle de gélatine. Ses poils trouvent leur emploi chez les bourreliers et les tapissiers, et dans l'industrie des plâtriers et des maçons, pour la confection des plafonds, etc. Les cornes, par le travail des fabricants de peignes, de boutons, etc., deviennent des objets variés, pour nos usages ou nos besoins; des sabots, on extrait une huile employée en pharmacie; les rognures même des cornes et des onglons sont achetées par les cultivateurs pour fumer principalement les vignes.

Le Bœuf, dans son premier âge, pendant toute la durée de l'allaitement, porte le nom de *Veau;* plus tard, le mâle, prend le nom de *Taureau,* puis celui de *Bœuf,* quand il est appliqué au service; la femelle reçoit celui de *Génisse,* ensuite celui de *Vache,* quand elle nous fournit ses produits. Le cri de ces animaux est appelé *mugissement.* La durée de leur vie est d'environ vingt ans (fig. 27).

Fig. 27. Le Bœuf.

§ 154. Cette espèce fournit de nombreuses variétés. Celles du Bœuf sont recherchées, les unes pour le travail, les autres en raison de leur facilité à s'engraisser. Les races françaises les plus remarquables sont celles du Charolais, du Morvan, de l'Auvergne, du Limousin, de la Normandie, de la Franche-Comté, etc. Parmi les races étrangères, on cite surtout quelques-unes de la Suisse et de l'Angleterre [1]. Dans ce dernier pays, on est parvenu à devancer l'âge, à accroître le poids en chair, en réduisant celui des os. Dans le sud de l'Ecosse, on est arrivé à avoir une race sans cornes.

§ 155. Les Vaches laitières les plus renommées sont, en France : celles de Flandre, de Normandie, de Bretagne et du Jura français. Parmi celles des autres pays, celles de Hollande, de Belgique, de Suisse (principalement celles de Schwitz), des îles de la Manche, d'Ayr ou de Kerry et quelques autres.

§ 156. 2° L'*Aurochs*, des forêts marécageuses de la Lithuanie et de la Courlande, où son existence est protégée par le gouvernement russe. Il a quatorze paires de côtes; le front bombé, court; les cornes insérées près des yeux; la peau couverte d'un poil de deux sortes : le laineux, très-abondant en hiver; le dos bossu et orné, chez le mâle, d'une longue crinière qui retombe jusque sur les jambes de devant. C'est le plus grand quadrupède de l'Europe.

§ 157. 3° Le *Bison* d'Amérique, très-rapproché du précédent, mais pourvu de quinze paires de côtes; il a les jambes de devant plus hautes que celles de derrière. La peau est revêtue d'un poil laineux, qui en fait une fourrure estimée; elle fournit les tapis de pieds les plus chauds.

§ 158. 4° L'*Yak*, connu sous le nom de *Bœuf à queue de cheval*, de *Bœuf à crinière de cheval*, de *Bœuf du Thibet à queue touffue*, de *Vache grognante de Tartarie*, originaire du Thibet, où il est employé comme bête de somme. Il a le front étroit et légèrement bombé; quatorze paires de côtes; les membres courts et trapus; les flancs, la poitrine et les jambes garnis de poils longs et souvent bouclés; la queue surtout parée de longs crins beaucoup plus fins et plus fournis que ceux de nos chevaux. Cette queue se vend en Chine pour terminer les bonnets; dans les Indes, pour

---

1. Les races de Durham, de Devon, etc.

chasser les mouches; en Turquie, pour orner les étendards des pachas.

La femelle de l'Yak, nommée *Dèhs*, au Thibet, donne un lait abondant et savoureux à peu près analogue à celui de la Vache. On en retire un beurre de très-bonne qualité. On en fait en Chine des fromages estimés.

Le cri de l'Yak se rapproche du son que fait entendre le Porc; de là le nom de Vache grognante donné à cet animal.

§ 159. 5° Le *Buffle* originaire de l'Inde, introduit en Europe vers le vi° siècle; utilisé près de Rome comme animal de transport. Il a treize paires de côtes; le front étroit et court; les proportions lourdes; les membres, surtout les postérieurs, très-robustes.

§ 160. 6° Le *Buffle du Cap*, plus gros et plus fort que celui d'Italie, est un des animaux les plus dangereux.

γ. Les *Moutons*. Cornes dirigées en arrière et revenant en avant; menton sans barbe; chanfrein ordinairement convexe.

A ce genre appartient :

§ 161. Le Mouton ordinaire. D'un caractère doux et timide, d'une intelligence si faible qu'elle se rapproche de la stupidité, d'un instinct même très-borné, le Mouton semble avoir été destiné par la Providence pour être l'instrument passif de nos volontés. Aussi paraît-il avoir été le premier des animaux soumis à l'état domestique. Abel, dit la Genèse, était pasteur de Brebis. Depuis ces temps reculés, ce Mammifère n'a cessé d'être pour nous l'une des espèces les plus utiles. Sa chair est une excellente nourriture; son lait est le seul qu'on puisse se procurer en certains pays; on en fabrique des fromages dont quelques-uns[1] jouissent d'une juste réputation; son suif est un des plus estimés; sa laine[2] fournit ces fils plus ou moins fins qui sont employés

1. Celui de Roquefort, par exemple. Il se fait ordinairement avec du lait de brebis et du lait de chèvre mélangés.
2. La laine est un filament formé de plusieurs autres, réunis sous une même enveloppe. Elle est naturellement imprégnée de *suint*,

dans la chapellerie, et qui servent surtout à la fabrication des draps et d'une foule de tissus; sa peau est utilisée de diverses manières; ses intestins servent à faire des cordes d'instruments; son fumier enfin, dont le parcage évite le transport, répand partout la fertilité.

Ce Ruminant porte différents noms suivant l'âge ou le sexe. On l'appelle *Agneau* jusqu'à un an environ; plus tard on donne au mâle la dénomination de *Bélier* ou de *Mouton*, et celle de *Brebis* à la femelle.

La voix de ces animaux se nomme *bêlement*. Elle consiste en un cri chevrotant assez uniforme. Leur vie est de douze à quinze ans.

L'âge du Mouton se connaît à ses dents incisives. Les deux intermédiaires tombent à un an : les suivantes à dix-huit mois; à trois ans, elles sont toutes renouvelées. Elles sont alors égales et blanches; peu à peu elles se déchaussent et deviennent inégales.

§ 162. Les races ou variétés du Mouton sont nombreuses; on distingue principalement ceux 1° à *laine courte;* 2° à *laine longue* connus sous le nom de moutons anglais, à tête sans corne, à queue longue et pendante, dont la laine fine et très-longue sert à fabriquer les tissus improprement appelés *poils de chèvre;* 3° les *Mérinos*, originaires de l'Espagne, et qui ont servi à améliorer les races françaises et anglaises.

§ 163. La plupart des naturalistes considèrent comme notre Mouton à l'état sauvage, le Mouflon qui vit sur les montagnes de la Sardaigne, de la Corse, et quelques autres îles. Des considérations tirées de la fourrure de ce dernier, composée d'un poil laineux et d'un jarre; de la hauteur de ses jambes; de quelques autres différences de structure; de la voix, etc., rendent douteuses ces suppositions.

---

substance grasse, onctueuse et odorante, qui lui donne du moelleux et empêche l'eau de la pénétrer. On désuinte la laine à l'aide de lessives alcalines et de lavages.

8. Les *Chèvres*. Cornes dirigées en haut, puis en arrière; prismatiques et transversalement ridées à la base. Menton garni de barbe : celle-ci non divisée en faisceaux; chanfrein ordinairement convexe.

A ce genre appartiennent :

1° La Chèvre domestique. Malgré l'état de servitude dans lequel elle vit auprès de nous, elle a conservé un caractère capricieux et vagabond, un esprit d'indépendance remarquable. Elle se laisse avec peine réduire en troupeau, et quand on la conduit, elle aime à s'écarter, à escalader les endroits escarpés; on la voit souvent grimper sur le sommet des rochers, dormir même sur le bord des précipices.

Ces animaux conviennent aux lieux incultes et sauvages, couverts par la ronce et le buisson; dans les pays fertiles, ils font un tort considérable aux haies, aux taillis et aux arbres fruitiers qu'ils broutent et frappent souvent de mort par leur salive empoisonnée. Leurs services nombreux nous font un peu oublier le tort qu'elles causent dans les domaines où on leur laisse une trop grande liberté.

C'est du lait de Chèvre qu'on obtient ces fromages estimés qui rendent célèbres les Monts-d'Or lyonnais et diverses autres localités. Sa chair dédaignée par l'homme aisé, devient, par la modicité de son prix, une ressource pour le pauvre. Sa peau[1], sa graisse, ses os, sont utilisés dans les arts ou l'industrie comme ceux des Moutons. Du poil de quelques variétés, on fait, soit des tissus grossiers, soit d'autres plus ou moins fins, et jusqu'à ces châles précieux qui ont popularisé parmi nous le nom de Cachemires.

Cette espèce porte dans son jeune âge le nom de *Chevreau*; plus tard la femelle reçoit le nom de *Chèvre*; le mâle, celui de *Bouc*. Ce dernier, à certaines époques, exhale une odeur insupportable.

---

1. La peau des chevreaux, de qualité supérieure à celle des agneaux, est principalement employée pour gants.

Les races les plus remarquables de la Chèvre domestique sont la *Ch. d'Angora*[1] et celle de *Lhassa*[2].

§ 164. 2° Le Bouquetin des Alpes, aujourd'hui très-rare sur les montagnes, etc.

aa. Les autres ont la substance de leur noyau osseuse, solide.

§ 165. Ils constituent le genre *Antilope*, divisé aujourd'hui en plusieurs autres. Ces animaux habitent principalement l'Afrique et l'Asie, où ils servent de pâture aux grands Carnivores. Une seule espèce, le Chamois, se trouve en France; encore ne vit-elle que sur les chaînes élevées qui séparent notre pays du Piémont ou de l'Espagne.

§ 166. Les *Chamois* se tiennent ordinairement par petites troupes, dans les lieux gazonnés les moins accessibles; mais si des émanations inconnues frappent leur odorat exquis, si des sons inaccoutumés arrivent jusqu'à leur oreille, si leur regard perçant aperçoit même de loin quelque chasseur, l'un d'eux pousse un sifflement, et à ce signal tous s'élancent, bondissent de rochers en rochers, franchissent d'un saut des distances étonnantes, et disparaissent comme l'éclair. Dans un pressant danger, ils se précipitent parfois d'une hauteur considérable, les jambes pendantes et tendues, et survivent facilement à ces sauts périlleux, si le fonds sur lequel ils arrivent n'est pas trop chargé de pierres ou hérissé de rochers.

§ 167. Les *Caméléopardidés* ne renferment qu'une espèce: la *Girafe*, remarquable par la longueur de son cou; la hau-

---

1. Elle a les poils d'une grande blancheur, fins, souples, brillants, réunis en longues mèches frisées. C'est dans les environs d'Angora et de Bazar-Khan dans l'Anatolie, que l'on nourrit cette race, avec la toison de laquelle on fabrique à Amiens les camelots à poil.

2. Les Chèvres de *Lhassa* ou de *H'lassa*, plus connues sous le nom de Chèvres du Thibet, sont abondantes près de la capitale susnommée, et offrent un duvet peut-être encore plus fin et plus moelleux près de Leï ou Ladak, ville principale du petit Thibet. C'est avec ce duvet que se fabriquent les châles de Cachemire. A cette race se rattachaient les Chèvres dont M. Jaubert amena en France un troupeau pour le compte de M. Ternaux, vers l'année 1819.

teur de ses jambes de devant, comparativement à celles de derrière, la déclivité de son dos. Elle vit dans les solitudes de l'Afrique, et s'y nourrit des feuilles des arbres, que sa taille élevée lui permet d'atteindre.

§ 168. Les *Cervidés* sont, comme les Antilopes, des animaux à formes sveltes et gracieuses, d'un caractère timide, ayant aussi reçu du Créateur des pieds agiles pour échapper aux dangers dont leur existence est sans cesse menacée. À cette coupe nombreuse en espèces, appartiennent les suivantes :

Le Cerf commun habite les contrées tempérées et boréales de l'ancien continent. Pendant les beaux jours, il vit solitaire dans les lieux retirés des futaies. Si des Chiens conduits alors par des chasseurs le traquent dans ses forts, il part avec la rapidité du trait, fait des tours et des détours, revient sur sa voie, emploie diverses ruses, cherche à se faire accompagner par un autre Cerf pour donner le change, puis se jette brusquement à l'écart, et reste immobile sur le ventre. Le plus souvent trompé dans son attente, et obligé à fuir de nouveau, il s'échauffe, il se fatigue ; ses forces ne secondent plus son ardeur; il n'a d'autre ressource que de quitter la terre qui le trahit et de se jeter à l'eau, pour dérober son sentiment aux Chiens; triste extrémité qui ne peut le sauver ! Réduit aux abois et entouré d'ennemis, il cherche encore avec son bois à défendre sa vie; mais bientôt son jarret est coupé; il tombe et devient la proie du chasseur, qui annonce au loin sa victoire par les sons retentissants du cor.

Aux approches de l'hiver, les Cerfs vivent en hordes ou troupes plus ou moins nombreuses. Au printemps, la tête de ces animaux se dépouille de son bois qui revient pendant l'été. Ces ornements manquent aux *Biches* ou femelles, ainsi que les dents canines.

Le petit Cerf se nomme *Faon*[1] jusqu'à six mois. Les bos-

1. Les Faons ont le pelage parsemé de taches blanches, qui disparaissent avec l'âge.

ses frontales commencent alors à paraître, et il prend le nom de *Hère.* Jusqu'à deux ans, son bois consiste en une seule branche, appelée *dague* ou *perche*, et le jeune animal est nommé *Daguet.* Les ramifications qui naissent plus tard, s'appellent *andouillers*; leur nombre indique l'âge de l'animal. Passé la septième année, le nombre des andouillers ne croît plus d'une manière fixe ; cependant les vieux Cerfs n'en ont ordinairement que dix ou douze et sont appelés *Cerfs dix cors.*

La voix forte et âpre du Cerf se nomme le *raire.*

§ 169. Le Daim, propre aux régions tempérées de l'Europe, est d'une taille moindre que celle du Cerf, dont il se distingue par son pelage et par la palmure de ses bois.

§ 170. Le Chevreuil, plus petit que le Cerf, non moins élégant dans ses formes, est peut-être plus souple et plus preste dans ses mouvements que lui. Les dagues poussent au mâle dès la seconde année ; à la troisième, il a deux ou trois andouillers ; à la quatrième, quatre ou cinq ; il est rare qu'il en ait davantage. Sa chair est très-estimée.

§ 171. Le Renne, célèbre depuis longtemps par les services qu'il rend aux peuples dans les contrées boréales. Il leur fournit son lait, sa chair et sa peau. Attelé à un traîneau, il peut faire en hiver vingt-cinq à trente lieues par jour, et il lui suffit pour sa nourriture de quelques lichens, qu'il va déterrer sous la neige.

§ 172. Les *Moschidés* s'éloignent des Ruminants qui précèdent, par l'absence des cornes qui arment au moins le front des mâles de ceux-ci. Ils ont à la mâchoire supérieure des canines très-développées. A ce genre appartient le *Musc*, c'est-à-dire l'animal auquel on doit la matière odorante désignée sous le même nom.

§ 173. Les *Camélidés* semblent destinés à servir de transition des Ruminants aux Pachydermes. Non-seulement ils n'ont point de cornes, comme la plupart des précédents ; mais ils ont deux incisives à la mâchoire supérieure, et leurs pieds, au lieu d'être formés de deux grands sabots, contigus par une face aplatie, ont une partie de leur surface inférieure calleuse.

On les divise en deux genres : les *Lamas* et les *Chameaux* :

§ 174. Les *Lamas* (fig. 28) manquent de bosses et ont les doigts libres.

Fig. 28. Le Lama.

Ces animaux habitent les Cordillères. Leurs ongles, plus recourbés que ceux des Chameaux, leur permettent de grimper avec facilité sur les rochers.

§ 175. Le Guanaco ou Lama ordinaire est un des animaux les plus utiles pour son lait, sa chair et sa toison, et pour les services qu'il peut rendre. C'était la seule bête de somme employée par les anciens Péruviens. Feu lord Derby et le roi de Hollande ont été les premiers à l'introduire en Europe, où l'on s'occupe aujourd'hui de son acclimatation.

La Vigogne, plus petite que le Lama, vit à l'état sauvage sur les Andes. Sa toison surpasse toutes les laines connues pour la finesse et le moelleux.

§ 176. Les *Chameaux* ont le dos chargé d'une ou de deux bosses.

Plus précieux encore pour l'homme que les Lamas, ils sont un véritable bienfait de la Providence. Leurs pieds ont inférieurement une lame calleuse qui semble unir les doigts presque jusqu'à l'extrémité, disposition qui permet à ces animaux de marcher avec facilité sur les terrains sablonneux. Leur dos chargé d'une ou de deux loupes graisseuses ; leur lèvre fendue ; leur cou allongé ; leurs jambes, surtout les postérieures, disproportionnées avec la masse de leur corps ; des mouvements qui semblent mal assurés, donnent à ces Ruminants un aspect disgracieux ; mais on oublie bientôt l'étrangeté de leurs formes, en songeant aux services qu'ils rendent à notre espèce. Leur lait et leur chair servent de nourriture à leur maître ; de leur poil, qui tombe tous les ans, il se fait des vêtements.

On utilise les Chameaux comme bêtes de monture ou de somme. Ils se laissent, avec docilité, charger de fardeaux une fois plus lourds que ceux que le Cheval le plus robuste pourrait porter. Leur sobriété proverbiale leur permet de rester jusqu'à huit jours sans boire [1], et les rend d'un service inappréciable pour traverser les solitudes brûlantes et dénudées. Sans eux, l'homme n'aurait jamais osé s'aventurer sur ces océans de sable, qui semblent offrir une image de l'infini. Aussi, les Chameaux ont-ils été surnommés par les Orientaux *navires du désert*. Ils ont dû, dès les premiers âges, être les serviteurs de l'homme. Déjà dès le temps d'Abraham, ils étaient abondants en Egypte.

1. Cette faculté de supporter pendant longtemps la privation de l'eau, est attribuée à des amas de cellules entourant leur panse dans

On connaît deux espèces de Chameaux :

§ 177. 1° Le *Chameau* proprement dit, appelé aussi *Chameau à deux bosses* ou *Chameau de Bactriane*, employé dans les provinces septentrionales de la Perse, dans le Thibet, la Tartarie, etc.

2° Le *Dromadaire* ou *Chameau à une bosse*, aimant des contrées plus méridionales, répandu en Arabie, en Egypte et dans les parties septentrionales de l'Afrique, jusqu'à la zone où commence à se trouver l'Eléphant. Il serait à désirer de les voir naturaliser dans nos landes françaises.

HUITIÈME ORDRE. — PACHYDERMES.

§ 178. CARACTÈRES. *Estomac simple ou formé au plus de trois poches, dont une seule communique avec l'œsophage. Front toujours inerme. Ordinairement trois sortes de dents. Ongles enveloppant l'extrémité des doigts et constituant des sabots.*

Les Pachydermes doivent leur nom à leur peau généralement épaisse. Ils se distinguent principalement des autres Mammifères à sabots, parce qu'ils ne jouissent pas de la faculté de ruminer.

Réunis par ce caractère négatif, ces animaux peuvent être partagés en deux groupes :

1er Les Solipèdes. Un seul sabot à chaque pied.

2° Les Multongulés. Plusieurs sabots à chaque pied.

lesquelles s'opère une sécrétion aqueuse. Quand ils ont ainsi enduré la soif, ils sentent l'eau de très-loin, et ils y courent avec empressement.

PREMIER GROUPE. — SOLIPÈDES.

Fig. 29. Cheval.

§ 179. CARACTÈRES. *Un seul sabot à chaque pied.*

Fig.29 bis. Sabot de cheval.

Les Solipèdes n'ont qu'un doigt apparent; mais sous la peau, de chaque côté du métacarpe, ils montrent des stylets osseux, représentant deux doigts latéraux. En arrière n'existent point d'ongles rudimentaires. Ils ont six incisives; six mâchelières de chaque côté, aux deux mâchoires; les mâles ont, en outre, à la supérieure et quelquefois aussi à l'inférieure, une incisive de chaque côté. Celles-ci manquent généralement aux femelles. Entre ces dents et les premières mâchelières s'étend un espace vide, appelé *barre*, où se place le mors destiné à diriger et à retenir les espèces de ce groupe soumises à l'état domestique.

Les Solipèdes ne forment qu'une famille naturelle, celle des *Équidés*, réduite elle-même à un genre unique, le genre

Cheval. Celui-ci comprend le Cheval (fig. 29), l'Ane, l'Hémione, le Couagga, le Daw et le Zèbre.

§ 180. Le Cheval. De tous les dons que nous devons à la bonté de Dieu, l'un des plus utiles, sans contredit, est la

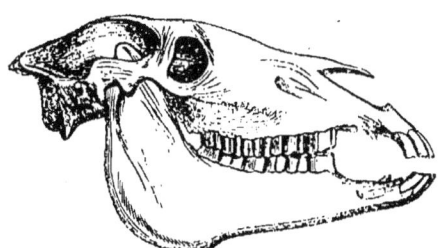

Fig. 30. Tête de cheval.

création de ce noble animal qui unit, à l'intelligence du Chien, un dévouement à nos désirs, qu'il pousse jusqu'à l'épuisement de ses forces, jusqu'au sacrifice de sa vie. Le Cheval, pour les services, peut nous tenir lieu des autres Mammifères domestiques et n'être remplacé par aucun. Il sait se plier à toutes nos volontés et se rendre propre aux emplois les plus divers. Sous la conduite du laboureur, il trace comme le Bœuf un pénible sillon ; ainsi que ce dernier, il se laisse enchaîner à des chariots pesants, à de lourds attelages. Comme le Chameau, il soumet son dos à des charges écrasantes. Il se fait humble et résigné avec l'homme de travail ; avec celui d'une condition meilleure, il s'élève au niveau du sort de son possesseur. Voyez-le faisant rouler le char somptueux du riche ; il paraît heureux et fier du rôle qu'il remplit. Sous le cavalier, en rapports plus directs avec l'homme, il répond avec une promptitude si intelligente à toutes les impressions qu'il en reçoit, qu'on le dirait identifié avec lui. Ainsi, avec l'oisif de nos villes, il se plaît à piaffer et à parader avec grâce. A la chasse, à la course, il semble animé de la passion de celui qui le guide. Sous le guerrier, il s'enflamme au bruit du clairon, il frappe la terre de son pied en signe d'impatience, et au premier geste, bravant les feux et la mitraille, il s'élance avec ardeur pour partager les dangers et la gloire de son maître. Mais pour juger de toute la valeur du Cheval, il faut connaître et voir à l'action le coursier de l'Arabe. A une sobriété presque égale à celle du Chameau, il joint la rapidité de la Gazelle. L'oreille dressée, les narines ouvertes, l'œil étincelant, il semble dévorer l'espace et à peine effleurer le sol sur lequel il pose les pieds; dans son activité presque infatigable, il franchit ainsi des déserts immenses, sans ralentir la vitesse de sa course, sans rien perdre de l'incroyable souplesse de ses mouvements, sans laisser perler sur sa peau une seule goutte de sueur.

C'est vraiment là le Cheval dont Job nous a laissé une description si magnifique, et il faudrait répéter avec Buffon : la plus noble conquête que l'homme ait jamais faite, est celle de ce fier et fougueux animal, si ces paroles n'avaient trop l'air de nous en attribuer tout le succès, et de méconnaître l'action providentielle de Dieu. Avant de nous vanter de devoir à notre habileté la conquête de nos animaux domestiques, attendons d'avoir plié au même joug que le Cheval, le Zèbre et le Couagga. En créant d'autres Solipèdes si rapprochés de notre coursier par leurs qualités physiques, et restés indomptables jusqu'à ce jour, l'Auteur de toutes choses n'a-t-il pas voulu nous montrer qu'en rendant le Cheval susceptible de recevoir le frein, il l'avait spécialement destiné à nous servir? n'a-t-il pas eu le dessein d'exciter dans nos cœurs des sentiments de gratitude et d'amour?

Il est probable, et la Bible semble le confirmer, que l'emploi de l'Ane a précédé celui du Cheval. Ce dernier est cité pour la première fois dans l'histoire si touchante de Joseph. Le fils de Jacob fit mettre ses Chevaux à son char, pour aller au-devant de son père, qu'il avait convié à venir habiter l'Egypte. Les habitants de ce pays ou ceux des parties voisines de l'Asie furent sans doute les premiers à dompter le Cheval.

Depuis cette époque, cet animal a été associé à toutes les

migrations de l'homme, et s'est multiplié dans tous les lieux où son maître a planté son pavillon. Il n'existait ni en Amérique, ni dans la Nouvelle-Hollande, lors de la découverte de ces contrées. Aujourd'hui, dans quelques parties du nouveau monde et de la Tartarie, on trouve des Chevaux sauvages provenant d'individus échappés jadis à notre domination; mais ceux-ci, quoique libres depuis des générations nombreuses, se laissent facilement dompter, après avoir été pris à l'aide d'un *lasso* ou sorte de nœud coulant, fait avec de longues lanières de cuir; et quand ils ont repris l'état de servitude dans lequel vivaient leurs pères, ils y restent volontiers. C'est là le signe le plus évident de la destination à laquelle Dieu avait réservé ce Solipède.

La voix du Cheval est un *hennissement*. Il en module les sons d'une manière expressive, suivant les passions qui l'agitent.

Le mâle de cette espèce porte, pendant les trois premières années de sa vie, le nom de *Poulain;* plus tard, celui de *Cheval*. La femelle est d'abord appelée *Pouliche* ou *Pouline;* ensuite, *Jument*. La durée de la vie de cet animal est de vingt-cinq à quarante ans; mais il atteint rarement ce dernier chiffre. A mesure qu'il vieillit ses services perdent de leur valeur. Il est donc important de connaître l'âge du Cheval qu'on achète. On y parvient à l'aide des divers caractères que présentent les incisives, suivant leur degré d'usure. Mais pour bien faire comprendre les modifications que subissent, suivant les époques de sa vie, ces organes de la division des aliments, il est nécessaire de rappeler la définition des mots employés dans les descriptions.

La dent se divise en trois régions: la *racine*, implantée dans l'os maxillaire; la *couronne*, partie saillante en dehors de la gencive; le *collet*, point intermédiaire entre la racine et la couronne. On nomme *table de la dent* la partie supérieure de la couronne, ou la surface par laquelle se touchent les dents de la mâchoire inférieure avec celles de la supérieure. La dent se compose d'*ivoire* et d'*émail:* ce dernier, qui revêt l'ivoire d'une croûte dure et brillante, se réfléchit sur la couronne, s'y enfonce sur le milieu de celle-ci, et constitue ainsi un *cornet dentaire*, enclosant une fossette ou *côné dentaire*. Quand la dent est nouvelle, cette fossette, noircie par les aliments, est profonde; à mesure que la table s'use par la trituration, le côné dentaire s'oblitère et finit par s'effacer. La dent est dite alors, suivant le degré plus ou moins prononcé d'usure, *rasée* ou *nivelée*. On donne le nom de *dents de lait* ou de *dents caduques*, aux incisives qui paraissent les premières, et celui de *dents persistantes* ou *dents de remplacement*, à celles qui leur succèdent. Les deux incisives médiaires sont appelées *pinces*; les suivantes, *mitoyennes;* les deux dernières, *coins*.

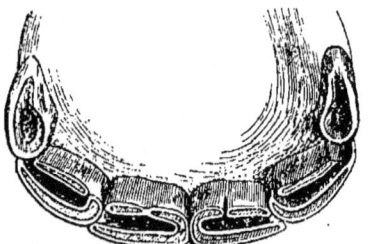

Fig. 31. Dent du Cheval de 15 à 18 mois.

En arrivant à la vie, le Poulain manque généralement d'incisives. Quelques jours (6 à 10) après sa naissance,

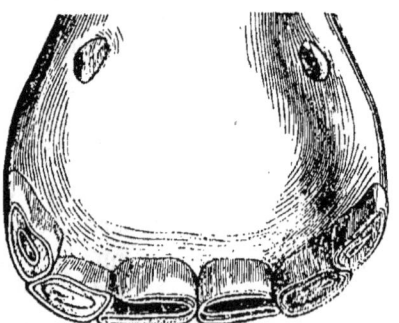

Fig. 32. Dent du Cheval de 2 ans.

poussent les pinces; de deux à trois mois, les mitoyennes;

de six à huit mois, les coins. La première dentition est alors complète. De dix à seize mois les pinces rasent et se nivellent; de un an à vingt mois, les mitoyennes en font autant; de dix-huit mois à deux ans, les coins subissent la même loi (*fig.* 31).

A deux ans et demi ou trois ans (*fig.* 32), commence pour la mâchoire inférieure le travail de la seconde dentition. Les dents de remplacement sont moins blanches et plus larges que celles de lait et surtout moins rétrécies vers le collet.

Les pinces tombent et sont remplacées les premières.

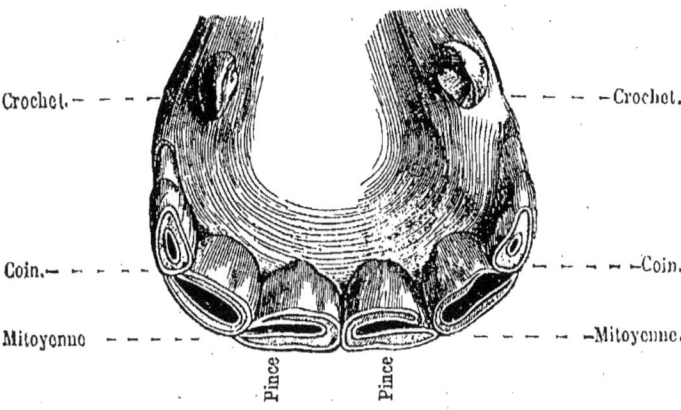

Fig. 53. Dents du Cheval de 4 ans.

De trois ans et demi à quatre ans (*fig.* 33), les mitoyennes caduques cèdent la place aux persistantes. Les pinces présentent déjà des traces d'usure du côté des lèvres.

De quatre ans et demi à cinq ans, les coins sont remplacés à leur tour. Vers la même époque poussent aussi les canines supérieures ou crochets, quand ils doivent exister [1].

[1]. Le Cheval a alors toutes ses dents. En naissant il a ordinairement deux mâchelières de chaque côté, à chaque mâchoire; la troisième paraît dans le cours du premier mois; la quatrième, vers six ou huit mois; la dernière se montre vers cinq ans.

De cinq ans et demi à six ans, le cône dentaire des pinces est presque complétement oblitéré; l'année suivante, celui des mitoyennes présente le même caractère; de sept à huit ans, celui des coins a aussi disparu; la pointe des crochets est plus ou moins usée.

A partir de cette époque, on considère ordinairement le Cheval comme étant *hors d'âge* ou ne *marquant plus*; cependant d'autres caractères tirés soit des incisives supérieures, dont le remplacement est plus lent, et qui se nivellent un an plus tard à peu près que les inférieures; soit de l'usure plus prononcée de la table de ces dernières, qui montre le cornet dentaire plus rapproché du côté de la bouche, et qui met à découvert l'*étoile dentaire* ou *radicale*, zone transversale jaunâtre entourant la *cavité dentaire* ou la cavité de la racine dans laquelle sont logés les vaisseaux et les nerfs dentaires; soit des modifications que les incisives montrent successivement dans la forme de leur table[1], fournissent encore des indications capables de faire reconnaître l'âge jusqu'à onze ans. Passé cette époque, les signes deviennent très-incertains. On appelle *Bégus* les Chevaux dont les dents ont une telle dureté qu'elles ne s'usent pas par le frottement ou dont la fossette dentaire ne disparaît pas à l'âge indiqué.

Cette espèce de Solipède nous fournit aussi quelques produits à l'instar des Ruminants. Les Kirghis font, avec le petit-lait fermenté de leurs Juments, une boisson, appelée *Koumis*, qui a quelque rapport avec le vin de Champagne. Les Mongols laissent aigrir ce liquide, qui offre alors un goût peu agréable pour le palais d'un Européen.

Après nous avoir servi pendant sa vie, le Cheval nous est encore utile après sa mort. Divers peuples mangent sa chair. Sa graisse, son cuir, ses sabots et ses os reçoivent, comme ceux des divers autres Mammifères, des emplois divers. Ses

---

[1] Elle est à peu près *ovale* jusqu'à huit ou dix ans; *ronde* jusqu'à douze ou treize; *triangulaire* jusqu'à dix-huit; *bisangulaire* plus tard.

crins sont employés droits ou *crêpés*, c'est-à-dire frisés par suite de l'ébullition. Avec les crins on fait des cordes, des longes pour les Chevaux, des archets pour les instruments à cordes, des boutons, des toiles, des tamis, des matelas, etc.

Le Cheval, comme tous nos autres animaux domestiques, présente de nombreuses variétés; les plus remarquables sont les races orientales[1], principalement l'arabe[2], à laquelle se rattachent l'espagnole et l'anglaise. Les Chevaux les plus forts et les plus gros sont ceux des côtes de la mer du Nord; les plus petits ceux du nord de la Suède et ceux de la Corse.

§ 181. L'Ane. A en juger par la Bible, l'Ane a dû être soumis à notre domination avant l'espèce précédente. Comme celle-ci, il est originaire de l'Asie. Moins brillant que le Cheval, moins prompt surtout à recevoir les impressions qui lui sont communiquées, il ne nous est pas moins utile; il a le pied plus sûr et une sobriété plus grande. Il se contente des herbes dures et épineuses que les autres animaux dédaignent. Il joint à une douceur et à une patience remarquables, une timidité ou une sorte de prudence, qui semble dégénérer en entêtement, quand on cherche à le violenter. Dans nos contrées plus froides que son pays natal, il a dégénéré, et se voit condamné, comme bête de somme, de voiture ou de labour, à des fonctions pénibles, à celles surtout qu'on trouverait trop humiliantes pour le Cheval.

1. Le Cheval *tartare*, dur à la fatigue et pouvant supporter une longue abstinence; le *persan*, renommé dans l'antiquité; le *turkoman*; l'*égyptien*, qui semble dégénérer de son ancienne valeur; le *barbe*, répandu sur les côtes d'Afrique, dont les races les plus estimées sont celles de *Merizigue*, de *Bou-Gharel* et de *Háymour*), etc.

2. Le *cocklani* ou l'arabe pur sang remonte, suivant les Orientaux, jusqu'aux coursiers de Salomon; mais la race qui semble l'emporter sur toutes les autres par ses qualités, est celle qui prend naissance au centre de l'Arabie, dans le pays aride et montagneux appelé le Nedjed.

Mais dans les pays méridionaux où il a subi moins d'altération dans ses formes, il joue un plus noble rôle. En Perse et dans d'autres contrées de l'Asie et de l'Afrique, il marche presque l'égal de notre coursier. En Espagne, il est attelé aux voitures des riches, et paré de festons et de fleurs [1].

L'âge de l'Ane se reconnaît aussi à ses dents. Sa voix se nomme *braire*; c'est une succession discordante de sons tour à tour graves et aigus et très-désagréables.

La chair de l'Anon sert à fabriquer les saucissons dits de Bologne. De sa peau on fait du chagrin ou *sagri* des Orientaux, des membranes de tambours, des cribles, etc. Toutes les autres parties de son corps servent à peu près aux mêmes usages que celles du Cheval.

On distingue plusieurs races de cette espèce. Au premier rang, il faut noter celles d'Arabie, de Perse, d'Egypte, de Nubie et de Barbarie. En Europe, la Toscane, le Portugal et l'Espagne en fournissent aussi de remarquables. Celle du Poitou ne le cède pas à ces dernières.

§ 182. L'Hémione ou Dziggetai semble tenir du Cheval et de l'Ane. Il est originaire de l'Indoustan, et se trouve communément dans le pays de Cutch. Le Muséum de Paris en possède plusieurs individus. M. Geoffroy Saint-Hilaire cherche à réduire cette espèce à l'état domestique.

§ 183. Le Zèbre, remarquable par son pelage zébré, c'est-à-dire à fond blanc ou blanchâtre, rayé de bandes longitudinales noires; le Couagga, et le Daw ont l'Afrique pour patrie, et semblent ne devoir jamais être soumis au même joug que le Cheval.

---

1. L'âne ainsi que le cheval, par la conformation de ses membres et par ses pieds terminés par un seul sabot, montre combien il est admirablement créé pour porter des fardeaux ou pour servir de force motrice.

DEUXIÈME GROUPE. — **MULTONGULÉS.**

§ 184. CARACTÈRES. *Plusieurs sabots à chaque pied.*

Cette seconde division comprend les véritables Pachydermes, ceux dont le cuir est parfois d'une épaisseur considérable. Destinés la plupart à vivre dans des contrées tropicales, ils ont la peau presque nue, soit dépourvue de duvet. Sous ce rapport, ils auraient été exposés aux piqûres d'une foule d'insectes suceurs, toujours plus nombreux et plus importuns dans les pays chauds; mais la Providence leur a donné une enveloppe assez épaisse pour leur permettre de braver les blessures de ces hexapodes ailés.

A ce groupe se rattachent les premiers Mammifères à sabots sortis des mains du Créateur. Plusieurs, même des plus grandes espèces, ont disparu depuis longtemps, et ont parsemé de leurs débris les divers étages des terrains tertiaires. Ces animaux ont apparu à une époque où notre globe, peu continental encore, offrait à sa surface des terres divisées par des mers ou des marécages nombreux. Les espèces vivantes aiment encore généralement les lieux humides ou le bord des rivières, et leur graisse appropriée à leurs besoins, a une fluidité assez grande pour préserver leur peau de l'influence fâcheuse de son contact avec l'eau.

§ 185. Ces animaux se répartissent dans les familles suivantes :

A Une trompe. Chanfrein inerme.
B Des défenses ou dents très-saillantes. ÉLÉPHANTIDÉS.
BB Point de défenses. TAPIRIDÉS.
AA Trompe nulle ou rudimentaire.
C Trois ou quatre sabots à peu près égaux.
D Chanfrein armé d'une ou de deux cornes formées de poils agglutinés. RHINOCÉRIDÉS.
D Point de cornes sur le chanfrein.
E Quatre doigts aux pieds de devant; trois aux postérieurs. HYRACIDÉS.

EE Quatre doigts à tous les pieds.   Hippopotamidés.
CC Deux sabots principaux, contigus au côté interne par une surface plane ; un ou deux autres plus courts.   Suidés.

§ 186. Les Proboscidés. *Une trompe allongée et très-mobile. De longues défenses naissant de l'os incisif. Chanfrein inerme.*

Cette division renferme les Mammifères terrestres les plus étonnants par le volume de leur corps ; aussi de Blainville les avait-il fait entrer dans son ordre des Gravigrades. Ils peuvent être répartis dans les genres suivants :

§ 187. Les *Eléphants*. Mâchelières à couronne plate.

Pourvus d'une tête lourde dont leurs défenses augmentent le poids, les Eléphants ne pouvaient avoir un cou assez long pour permettre à leur bouche d'arriver jusqu'à terre. Pour suppléer à la brièveté de leur partie cervicale, la Providence leur a donné une trompe d'une mobilité extrême, et douée d'un sens exquis ; elle est terminée par un appendice ou espèce de doigt, qui en fait un instrument admirable de préhension. A l'aide de cet organe, l'animal saisit ses aliments et les porte à sa bouche ; il aspire aussi avec sa trompe les liquides qu'il rejette ensuite dans son gosier.

Les mâchelières sont formées de lames verticales d'ivoire revêtues d'émail, et unies ensemble par une substance corticale. Elles se succèdent d'arrière en avant, de telle sorte, que celle d'après pousse et chasse de la mâchoire l'antérieure, quand elle est trop usée pour être propre à servir. Les défenses sont insérées dans l'os incisif. Elles ne tombent pas ; elles croissent par couches successives, comme des cornets emboîtés les uns dans les autres. Il faut longtemps pour qu'elles atteignent leurs plus grandes dimensions ; il faut toute la vie de l'animal pour qu'elles s'élèvent à leur plus grand poids, parce que la cavité interne ne se remplit qu'en raison de la vieillesse de celui-ci.

Les Eléphants se nourrissent exclusivement de matières

végétales. Ils vivent par troupes, dans les contrées tropicales de l'ancien continent. Si quelque danger menace le jeune, il se place sous sa mère, et celle-ci faisant passer sa trompe sous son poitrail, l'unit à celle de son petit, et le dirige à l'instar d'une femme conduisant son enfant par la main.

Ces animaux ne s'appuient pas contre les arbres pour y dormir, comme le croient certaines personnes; ils se couchent et se relèvent avec facilité. Ils se vautrent volontiers dans les bourbiers, et quand la boue qui s'est attachée à leur enveloppe est desséchée, ils se frictionnent contre de gros arbres. Vers les trois heures du soir, ils recherchent l'eau des rivières; là, ramassant du sable mouillé, ils en jettent sur toutes les parties de leur corps, puis s'arrosent en tous sens avec leur trompe.

On connaît deux espèces vivantes d'Eléphants: celle des *Indes* et celle d'*Afrique*. Quelques individus, de cette dernière surtout, atteignent jusqu'à dix ou douze pieds de hauteur.

A l'état fossile, on rencontre des Eléphants dans les alluvions anciennes et aussi, à ce qu'il paraît, dans les couches supérieures des terrains tertiaires.

Usages. On utilise les Eléphants comme montures de luxe et comme bêtes de somme; autrefois surtout on les employait dans les armées pour porter des combattants. On leur fait la guerre soit pour les réduire en servitude [1], soit pour leur chair ou leurs défenses. La chair des jeunes a quelque ressemblance avec celle du veau; toutes les parties en sont bonnes; les pieds surtout sont estimés : celle des vieux ne peut être mangée que bouillie. La graisse qui garnit les intestins est recherchée; refroidie, elle ressemble à de l'huile d'olive figée. Les os renferment dans leurs cel-

1. Dans les Indes, on emploie des Eléphants privés à attirer dans des parcs fermés ou dans des embuscades les individus sauvages. En Afrique on les chasse avec des armes, ou l'on creuse des fosses dans lesquelles ces animaux tombent parfois inévitablement, quand ils sont poursuivis.

lules une graisse dont se servent divers peuples de l'Afrique pour assouplir les peaux des animaux ou pour se frictionner le corps. On l'obtient en concassant les os.

Les défenses des femelles sont généralement plus courtes que celles des mâles. Elles varient de poids et de longueur suivant l'âge des individus. Souvent elles ne pèsent pas au delà de 15 à 18 livres ; chez les mâles adultes ou vieux, elles atteignent jusqu'à 90 ou 100 livres [1].

Dans les terrains d'alluvions ou dans les couches supérieures ou moyennes des terrains tertiaires, on trouve également à l'état fossile d'autres Proboscidiens : vers le commencement de ce siècle on a trouvé sous la glace, à l'embouchure de la Lena, un éléphant dont la chair était conservée. Cette espèce destinée à vivre dans les pays froids avait le corps couvert de poils.

§ 188. *Mastodontes*, analogues aux Eléphants, auxquels ils sont antérieurs, mais à mâchelières chargées de mamelons coniques.

§ 189. Les *Dinotheriums*, remarquables par leur taille et par leur mâchoire inférieure armée de deux défenses dirigées en bas. Ils paraissent avoir précédé les Mastodontes.

§ 190. TAPIRIDÉS. *Une petite trompe charnue. Point de défenses. Chanfrein inerme.*

Ils sont réduits aux deux genres suivants :

Tapirs. Quatre doigts aux pieds de devant ; quatre à ceux de derrière. Ils habitent principalement les bois marécageux de certaines parties de l'Amérique méridionale et de l'Inde. On les chasse pour leur chair, qui se rapproche, chez les jeunes, de celle du veau.

§ 191. *Palæotherium*. Trois doigts à tous les pieds.

Animaux perdus, dont les débris se trouvent dans les carrières à plâtre des environs de Paris.

§ 192. RHINOCÉRIDÉS. *Trompe nulle ou rudimentaire. Trois*

[1]. Quelques voyageurs assurent en avoir vus de sept à neuf pieds de longueur et de 120, 160 et même de plus de 200 livres.

sabots à peu près égaux, à tous les pieds. *Chanfrein armé d'une ou de deux cornes formées de poils agglutinés. Estomac simple.*

Ces animaux, d'une taille rapprochée de celle des Eléphants, habitent les chaudes contrées de l'Asie et de l'Afrique. La peau de la plupart forme sur leurs épaules et jusque sur leurs cuisses un manteau que les balles ont souvent de la peine à percer. A l'aide de leur corne, ou du moins de l'antérieure, chez les espèces qui en ont deux, ils déplantent les végétaux ou déracinent les arbres qui leur conviennent. Cette corne est encore une arme terrible que ces Pachydermes implantent dans le cheval du chasseur, ou dans le poitrail des grands Carnivores qui leur font la guerre.

La lèvre supérieure des Rhinocéros est susceptible de s'allonger au point de simuler une trompe rudimentaire. L'homme fait la chasse à ces animaux pour leur chair, pour leur corne et pour leur peau. Celle-ci sert à faire des boucliers impénétrables aux traits.

On connaît plusieurs espèces de Rhinocéros vivants. Les espèces fossiles paraissent plus nombreuses.

193. HYRACIDÉS. *Trompe nulle. Chanfrein inerme. Quatre doigts à peu près égaux, aux pieds de devant : trois à ceux de derrière. Estomac à deux poches.*

Cette famille renferme un seul genre, celui de Daman (*Hyrax*). La seule espèce connue est de la grosseur d'un Lièvre ; elle habite l'Arabie et l'Afrique et paraît être le *Saphan* mentionné par la Bible.

§ 194. HIPPOPOTAMIDÉS. *Trompe nulle. Chanfrein inerme. Quatre sabots à peu près égaux, à tous les pieds. Incisives inférieures cylindriques, longues et couchées en avant. Canines inférieures grosses et recourbées. Estomac divisé en plusieurs poches.*

L'Hippopotame, la seule espèce connue de cette coupe, atteint jusqu'à onze pieds de longueur et quatre pieds et demi à cinq pieds de hauteur. Il vit dans les fleuves de diverses parties de l'Afrique et se creuse dans leur lit des fosses de huit à neuf pieds de profondeur, de quinze à dix-huit pas de longueur, sur sept ou huit de largeur. Dans ces fosses, se rassemblent parfois jusqu'à douze individus ; ils y restent ordinairement en repos pendant le jour, en ne laissant sortir que l'extrémité du museau pour respirer. La femelle tient alors son petit affourché sur le dos. Aux approches des ténèbres, ces animaux sortent de leur retraite pour chercher leur nourriture. Ils vivent d'herbes, de jeunes roseaux, quelquefois de l'extrémité des pousses des buissons. Malgré leur lourdeur et la brièveté de leurs jambes, ils s'éloignent souvent pendant la nuit jusqu'à trois lieues de distance, du fleuve qui leur sert d'asile. Quand ils pénètrent dans les champs cultivés, ils y commettent de grands dégâts ; un seul de ces Pachydermes détruit autant de blé qu'il en faudrait pour nourrir un homme pendant un an. La chair des jeunes se rapproche de celle du porc et du veau ; mais elle est plus succulente. La graisse de ces animaux est réputée la plus exquise.

Usages. La peau, épaisse de deux ou trois doigts, était employée autrefois à faire des boucliers ou des cuirasses ; on en fait aujourd'hui des fouets, des cravaches, etc. Ses canines inférieures, seules utilisées dans le commerce, sont de l'ivoire le plus beau et le plus dense. Les plus longues pèsent environ cinq ou six livres. Elles sont principalement recherchées par les dentistes.

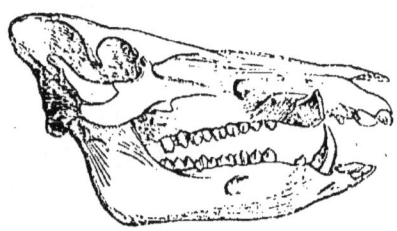

Fig. 54. Tête de Sanglier.

§ 195. Suidés. *Deux sabots principaux, contigus au côté*

interne par une surface plane ; un ou deux autres beaucoup plus courts, ne touchant pas terre. Canines inférieures au moins sortant de la bouche (fig. 32). *Museau tronqué, appelé groin, propre à fouir. Estomac peu divisé.*

Ils ont été partagés en plusieurs genres [1] ; le principal est celui de Cochon. A cette coupe appartient le Cochon ordinaire.

De tous les Mammifères, le Cochon est un des plus bruts ; toutes ses habitudes sont grossières, tous ses goûts sont immondes. A l'état sauvage, il porte le nom de *Sanglier;* sa femelle celui de *Laie;* ses petits, celui de *Marcassins.* Il vit de fruits, de glands et de racines ; mais il est aussi insectivore ; et, au besoin, ne dédaigne pas les matières animales. Pendant le jour, il reste ordinairement dans sa bauge, au plus épais du bois ; le soir, il en sort pour chercher sa nourriture. La chasse du Sanglier n'est pas toujours sans danger. On ne mange des vieux que la tête ou hure.

A cette espèce se rattachent diverses variétés domestiques. Les principales sont :

1° Le *Cochon à grandes oreilles.* A oreilles longues et pendantes.

De cette variété sont venues les suivantes : *Cochon anglais* pesant parfois jusqu'à plus de 500 kil. Le *Cochon commun*, offrant différentes races françaises plus ou moins estimées, désignées par les noms des provinces dans lesquelles on les élève.

2° Le *Cochon à oreilles droites.* Cette variété comprend le *Cochon du Cap*, connu sous le nom de *Cochon de Siam*, ou même improprement sous celui de *Cochon de la Chine;* ceux de *Pologne*, de *Guinée*, etc.

On commence à engraisser ces animaux à des époques qui varient entre un et deux ans; les succès qu'on obtient à cet égard, dépendent en majeure partie des soins et de la nourriture qu'on leur donne. Ils sont sujets à la ladrerie,

---

1. G. Cochon, Phaco-chœre, Pecari.

maladie produite par des vers intestinaux, qui se logent dans leur tissu musculaire. La présence de ces parasites vésiculeux forme des granulations très-visibles ordinairement sous la base de la langue. Aussi, avant de prendre possession d'un porc, tout acheteur a-t-il la précaution de faire visiter attentivement cette partie du corps de ces Pachydermes. La ladrerie se manifeste principalement chez les individus tenus dans des écuries humides et malsaines.

§ 196. Personne n'ignore les produits nombreux qu'on retire des porcs; toutes les parties de leur corps sont utilisées. Leur chair fraîche est excellente; elle est celle qui se sale le plus aisément; leur sang et leurs intestins, dédaignés dans les autres animaux domestiques, fournissent une nourriture estimée. Quelles formes le charcutier ne sait-il pas donner aux objets confectionnés avec les diverses régions du corps de ces animaux? de quelles ressources le lard n'est-il pas pour les habitants de la campagne? La graisse, sous le nom de saindoux, est employée en pharmacie et dans nos apprêts culinaires; on s'en sert sous les noms de vieux-oingt ou d'axonge, à préserver, contre les effets du frottement, les essieux des voitures. De la peau des porcs on construit des cribles, des couvertures de malles, etc. Leurs poils servent à faire des pinceaux et des brosses: les poils de Sangliers sont surtout recherchés pour ce dernier usage.

§ 197. Le Sanglier se trouve à l'état fossile dans les terrains d'alluvions.

§ 198. Au genre Cochon se rapporte le *C. babiroussa* ou *Cochon Cerf*, dont les canines supérieures sont redressées verticalement et recourbées en arrière en spirale; il se trouve dans l'archipel des Indes.

§ 199. A ce groupe se rattachent aussi le *Cochon à masque*, principalement de l'Afrique australe, type du genre *Phaco-chære*; le *Pecari*, dont les pieds postérieurs manquent du doigt rudimentaire externe. Ces animaux se plaisent dans des lieux plus humides que le Sanglier.

§ 200. Dans les terrains tertiaires moyens, on trouve les restes d'une espèce qui avait des habitudes plus aquatiques. Cuvier en a fait le genre *Chœropotame*.

§ 201. Près des Cochons, semblent devoir se placer les Pachydermes du genre *Anoplotherium*, rapprochés des Ruminants par leurs pieds terminés par deux grands doigts, et par leur système de dentition.

DEUXIÈME SOUS-CLASSE.

CÉTACÉS.

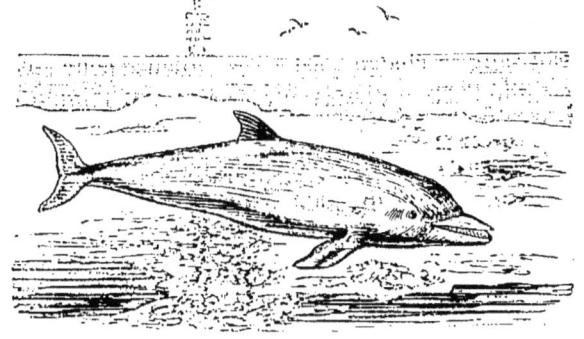

Fig. 35. Dauphin.

§ 202. CARACTÈRES. *Point d'os marsupiaux. Deux membres seulement, les antérieurs, qui sont en forme de nageoires. Corps terminé par une nageoire horizontale, couvert d'une peau nue ou à peu près. Oreilles externes nulles* (fig. 35).

Les Cétacés se lient aux Pachydermes amis des marécages, dont ils diffèrent par une vie plus exclusivement aquatique. Destinés à se mouvoir dans un élément chargé de soutenir leur masse souvent énorme, leur organisation correspond au mode d'existence qu'ils devaient avoir. Leur corps tout d'une venue, c'est-à-dire sans cou distinct[1], et

---

1. Les Cétacés, malgré l'analogie de leurs formes extérieures avec celles des poissons, ne peuvent être confondus avec ces derniers, car ils ont des organes de lactation et respirent par des poumons.

rapproché par ses formes de celui des Poissons, est terminé par une queue cartilagineuse horizontale. Celle-ci, en agissant de haut en bas, leur imprime une suite de mouvements onduleux qui les font progresser, en les rapprochant sans cesse de la surface de l'eau, et les mettent ainsi en communication avec l'air atmosphérique qu'ils ont besoin de respirer. La puissance de cette queue natatoire rendait inutile l'action des membres postérieurs; aussi ces derniers manquent-ils ou n'existent-ils qu'à l'état de vestiges cachés dans les chairs. Les membres antérieurs ont leurs extrémités enveloppées par une membrane qui les transforme en nageoires. Leur graisse, d'une épaisseur suffisante pour conserver au sang sa chaleur, est assez huileuse pour préserver leur peau de l'action dissolvante de l'eau. L'homme fait la guerre à la plupart de ces animaux, principalement pour en obtenir cette graisse, chargée d'une telle quantité d'oléine, qu'elle reste à l'état fluide après avoir été fondue.

Les Cétacés se partagent en deux ordres :

		Ordres.
Narines	percées dans la peau, vers l'extrémité du museau.	SYRÉNOÏDES.
	ouvertes dans la peau, vers le sommet de la tête.	SOUFFLEURS.

NEUVIÈME ORDRE. — SYRÉNOIDES.

203. CARACTÈRES. *Narines ouvertes dans le crâne vers le sommet de la tête; mais percées dans la peau seulement à l'extrémité du museau.*

Plusieurs ont des poils, au moins près des lèvres. Ils peuvent être compris dans une seule famille : celle des *Manatidés* [1].

Ces animaux vivent la plupart en troupes ; se nourrissent généralement de fucus ou d'autres matières végétales. Quelques-uns remontent les fleuves, parfois à une assez grande distance de leur embouchure.

1. *Manatus*, Lamantin.

On les divise en plusieurs genres :

§ 204. Les *Lamantins* ont la nageoire caudale arrondie ; les mâchelières rapprochées de celles de certains Pachydermes ; des vestiges d'ongles à leurs nageoires.

§ 205. Les *Dugongs* ont des défenses ; la queue terminée en croissant.

§ 206. Les *Stellères* ont également la queue triangulaire ; ils se rapprochent des Ornithorhynques par leur système de dentition.

DIXIÈME ORDRE. — SOUFFLEURS.

§ 207. CARACTÈRES. *Narines (appelées évents) ouvertes vers le sommet de la tête, soit dans le crâne, soit dans la peau.*

Les Cétacés précédents sont obligés, par la position de leurs narines, de nager en tenant la tête hors de l'eau. Ceux de cet ordre, dont la région céphalique offre parfois une dimension colossale, auraient été dans l'impossibilité de soulever ainsi cette masse énorme à chaque mouvement de respiration ; la Providence y a pourvu ; leurs narines s'ouvrent au sommet de la tête, et dès lors leur vertex se trouvant sans cesse élevé au niveau des eaux par les mouvements de leur marche onduleuse, ils reçoivent facilement par cette ouverture le fluide aérien qui leur est indispensable.

En ouvrant leur gueule très-fendue pour absorber leur proie, ces animaux engloutissent avec elle une grande quantité d'eau. Celle qui ne trouve pas à s'écouler sur les côtés, passe par les narines et se rend dans des poches situées à la partie supérieure de celles-ci. Ces poches susceptibles d'une grande contraction, ne pouvant refouler le liquide vers la gorge, parce que des soupapes charnues lui empêchent tout retour de ce côté, le chassent par les évents, et produisent ainsi ces jets de vapeur qui ont fait donner à ces animaux le nom de *Souffleurs*. Pour compléter les dispositions nécessaires à leur existence, le larynx, en forme de pyramide, remonte jusque dans les arrière-narines et établit ainsi une communication plus directe entre les poumons et les évents. Leur estomac présente jusqu'à cinq et même sept poches distinctes. Plusieurs de ces animaux ont sur le dos une et même parfois deux nageoires tendineuses verticales, qui contribuent à donner à leur corps une grande analogie de formes avec celui des Poissons, parmi lesquels le vulgaire continue à les ranger.

Les Cétacés de cet ordre vivent tous de chair. Les uns, plus agiles et fortement armés, poursuivent les Poissons, en déciment les espèces même les plus voraces, ou attaquent les Souffleurs de la plus grande taille, ceux qui en raison du volume de leur corps sembleraient n'avoir aucun ennemi à redouter. Ces colosses dont la puissance de destruction aurait sans doute été trop grande, si leurs mâchoires avaient été munies de dents, sont destinés à engloutir des myriades de ces Mollusques ou autres animaux aquatiques de faible dimension, qui pullulent dans le sein des mers.

L'homme à son tour fait la guerre à ces divers Cétacés, soit pour se nourrir de leur chair, soit principalement pour en retirer l'huile dont leur lard abonde.

Les Cétacés Souffleurs se partagent en trois familles :

A Delphinidés. Tête proportionnée au corps. Des dents ou des défenses. Event unique.
AA Tête très-grande formant environ le tiers de la longueur du corps.
B Physétéridés. Des dents à la mâchoire inférieure. Event unique.
BB Balénidés. Point de dents à la mâchoire inférieure. Des fanons à la supérieure. Event double.

§ 208. Les *Delphinidés* sont les plus voraces. Parmi eux, les *Dauphins* (fig. 35) ont le museau terminé en pointe. La rapidité de leur progression leur a valu le nom de *flèche de mer*. Les *Marsouins* ont le museau obtus. L'espèce ordinaire connue sous le nom de *Cochon de mer* est commune près de nos bords. Une autre espèce, l'Epaulard, passe pour l'ennemi le plus cruel de la Baleine. Ces animaux l'attaquent en troupe, la harcèlent et lui dévorent la langue quand elle ouvre la gueule. Les *Narvals* ou *Narwhals*, appelés aussi *Licornes* de mer, sont armés d'une défense [1] dirigée dans le sens de l'axe de leur corps, longue quelquefois de dix pieds et désignée dans le commerce sous le nom de *corne de Licorne*; elle fournit un ivoire estimé.

§ 209. Les *Physétéridés* ou les Cachalots ont, à la partie antérieure de leur tête énorme, de grandes cavités remplies d'un liquide qui, par le refroidissement, se fige et devient cette substance blanche connue sous les noms de *cétine*, *blanc de Baleine*, *adipocire*, utilisée en pharmacie, et surtout pour la fabrication des *bougies translucides*. L'*ambre gris*, que son odeur agréable fait rechercher comme parfum, paraît être une concrétion qui se forme dans le cœcum de ces animaux, principalement dans certains états maladifs. On le recueille flottant à la surface des eaux, ou sur les côtes où les flots le jettent. On tire aussi de l'huile des Cachalots.

§ 210. Les *Balénidés* comprennent, avec les précédents, les plus grands animaux connus ; quelques-uns atteignent au moins soixante-dix à quatre-vingts pieds de longueur. Leur mâchoire supérieure est munie de lames cornées, minces, effilées, rapprochées comme les dents d'un peigne, frangées de poils au côté interne, connues sous les noms de *fanons* et de *baleines*. Malgré le volume de leur corps, ces géants des mers, en raison de l'étroitesse de leur gosier, ne peuvent avaler que des animaux de très-faible dimension. Ils se nourrissent principalement de petits Crustacés et de divers Mollusques si abondants sur certaines côtes, que l'eau en perd sa transparence. En ouvrant la bouche pour y engloutir ces animaux, ceux-ci sont retenus par les franges des fanons, quand l'eau se tamise à travers les lames cornées ; la langue les recueille ensuite et en facilite la déglutition.

1. Ils ont le germe de deux défenses ; mais l'une d'elles ne se développe pas ordinairement.

Les Balénidés sont généralement relégués, au moins pendant une partie de l'année, dans les mers rapprochées des deux pôles. En leur assignant un semblable séjour, la Providence paraît avoir voulu donner à l'homme la possibilité d'habiter les contrées hyperboréennes, où la chair huileuse des Mammifères aquatiques devient indispensable pour permettre à notre espèce de résister à l'action dévorante du froid.

Divers peuples se livrent avec ardeur à la pêche ou plutôt à la chasse de la Baleine, car c'est une véritable chasse, ayant ses courses en chaloupe et ses dangers, et dans laquelle on emploie les harpons, les lances, et même quelquefois le canon ou les fusées à la congrève.

Quand un navire ayant cette destination est arrivé dans les parages fréquentés par les Baleines, des matelots, les *guetteurs*, se tiennent sur les huniers pour découvrir ces animaux, et dès qu'ils en ont aperçu un, ils signalent sa présence au reste de l'équipage. On met à la mer deux chaloupes, montées ordinairement chacune par six rameurs, un lieutenant et un ou deux harponneurs. On approche du colosse en produisant le moins de bruit possible. Dès qu'on est à portée convenable, le harponneur saisit le moment, dirige ses coups vers l'une des nageoires pectorales, point où l'on peut espérer d'atteindre les poumons, le foie ou le cœur, et lance son harpon de toute la force de son bras. La Baleine blessée plonge aussitôt, emportant avec elle le fer du harpon ; à celui-ci est attachée une corde enroulée avec soin dans la chaloupe ; cette corde file avec une si grande vitesse, qu'on est souvent obligé de la mouiller, pour lui empêcher de faire prendre feu au bord de l'embarcation sur laquelle elle glisse. On navigue en même temps à force de rames pour suivre le Cétacé qui fuit ; mais celui-ci ne peut rester longtemps sous l'eau sans venir respirer, et à mesure qu'il reparaît, on s'apprête à lui porter successivement, à l'aide d'une lance, de nouveaux coups qui achèvent de le tuer. Dès qu'il est mort, on l'attache aux flancs du navire qui s'est rapproché ; on le dépèce et l'on en retire l'huile et les fanons. Une Baleine franche peut produire parfois jusqu'à trente tonnes d'huile de 950 livres environ chacune. Les autres espèces donnent des produits beaucoup moins abondants. Cette huile est utilisée dans l'industrie et les arts. A l'aide des fanons, on fait des baguettes de parapluies, etc.

Les Esquimaux et divers autres peuples du nord mangent la chair de ces Cétacés, en boivent l'huile qu'ils conservent dans des vessies. Ils emploient les os de ces animaux à la construction de leurs habitations; leurs nerfs, en guise de fil, pour coudre leurs vêtements ou leurs pirogues de peaux de Phoques; leurs intestins en guise de vitres, ou pour se faire des vêtements d'été.

TROISIÈME SOUS-CLASSE.

ONZIÈME ORDRE. — MARSUPIAUX.

§ 211. CARACTÈRES. *Mammifères pourvus de deux os particuliers appelés marsupiaux, s'appuyant sur le bassin et dirigés d'une manière divergente vers la poitrine* [1].

Les Marsupiaux s'éloignent, sous plusieurs autres rapports, des Mammifères précédents. Ils semblent, selon l'opinion de Cuvier, former une classe à part, parallèle à celle des Quadrupèdes ordinaires, et divisible en ordres semblables.

On trouve en effet parmi eux des Carnassiers [2] rapprochés des Fouines ou des Renards; des Insectivores [3],

---

1. Cette sous-classe doit se diviser en deux ordres, comprenant : l'un, les *Marsupiaux* proprement dits : l'autre, les *Monotrèmes*. Les animaux de cette dernière division se distinguent des autres par l'existence d'un cloaque ou d'une sorte de sac, dans lequel s'accumulent les matières fécales et les urines, comme chez la plupart des Oiseaux. — 2. Genres *Dasyure, Sarigue*, etc. — 3. G. *Peramèle*, etc.

des Frugivores[1], des Herbivores[2], des Rongeurs[3], et des Edentés. Les Pachydermes mêmes y sont représentés par un genre fossile, le *Nototherium*.

Ces animaux sont tous exotiques. La plupart habitent la Nouvelle-Hollande ou les îles de l'Océanie; moins d'intérêt s'attache par conséquent à leur étude.

Nous nous bornerons à mentionner les genres Sarigue, Kanguroo et Ornithorhynque.

Fig. 36. La Sarigue.

§ 212. Les Sarigues (*fig.* 36) habitent diverses parties de l'Amérique; l'une des espèces, connue sous le nom d'O-

---

1. G. *Phalanger*, etc. — 2. G. *Kanguroo*, etc. — 3. G. *Phascolome*. — 4. En latin *Didelphis*.

possum, a fourni de nombreuses dépouilles à la foire de Londres de mars 1856.

§ 213. Les Kanguroos sont appelés *Bourous* à Sidney. On se nourrit de leur chair. Leurs dépouilles servent à faire des vêtements ou des chapeaux. Feu lord Derby a introduit plusieurs troupeaux de ces animaux dans le magnifique parc zoologique qui entourait son beau château de Knusley.

§ 214. Les Marsupiaux ou les Monotrèmes comprennent deux genres : les Ornithorhinques et les Echidirés.

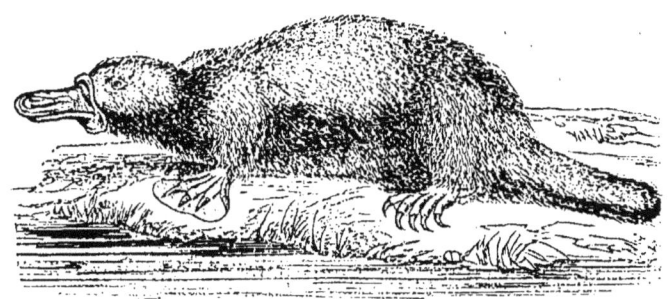

Fig. 37. Ornithorhinques.

§ 215. Les Ornithorhinques (*fig.* 37) doivent leur nom à la singulière conformation de leur bec, qui se rapproche par sa forme de celui d'un Canard. Ces animaux se cachent durant le jour dans des terriers situés sur les bords des marécages. La nuit, ils vont barboter dans la vase de ces lieux aquatiques pour y chercher leur nourriture. La mère, pour nourrir ses petits, répand son lait sur la surface de l'eau, où ceux-ci viennent le recueillir.

L'apparition des Marsupiaux paraît de beaucoup antérieure à celle des véritables Mammifères. On en a trouvé une mâchoire dans les schistes de Stonesfield, dont la formation remonte à l'époque jurassique.

DEUXIÈME CLASSE.

OISEAUX.

§ 216. CARACTÈRES. *Point d'organes de lactation. Mâchoire inférieure s'articulant avec le crâne à l'aide d'un os. Diaphragme rudimentaire. Cœur à quatre cavités : deux oreillettes et deux ventricules. Circulation complète. Sang chaud. Respiration par des poumons et s'opérant en même temps dans diverses autres parties du corps. Membres antérieurs en forme d'ailes, servant de rames aériennes ou aquatiques. Corps garni ou couvert de plumes.*

§ 217. Les Oiseaux constituent une des classes les plus distinctes du règne animal[1]. Leur corps couvert de plumes, leurs membres antérieurs aliformes, incapables de servir à la marche ou à la préhension, destinés à la progression aérienne ou aquatique, suffisent pour les faire reconnaître entre tous les Vertébrés et même entre tous les êtres créés. Toutefois leur organisation générale se rapproche assez de celle des Mammifères, pour qu'il nous suffise ici de signaler les différences principales qu'elle présente avec celle de ces derniers[2].

§ 218. **Système tégumentaire.** Le corps des Oiseaux, comme celui des animaux précédents, est protégé par des appendices qui sont des dépendances de la peau ; mais ces appendices avaient besoin d'être plus légers que les poils ; ce sont des plumes implantées d'avant en arrière dans le derme, de manière à n'opposer aucun obstacle aux mouvements de progression. Vues sur le corps, elles y semblent

---

1. La science qui s'occupe des Oiseaux a reçu le nom d'*Ornithologie* (ὄρνις, oiseau ; λόγος, traité).
2. Leur système nerveux est moins développé que celui des Mammifères. Ils ont un cerveau dont la surface est presque lisse, et dont les hémisphères ne sont pas réunis par un corps calleux ; ils manquent de protubérance annulaire, etc.

disposées d'une manière presque uniforme; mais en les soulevant, il est facile de voir que certaines régions du dos, de la poitrine et du ventre en sont dégarnies; quelques autres, comme les tarses et les pieds, qui en sont dépourvues, n'ont pas été pour cela condamnées à souffrir des injures du froid; l'épiderme a acquis une épaisseur plus ou moins remarquable, ou s'est transformé en espèces d'écailles, disposées en recouvrement, constituant d'excellents organes de protection.

§ 249. Les plumes sont d'une nature cornée, comme les poils, et ont une origine analogue; mais elles ont une structure plus compliquée. Elles se composent d'un *tube* ou *tuyau* continué par une *tige* garnie de *barbes* et même de *barbules*. Les plumes sont de trois principales sortes : le *duvet*, destiné comme celui des Mammifères à conserver au corps sa chaleur; les *plumes* ordinaires, chargées de le protéger contre les agents extérieurs; les *pennes*, ou grandes plumes, fixées aux ailes ou à la queue, et faites pour servir de rames ou de gouvernail; celles des ailes sont, en raison de leur destination, désignées sous le nom de *rémiges*. Les premières, ou celles fixées à la main, sont appelées *primaires*; leur nombre est de dix. Celles que porte l'avant-bras sont les *secondaires*. Les pennes de la queue ont été nommées *rectrices*[1]. Chez les Oiseaux destinés à un vol rapide, comme la plupart des Rapaces diurnes, les barbules des rémiges sont munies de sortes de crampons, pour permettre aux barbes de s'accrocher entre elles, de telle sorte que l'aile étalée puisse constituer une rame que l'air ne saurait traverser. Les pennes des Autruches, au contraire, ont des barbes et barbules longues et flexibles, qui les transforment en gracieux panaches. Celles des Casoars se rapprochent de la forme du crin; quelques-unes même, implantées dans les ailes de ces derniers, semblent représenter des pi-

1. D'autres plumes ont aussi reçu des noms particuliers : celles des épaules sont appelées *scapulaires*; celles du pouce, *polliciales*, etc.

quants. Chez les Colibris, certaines plumes ont la figure d'écailles, et brillent, à certain jour, d'une vivacité de couleur et d'un éclat que ne sauraient égaler ni les métaux les plus riches, ni les pierres les plus précieuses. Enfin les plumes, par leur forme, leur arrangement, leur disposition, constituent des huppes, des aigrettes ou autres ornements.

§ 220. Le plumage des Oiseaux présente des différences suivant l'âge, et souvent suivant le sexe ou les saisons. Les petits ont une *livrée* particulière, une robe plus duveteuse, appropriée à leurs besoins. Si les mâles ou les femelles ont un plumage différent à l'état adulte, celui des jeunes se rapproche de celui de la mère.

§ 221. Tous les Oiseaux sont sujets à *muer*, c'est-à-dire à changer de plumes, au moins une fois par an, ordinairement en automne. Quelques-uns subissent, en outre, au printemps, une autre mue destinée souvent à les parer d'ornements plus ou moins singuliers, qui tomberont après cette riante saison de l'année. La mue amène toujours chez l'Oiseau une sorte d'état maladif; pendant le renouvellement successif de ses plumes, il est triste, cherche la solitude et le repos; on dirait qu'il craint d'être vu. Quelquefois les plumes, sans tomber, ou en ne perdant qu'une frange inutile, acquièrent après l'hiver des couleurs plus vives et plus brillantes; la Providence semble vouloir donner alors à ces créatures, généralement gracieuses, des vêtements de fête pour célébrer le retour des beaux jours.

§ 222. A la peau se rattachent encore : la membrane désignée sous le nom de *cire*, dans laquelle sont percées les narines des Rapaces diurnes; les parties cornées qui enveloppent les os des mâchoires; les ongles, les éperons, etc., dont nous parlerons un peu plus loin.

§ 223. **Système osseux.** Les os, si lourds chez les Quadrupèdes, présentent chez les Oiseaux un tissu d'autant plus celluleux, ou des vides d'autant plus remarquables, que l'espèce est destinée à une vie plus aérienne, organisation admirable chargée de donner au corps plus de légèreté, et de lui permettre de se soutenir plus facilement dans les airs.

§ 224. La *tête* offre, dans le jeune âge, un crâne composé des mêmes os que chez les Mammifères; mais toutes ces pièces se soudent bientôt au point de devenir peu distinctes. Les os des mâchoires sont allongés et constituent la majeure partie de la face. Chaque mâchoire est revêtue d'une substance cornée formant une *mandibule*. Celles-ci servent à fermer la bouche, comme les lèvres, dont elles tiennent la place; mais elles semblent plus spécialement destinées à représenter les dents, dont elles remplissent quelquefois les fonctions. Quelques Oiseaux, au moins dans leur jeune âge, suivant l'observation de M. Geoffroy Saint-Hilaire, présentent même de petits noyaux cornés, susceptibles d'être assimilés aux dents, mais qui disparaissent plus tard quand les mandibules ont acquis toute leur consistance.

§ 225. La réunion des mandibules[1] constitue le *bec*. Celui-ci varie singulièrement de forme, suivant sa destination. Ne suffit-il pas de voir le bec crochu d'un Oiseau de rapine pour deviner ses habitudes carnassières? Chez les plus carnivores de ces Rapaces, chez le Faucon, par exemple, la mandibule supérieure est pourvue d'une dent qui rappelle celle des Tigres et qui en remplit en partie l'usage. Chez les Harles, le bec offre des dentelures dirigées en arrière, chargées de retenir la proie, comme les dents des Serpents ou celles des Brochets.

§ 226. Le bec est le principal instrument de préhension. Sous ce rapport, non-seulement il sert à la nutrition, il est aussi un moyen de défense énergique. Il devient un instrument merveilleux pour transporter et pour disposer les matériaux à l'aide desquels les Oiseaux bâtissent les nids destinés à leur jeune famille.

§ 227. Les *vertèbres cervicales* sont nombreuses; elles peuvent se mouvoir en tous sens. Le cou jouit ainsi de plus

---

1. On doit réserver le nom de *mandibule* à la supérieure, et nommer *mâchoire* l'inférieure.

de flexibilité, pour donner au bec les moyens de remplir les fonctions variées dont il est chargé.

§ 228. Le *tronc*, au contraire, fait pour servir d'appui aux ailes, devait constituer une cage assez solide pour résister à l'action de l'air, et à celle des forces qui, dans le vol, se concentrent sur cette partie du corps. Aussi son immobilité est-elle d'autant plus grande, que les membres antérieurs de l'Oiseau sont destinés à servir, d'une manière plus active, de rames aériennes ou aquatiques. Alors, les *vertèbres dorsales* se soudent entre elles ; les *côtes*, osseuses jusqu'au sternum, présentent chacune une apophyse, une sorte de branche aplatie et dirigée en arrière, s'appuyant sur la côte suivante pour augmenter la force de la cage thoracique ; le *sternum* se relève en une sorte de carène plus ou moins saillante appelée *bréchet* (*fig.* 42), pour fournir des points d'attache suffisants aux muscles destinés à faire mouvoir les organes du vol. Mais chez les Oiseaux condamnés à une vie toute terrestre, comme l'Autruche, les vertèbres dorsales conservent quelque mobilité, et le sternum ne se charge pas d'une crête inutile. Les *vertèbres lombaires* et les suivantes s'unissent en un seul os, pour former le *sacrum*. Les *coccigiennes* sont ordinairement petites : la dernière cependant s'élargit d'une manière sensible, et se montre même chargée d'une saillie, quand les rectrices qu'elle doit supporter doivent faire l'office de gouvernail.

§ 229. Les clavicules offrent des modifications en harmonie avec le rôle plus ou moins pénible que les ailes ont à remplir. Ainsi, chez les Faucons au vol rapide, et chez les autres Oiseaux bons voiliers, les clavicules se soudent par leur extrémité antérieure, constituent une sorte de demi-cercle ou de V, désigné sous le nom de *fourchette*, s'appuient sur le sternum ou s'unissent à lui, et contribuent avec les os coracoïdiens à tenir les épaules écartées. Mais chez quelques Oiseaux destinés à vivre sur la terre, elles se montrent plus ou moins rudimentaires.

§ 230. Le *carpe* se compose de deux petits os parallèles,

suivis d'un métacarpe composé de deux branches soudées. Les *doigts* se réduisent à un pouce rudimentaire; à un médian, formé de deux phalanges, situé à l'extrémité du métacarpe, et enfin à un stylet, vestige du doigt externe.

§ 231. Le *tarse* et le *métatarse* sont représentés par un seul os, portant les doigts à son extrémité inférieure. Ceux-ci sont en général au nombre de quatre; jamais il n'y en a davantage; quelquefois le chiffre en est réduit à trois, par l'absence du pouce ou de l'externe, ou même à deux, quand l'un et l'autre de ceux-ci fait défaut. Le pouce manque toujours le premier. Le plus souvent, ce dernier est seul dirigé en arrière, tandis que les autres se portent en avant; chez les Pics et autres Grimpeurs, le doigt externe suit la direction du pouce, pour faciliter la marche ascendante de ces Insectivores sur le tronc des arbres. Les doigts ont une longueur variable, suivant le genre de vie de ces animaux. Chez l'Autruche, destinée à une course rapide, ils sont courts; chez les Oiseaux de marécages, ils acquièrent parfois une longueur insolite, pour prendre sur les herbes des points d'appui plus nombreux, et empêcher ces habitants des lieux humides de s'enfoncer dans la vase. Chez les Cygnes et les Canards, destinés à vivre dans les eaux profondes, les doigts ont été unis par une membrane, pour être transformés en rames.

Les *phalanges* vont, en général, en augmentant de nombre, depuis le pouce, qui en a deux, jusqu'au doigt externe, chez lequel on en compte ordinairement cinq. Les *ongles* qui terminent les doigts varient de configuration suivant leur emploi. Chez les Rapaces, ils constituent des serres tranchantes; chez les Martinets, ils remplissent le rôle de crochets; chez divers autres, ils sont presque droits, tantôt obtus, tantôt transformés en alène.

Les membres postérieurs servent seuls, dans la marche, à soutenir le poids du corps. Leur puissance et leur activité sont en sens inverse de celles des ailes. Ainsi, chez les Autruches, dont les membres antérieurs restent sans emploi, les cuisses et les jambes ont acquis un développement et une force remarquables. Chez les Colibris, dont la vie est presque toute aérienne, les mêmes parties sont d'une brièveté singulière.

§ 232. On a donné le nom d'*éperons* à des étuis cornés servant à revêtir des apophyses osseuses, situées sur les tarses des Coqs, aux ailes de quelques autres Oiseaux.

§ 233. **Organes des sens.** Le toucher et le goût sont plus ou moins obtus, l'odorat très-faible chez plusieurs.

§ 234. *Audition.* L'appareil de l'organe auditif est déjà moins compliqué que chez les animaux de la classe précédente. L'ouïe n'en est pas moins très-développée chez les Oiseaux. Pourquoi tant de ces petits musiciens feraient-ils entendre leurs concerts, si ces sons harmonieux n'étaient destinés à frapper l'oreille d'autres êtres qui leur ressemblent? Qui ne sait combien le bruit le plus léger suffit souvent pour exciter leur attention? Les espèces nocturnes trouvent dans l'organe de l'ouïe un auxiliaire important à celui de la vue.

§ 235. *Vision.* De tous les sens, ce dernier est, sans contredit, le plus développé. Il atteint même parfois une perfection dont nous avons peine à nous faire une idée. Quelle perspicacité ne faut-il pas à l'Hirondelle pour apercevoir dans son vol rapide le moucheron égaré dans les airs? Quand l'Oiseau de proie s'élève dans les nues à des hauteurs où il échappe à notre vue, de ce point élevé il aperçoit sur la terre le Rongeur ou le Passereau sur lequel il va fondre. Cette faculté de voir de loin et de près semble tenir à une modification dans la forme du cristallin. Le globe oculaire est proportionnellement plus grand chez les oiseaux que chez les autres Vertébrés; leur sclérotique est soutenue autour de la cornée par un cercle de pièces osseuses ou cartilagineuses; dans le fond se montre au-devant du nerf optique un organe appelé *bourse noire* ou *peigne*, dont le rôle n'est pas bien défini. Enfin, outre les deux paupières ordinaires chargées de le protéger, ce globe est pourvu d'une troisième paupière formée par un repli de la conjonctive. Dans l'état de repos, ce voile transparent et mobile est replié verticalement dans l'angle nasal; mais, à volonté, il se déploie au devant de l'œil comme un rideau, et le préserve de l'action trop intense de la lumière.

§ 236. **Système musculaire.** Les muscles, excités par une respiration plus active, par un sang plus chaud, sont doués d'une irritabilité plus grande que chez les Mammifères. Leur développement est toujours proportionné à l'importance des fonctions qu'ils ont à remplir. Aussi, chez tous les meilleurs voiliers, ceux de la poitrine ont-ils le volume le plus considérable. Chez l'Autruche et le Casoar, au contraire, ceux des cuisses ont une puissance plus énergique. Les membres postérieurs sont pourvus d'une série de muscles allant du bassin aux doigts, et disposés de telle sorte, en passant sur le genou et le talon, que le poids de l'Oiseau suffit pour faire fléchir les doigts et permettre à ceux-ci d'embrasser fortement et sans efforts la branche sur laquelle il est perché.

§ 237. La *langue* sert aussi quelquefois, comme chez certains Mammifères, à introduire les aliments dans la bouche. Elle est soutenue par une production de l'os hyoïde, dont les prolongements ou les cornes remontent parfois sous la peau du crâne jusque vers la base de la mandibule supérieure. Des muscles fixés à la mâchoire inférieure et à la langue servent, en se contractant, à projeter celle-ci en avant avec plus ou moins de vivacité. Quelquefois, comme chez les Pics, elle est armée vers son extrémité de dentelures dirigées en arrière; d'autres fois, comme chez les Colibris, elle se divise en deux lanières et sert à enlacer les insectes.

§ 238. Le tube dans lequel s'opère la digestion, toujours plus compliqué chez les Oiseaux vivant de fruits ou d'autres parties des végétaux, présente trois poches stomacales: le *jabot*, renflement membraneux de l'œsophage, dans lequel les graines commencent à s'humecter: le *ventricule succincturier* ou *jabot glanduleux*, dans lequel elles s'imbibent des sucs sécrétés par les glandes logées dans ses parois; le *gésier*, muni de muscles puissants, unis par des tendons, et tapissé en dedans par un cartilage, conformé pour servir, chez ces Oiseaux, d'instrument de trituration [1]. Mais chez quelques autres de ces animaux, chez ceux principalement qui vivent de chair, cet appareil se simplifie, le jabot disparaît, et le gésier est réduit à un état membraneux.

§ 239. Le tube digestif se termine dans une poche nommée *cloaque*, dans laquelle se confondent, jusqu'au moment de leur expulsion, les matières excrémentielles et urinaires.

§ 240. **Système de respiration.** Obligés pour voler de faire une plus grande dépense de forces, les Oiseaux avaient besoin d'absorber une plus grande quantité d'oxygène. Aussi sont-ils de tous les Vertébrés ceux dont la respiration est, en général, la plus active. La poitrine n'étant pas séparée du ventre par un diaphragme, les poumons peuvent se prolonger jusque dans les cavités abdominales; leur surface est percée de trous, laissant passer l'air dans de nombreuses cellules aériennes, et lui permettant de pénétrer jusque dans les os. Le fluide aérien inonde donc, pour ainsi dire, toutes les parties du corps de ces animaux, et exerce sur le sang une action plus étendue; celui-ci, à son tour, agit plus vivement sur le système nerveux et donne à la fibre musculaire plus d'énergie. Dans les mouvements d'expiration, l'air qui avait pénétré dans les diverses cellules, est obligé de repasser par les poumons et par la trachée-artère, ce qui constitue une double respiration.

§ 241. L'*organe de la voix*, qui se rattache à celui de la respiration, présente chez les Oiseaux une structure particulière. Le *larynx* supérieur, analogue à celui des Mammifères, est d'une simplicité plus grande; il ne présente, d'une manière prononcée, ni ces replis membraneux faisant l'office de cordes vocales, ni le ventricule limité par ces cordes

1. La puissance des muscles contracteurs de cet instrument est telle, que le gésier du Dinde parvient à ployer des tubes de fer-blanc ayant résisté à une pression de cent kilogrammes.

et contribuant à la production du son; aussi n'est-il presque d'aucun usage. Mais outre cet appareil, à la base de la trachée-artère, à la naissance des bronches, se trouve un *larynx inférieur*, mû par des muscles nombreux, qui en variant de mille manières l'ouverture de cet instrument, permet à ces petits musiciens de produire des chants plus ou moins diversifiés suivant les espèces.

§ 242. *Nidification*. Quand, vers la fin de l'hiver, des vents plus doux et des jours moins courts annoncent le retour d'une saison plus heureuse, les Oiseaux, dont la voix ne se faisait plus entendre, recommencent leurs joyeuses chansons et se mettent à préparer le berceau de leur famille future. Chaque espèce déploie dans la construction du nid destiné à recevoir les œufs, l'instinct plus ou moins merveilleux dont la Providence l'a douée.

§ 243. **Structure des œufs**. Les œufs des Oiseaux sont composés d'une enveloppe calcaire connue sous le nom de *coquille*, d'une force convenable pour résister à une certaine pression. Sous la paroi interne de cette coquille, se présente une membrane entourant un liquide albumineux désigné sous le nom de *blanc*. Au milieu de celui-ci est suspendu le *vitellus*, masse globuleuse, auquel sa couleur a fait donner le nom de *jaune*. Sur ce dernier se montre la *cicatricule*, tache gélatineuse, avec des irradiations blanchâtres.

§ 244. Incubation. La Providence a donné aux parents, à la mère surtout, le dévouement et la patience nécessaires pour rester sur les œufs pendant tout le temps où ils auront besoin d'être couvés ou réchauffés par la chaleur du corps. Sous l'influence de cette chaleur bienfaisante, se dessinent bientôt les premiers linéaments du jeune oiseau, dont toutes les parties se développent et se consolident successivement, jusqu'au moment où il pourra sortir de sa prison. Ce temps varie, suivant les espèces, de dix à quarante ou même à quarante-cinq jours. Pendant cette période, la plupart des mâles essaient, par divers moyens, par leurs chants surtout, de faire oublier à la couveuse ses ennuis. Le rossignol prolonge alors jusqu'aux heures matinales ses mélodieux concerts. Quand le moment est arrivé où le jeune Oiseau doit apparaître, il fend la coquille. La Providence a, pour cet usage, souvent armé son bec d'une pointe cornée, qui tombera peu de jours après sa naissance, comme un objet désormais inutile.

§ 245. Soins des parents. A leur entrée dans la vie, la plupart des petits ont le corps dépourvu de plumes et sont incapables de chercher leur nourriture ; mais tout a été prévu pour eux. La Nature a inspiré à leurs parents un amour et une sollicitude qui les portent à pourvoir à tous leurs besoins. Ils les réchauffent de leurs ailes et vont à l'envi leur chercher les aliments appropriés à leur faiblesse. Le corps de ces jeunes Oiseaux se garnit d'abord d'un duvet, puis se couvre des plumes dont il doit être paré. Quand les grandes pennes ont acquis une consistance suffisante, la mère excite ses petits à quitter le nid devenu trop étroit, à essayer dans les airs leurs ailes novices. Dès que ceux-ci sont devenus assez habiles pour se confier sans crainte à l'élément léger qui doit les porter, les parents leur continuent encore pendant quelques jours les soins nécessaires à leur éducation ; puis ils les abandonnent à eux-mêmes ; leur mission est désormais accomplie.

§ 246. **Migrations des oiseaux.** Tous ces jeunes Oiseaux que le printemps voit éclore dans nos champs, ne sont pas destinés à y rester continuellement. Les hirondelles et une foule d'autres, avertis par un instinct particulier de l'approche d'une saison moins favorable, quittent les lieux qui les ont vus naître ; les uns, à partir du mois d'août ; les derniers, vers les jours brumeux de l'automne, et vont sous des cieux plus doux chercher une nourriture que nos champs ne leur offrent plus ; mais bientôt d'autres Oiseaux du Nord viennent nous visiter, et cet échange merveilleux contribue à varier nos jouissances et nos plaisirs. En général, ces émigrants se réunissent en troupes plus ou moins nombreuses, et savent attendre, quand ils doivent passer les mers, les vents favorables pour gagner les rives étrangères. Un sens exquis ou plutôt un instinct providentiel leur tient lieu de boussole, et les guide dans les champs de l'espace, vers les lieux qu'ils doivent atteindre. Cet instinct se manifeste d'une manière non moins étonnante à leur retour, et nous lui devons de voir revenir chaque année sous notre toit hospitalier les Hirondelles qui y avaient bâti leur nid quelques mois auparavant.

§ 247. **Utilité des oiseaux.** Outre l'action qu'ils exercent dans la nature selon les lois admirables du Tout-Puissant, outre les jouissances qu'ils peuvent procurer à nos yeux ou à nos oreilles, les Oiseaux nous offrent des ressources qui sont un des merveilleux témoignages de la bonté de Dieu pour l'Homme. La plupart nous offrent une chair saine et appétissante; ceux qui vivent près de nous à l'état domestique, sont principalement chargés de fournir nos tables. Quelles ressources ne tirons-nous pas des œufs des Gallinacés? Ils ne servent pas seulement à notre alimentation; ils sont utilisés dans les arts et reçoivent divers autres emplois. Certains peuples se façonnent des habits avec la peau des Plongeons, des Pingouins et des Manchots. Les plumes surtout sont réservées à des usages variés. Avec le duvet, nous nous composons des couches plus molles, des vêtements plus chauds, des couvertures plus légères; avec les autres plumes, des parures ou des ornements divers; avec les pennes des Corbeaux, nous produisons des dessins d'une finesse remarquable; avec celles des Oies, des Cygnes et de quelques autres, nous pouvons fixer notre pensée sur le papier et donner un corps visible aux conceptions de notre génie.

§ 248. **Classification des oiseaux.** Les Oiseaux peuvent être répartis dans les ordres suivants:

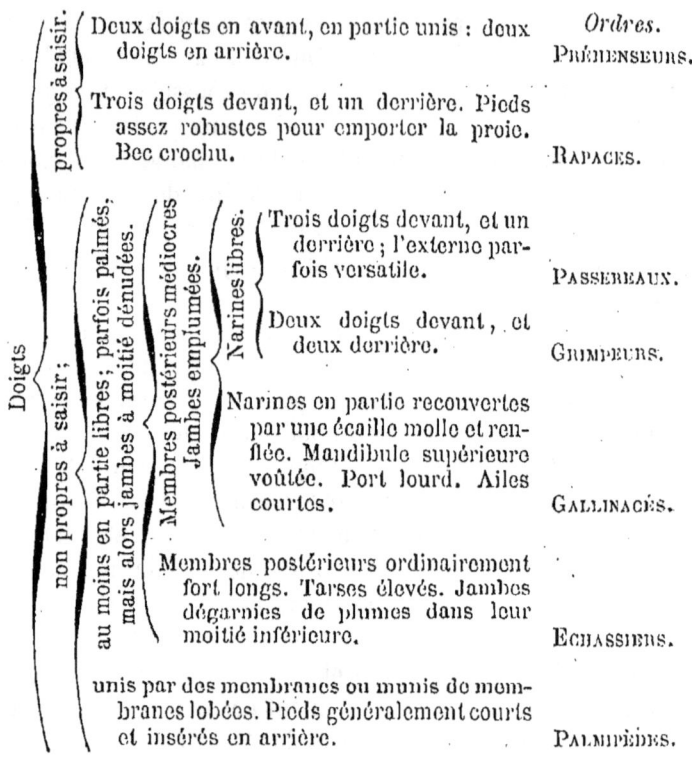

§ 249. Cette classification suffit pour montrer combien la conformation des oiseaux est en rapport avec leur manière de vivre. Les aigles, avec leur bec tranchant et crochu, avec leurs pieds armés de serres, ne révèlent-ils pas leurs mœurs carnassières? Les hérons et autres oiseaux de rivage ont les tarses élevés; les autruches, si rapides à la course, ont les cuisses et les jambes musculeuses et manquent de pouce; les canards et les cygnes ont les doigts des pieds mus par une membrane et par conséquent propres à la nage; les poules ont le corps lourd et les ailes courtes et mises en mouvement par des muscles pectoraux plus ou moins faibles, et sont par conséquent peu propres au vol; divers passereaux, comme les moineaux, les pinsons, au bec en forme de cône, sont, suivant les saisons, insectivores ou granivores;

les martinets et les hirondelles, grâce à leur bec court et largement fendu, sont faits pour prendre des insectes au vol; et ont, comme les frégates et autres oiseaux de haute mer, les pieds courts, et les ailes longues et animées par des muscles d'une grande puissance; les hiboux, par leur large pupille montrent qu'ils sont destinés à une activité nocturne; tandis que les rapaces diurnes ont la pupille petite, pour n'être pas fatigués par les rayons lumineux.

PREMIER ORDRE. — PRÉHENSEURS.

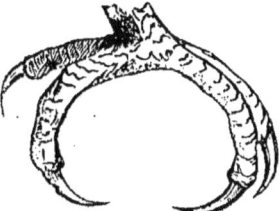

Fig. 58. Doigts de Perroquet.   Fig. 39. Tête de Perroquet.

§ 250. CARACTÈRES. *Doigts susceptibles de saisir: deux, en avant, en partie unis; deux, en arrière. Bec gros et solide. Membres postérieurs médiocres. Langue épaisse et charnue. Sternum sans échancrure.*

Les Oiseaux de cet ordre, par leurs pieds propres à saisir et à porter jusqu'à certain point les aliments à la bouche, par leurs facultés intérieures moins instinctives ou plus intelligentes, semblent, dans cette classe, représenter les Quadrumanes. Comme eux, ils sont destinés à vivre de fruits; leur bec a une force suffisante pour briser les coques les plus dures. A la beauté de leur plumage, à la vivacité de leurs couleurs, il est facile de deviner qu'ils habitent aussi les chaudes contrées que le soleil inonde de ses feux; mais leur voix est loin de répondre par ses agréments à la richesse de leur robe: elle est criarde et désagréable. Plusieurs cependant, grâce à la conformation de leur langue et de leur larynx, finissent par apprendre à répéter les mots dont on frappe souvent leurs oreilles. Ils prononcent surtout assez distinctement les syllabes gutturales et palatales.

Les Préhenseurs sont réduits à une seule famille : celle des *Perroquets* [1].

DEUXIÈME ORDRE. — RAPACES.

Fig. 40. Doigts de Faucon.

Fig. 41. Tête de Faucon.

Fig. 42. Sternum de Rapace.

§ 251. CARACTÈRES. *Doigts susceptibles de saisir : trois devant et un derrière. Bec crochu. Pieds courts et médiocres, propres à emporter une proie. Ongles ordinairement acérés. Sternum sans échancrure.*

Les motifs qui ont porté Dieu à créer des Mammifères destinés à se nourrir de chair, ont dû l'engager à établir parmi les autres classes des espèces chargées de maintenir les divers animaux dans de justes limites. On a donné le nom de *Rapaces* aux Oiseaux ayant pour mission de faire la guerre aux Vertébrés terrestres. Leurs caractères extérieurs suffisent pour révéler leur rôle. Ils ont reçu des serres redoutables, propres à saisir une proie, des pieds assez robustes et des ailes assez puissantes pour l'emporter, un bec capable de la déchirer. La faiblesse musculaire de leur estomac leur permet de rejeter, après la digestion, les os des animaux de

1. Divisée en plusieurs genres : Ara, Perruche, Kakatoès, etc.

petite taille qu'ils ont avalés tout entiers. Les uns chassent le jour; les autres attendent l'approche des ténèbres pour se mettre en quête; de là, les bases de deux groupes : les Diurnes et les Nocturnes.

§ 252. DIURNES. *Yeux dirigés de côté. Bec muni d'une membrane colorée appelée cire, dans laquelle sont percées les narines. Tête petite, ou médiocre, non aplatie en devant. Pupille médiocre.*

On les divise en trois principales familles :

Vautours. Yeux à fleur de tête. Tête et souvent aussi le cou en partie dénudés.

Faucons. Yeux enfoncés dans l'orbite. Mandibule supérieure échancrée. Deuxième penne des ailes la plus grande.

Aigles. Yeux enfoncés dans l'orbite. Mandibule supérieure sans échancrure. Quatrième penne des ailes la plus longue.

Les Vautours, comme les Hyènes, avec lesquelles ils rivalisent souvent de zèle, sont en général des Oiseaux destinés par la Providence pour la destruction des chairs en voie de se corrompre. La plupart, sous ce rapport, nous rendent de véritables services.

Les Faucons sont les Diurnes les plus carnassiers. Leur bec arqué dès la base et armé d'une sorte de dent, est plus propre à déchirer. Ils fondent sur leur proie d'un vol plus rapide, mais ne peuvent s'élever verticalement dans les airs. Le Faucon ordinaire est encore utilisé pour la chasse dans quelques lieux.

Les Aigles ont le vol moins agile, et peuvent en raison de leur aile, comme obliquement tronquée, s'élever verticalement dans les airs. Ils ont été divisés en un grand nombre de genres [1]; l'une des espèces de cette famille, le Messager, aux tarses allongés, fait la guerre aux Reptiles des environs du Cap de Bonne-Espérance.

1. Aigle, Pygargue, Balbuzard, Autour, Épervier, Milan, Buse, Messager.

§ 253. NOCTURNES. *Yeux dirigés en devant. Tête grosse, à face aplatie. Pupille très-grande. Oreilles externes rudimentaires. Ailes garnies en dessous de plumes duveteuses.*

Destinés à chasser dans les ténèbres, ces Oiseaux ont reçu à cet effet une organisation merveilleuse. Leur pupille est démesurément ouverte, pour recevoir les moindres rayons lumineux épars dans l'atmosphère. Leur organe de l'ouïe, chargé de concourir, avec celui de la vue, à guider leurs démarches, a un rudiment de conque externe, pour recueillir avec plus de facilité les ondulations sonores. Leurs ailes, duveteuses en dessous, leur permettent d'arriver sans bruit sur la proie qu'ils convoitent. Leur robe offre des couleurs tristes, en harmonie avec les ténèbres.

Les Rapaces nocturnes nous rendent d'immenses services. Pendant notre repos, ils poursuivent dans les champs et les bois ces Rongeurs si prompts à se multiplier, et qui causent souvent des torts si nombreux à nos récoltes et à nos propriétés [1].

TROISIÈME ORDRE. — PASSEREAUX.

§ 254. CARACTÈRES. *Doigts impropres à emporter une proie; au moins en partie libres : trois devant et un derrière : l'externe parfois versatile ou pouvant se porter en arrière. Narines non recouvertes par une écaille. Membres postérieurs courts ou médiocres.*

Lorsque des vents plus doux viennent au printemps ranimer la végétation engourdie, et que sous l'influence de la chaleur renaissante, des myriades d'insectes commencent à pulluler, les petits oiseaux que l'approche de l'hiver avait forcés d'aller chercher dans d'autres contrées une nourriture qu'ils ne trouvaient plus dans nos campagnes attristées, y reviennent avec empressement prendre part au

---

1. Ces Oiseaux ont été divisés en plusieurs genres : Hiboux, Chouettes, Effraies, Chats-huants, Ducs, Scops.

banquet que la Nature leur prépare. Sans leur intervention salutaire, que deviendraient nos récoltes, livrées à tant d'ennemis acharnés à les dilapider ou à les détruire? La Providence y a heureusement pourvu; elle a confié à d'autres animaux le soin de nos intérêts. Les Passereaux figurent en première ligne au nombre des êtres chargés d'un tel emploi. Ils s'en acquittent avec un zèle d'autant plus ardent, qu'ils y trouvent pour eux une nourriture délicieuse, et pour leur jeune famille la pâtée la plus convenable. Mais à mesure que les fruits commencent à succéder aux fleurs, la plupart de ces Oiseaux insectivores changent de rôle, et deviennent mangeurs de graines, pour empêcher à celles-ci de se répandre avec trop de profusion sur nos champs de culture. Par malheur, tous ces êtres emplumés ne s'attachent pas exclusivement alors aux plantes inutiles ou malfaisantes; plusieurs osent dépouiller nos arbres fruitiers, piller nos semences oléagineuses ou même les céréales auxquelles nous attachons le plus de prix. Nous ne tardons pas à leur faire payer de tels dommages, et la chasse que nous leur livrons, en nous procurant un passe-temps agréable, nous fournit l'occasion de faire abonder sur nos tables une nourriture recherchée. Mais jouissons, sans abuser, des dons de la Providence. Ne faisons pas à ces Passereaux une guerre trop acharnée, autrement nous regretterions au printemps suivant de nous être privés du secours de ces serviteurs indispensables.

Des considérations diverses ont fait partager les Oiseaux de cet ordre en cinq groupes :

A Doigt externe non uni au voisin sur une partie de sa longueur.
   1. *Fissirostres*. Bec court et largement fendu.
   2. *Dentirostres*. Bec offrant une échancrure à la mandibule supérieure.
   3. *Conirostres*. Bec en forme de cône.
   4. *Ténuirostres*. Bec grêle.

AA Pieds offrant les deux doigts externes unis par une membrane presque jusqu'à l'extrémité.
   Syndactyles.

148 ZOOLOGIE.

PREMIER GROUPE. — **FISSIROSTRES**.

Fig. 43. Bec de Fissirostre.

§ 255. Chargés de saisir les Insectes errants dans les airs, les Fissirostres ont un bec approprié à cet usage; en s'entr'ouvrant il constitue une large ouverture dans laquelle ils engouffrent avec facilité les Hexapodes ailés qu'ils poursuivent de leur vol. Leurs muscles pectoraux ont une puissance en harmonie avec la rapidité de leurs ailes, et leurs pieds sont d'autant plus courts que leur existence est plus aérienne. Les uns chassent en plein jour; les autres sont crépusculaires ou nocturnes. Les premiers constituent la famille des *Chélidons* [1].

Qui n'aime à voir chaque année les Hirondelles, ces oiseaux voyageurs, revenir sous notre toit protecteur ou dans les trous de vieilles murailles, placer le berceau de leur famille? En se logeant si près de nous, un sentiment instinctif leur ferait-il connaître les services qu'ils nous rendent en nous délivrant des insectes, et les avertirait-il que nous ne saurions nuire à des êtres si utiles? Une espèce de cette famille, la Salangane, dont les nids sont recherchés en Chine comme un mets délicat, paraît les composer de frai de poisson ou de quelques autres matières animales.

Les Chélidons nocturnes ou les *Engoulevents* (*fig.* 43) ne remplissent pas un rôle moins important. Ils déciment les Insectes qui volent durant la nuit, ils détruisent surtout au mois de mai une incroyable quantité de Hannetons. Par la

---

1. Genres Hirondelle et Martinet.

couleur de leur robe, ils se rapprochent des Rapaces nocturnes.

DEUXIÈME GROUPE. — **DENTIROSTRES.**

Fig. 44. Bec de Dentirostre.

§ 256. La mandibule supérieure de ces Passereaux rappelle, mais d'une manière affaiblie, celle des Rapaces les plus carnivores ; elle offre une échancrure plus ou moins légère, dont l'extrémité constitue une faible dent. Les premiers se rapprochent encore des Oiseaux de proie par leur bec crochu à l'extrémité ; aussi quelques-uns, dans l'occasion, ne se font-ils pas faute d'attaquer d'autres petits volatiles emplumés ; mais leurs pieds n'ont pas la force nécessaire pour les emporter. Ils font principalement la guerre aux Insectes ; la plupart deviennent frugivores vers le milieu ou la fin de l'été.

On les divise en assez grand nombre de familles ; les principales sont :

Pies-grièches. Bec conique ou comprimé, crochu au bout, avec l'extrémité de la mandibule inférieure retroussée, aiguë.

Merles. Bec comprimé, presque droit, plus ou moins fléchi à la pointe ; à mandibule supérieure parfois entière ou à peine échancrée [1].

Hydrobates ou *Merles d'eau.* Bec comprimé, très-finement dentelé sur les bords des deux mandibules [2].

Loriots. Bec dilaté, à crête entamant les plumes du front [3].

1. A cette famille se rapportent les diverses espèces de Merles, de Grives, etc.
2. Genre Cincle.
3. Genre Loriot.

Becs-fins. Bec droit, menu, semblable à un poinçon [1].

Montacilles. Bec grêle, droit, échancré à la pointe de la mandibule supérieure. Rémiges secondaires en partie échancrées [2].

TROISIÈME GROUPE. — CONIROSTRES.

Fig. 45. Bec de Conirostre.

§ 257. Le bec des Conirostres, malgré les différences de grosseur ou de longueur, offre toujours une forme conique. Les principales familles sont les suivantes :

AA Bec à cône court ou médiocre.

B Ongle du pouce plus long que les autres.

    1° *Alouettes.* Ongle du pouce droit, grêle, plus long que le doigt qui le porte. Narines cachées par des plumes ou par des poils.

    2° *Mésanges* [3]. Ongle du pouce robuste, arqué. Bec garni à sa base de soies dirigées en avant.

BB Ongle du pouce médiocre. Bec épais.

    3° *Fringilles* [4].

AA Bec à long cône.

    4° *Étourneaux.* Narines à moitié fermées par une membrane.
    5° *Corbeaux* [5]. Narines couvertes par des poils et des plumes décomposés. Bec en couteau.
    6° *Oiseaux de Paradis.* Bec et narines rapprochés de ceux des Corbeaux. Corps paré de plumes en velours et souvent métalliques.

1. Famille nombreuse divisée en plusieurs genres : Traquet, Rubiette, Rossignol, etc., Fauvette Troglodite, etc.
2. G. Bergeronnette, Pipi, etc.
3. G. Mésange, Roitelet.
4. G. Bec-croisé, Bouvreuil, Gros-bec, Verdier, Moineau, Pinson, Chardonneret, Linotte, Sizerin, Bruant.
5. G. Corbeau, Pie, Geai, etc.

QUATRIÈME GROUPE. — **TÉNUIROSTRES.**

Fig. 46. Bec de Ténuirostre.

§ 258. La forme grêle et allongée de leur bec indique les habitudes insectivores de ces Oiseaux. Plusieurs ont la langue exsertile, divisée en deux lanières et propre à recueillir les sucs emmiellés sécrétés par les nectaires des fleurs, ou à enlacer les insectes butinant dans leurs corolles. A ce groupe appartiennent ces êtres aériens, connus sous les noms de Colibris et d'Oiseaux-Mouches, dont la parure nous éblouit souvent par sa variété, sa magnificence ou son éclat.

A   Pieds assez allongés.

Huppes. Bec plus long que la tête : celle-ci huppée (*Fig.* 46).
Grimpereaux. Bec grêle, allongé, arqué. Ongles longs, courbés. Tête non huppée.

AA Pieds très-courts. Langue extensible divisée en deux filets. Ailes longues et étroites.

Colibris.

CINQUIÈME GROUPE. — **SYNDACTYLES.**

§ 259. Les Syndactyles peuvent être compris dans une seule famille, celle des *Alcyons* [1].

1. Genres Guêpier, Martin-pêcheur, etc.

152   ZOOLOGIE.

QUATRIÈME ORDRE. — GRIMPEURS.

§ 260. CARACTÈRES. *Doigts non susceptibles de préhension; au nombre de quatre : deux devant, deux derrière ; ces derniers au moins libres. Membres postérieurs courts ou médiocres. Sternum offrant le plus souvent deux échancrures en arrière.*

Fig. 47. Doigts de Grimpeur.   *Fig.* 48. Bec de Grimpeur.

Parmi les Oiseaux chargés de poursuivre les insectes qui se multiplient avec une fécondité si étonnante, les uns, comme les Hirondelles et les Engoulevents, les happent au vol ; d'autres, comme la majeure partie des Passereaux, les saisissent à terre, les dénichent dans la mousse ou dans les gazons qui leur servent d'abri ; ceux de cet ordre les pourchassent sur les arbres. Leurs doigts sont disposés pour la progression grimpante, et même chez quelques-uns, les pennes de la queue, raides et légèrement arquées, contribuent à favoriser leur marche ascendante.

Les Pics ont un bec en forme de coin, pour fendre et dépecer les écorces, une langue extensible, gluante, terminée par une pointe cornée armée de dentelures dirigées en arrière, pour embrocher les larves lignivores et les ramener à la bouche. Ils visitent sans cesse les vieux arbres de nos forêts et de nos haies, et ministres d'une Providence bienveillante, s'occupent à les délivrer des Invertébrés qui travaillent à leur ruine. En grimpant sur ces troncs moussus ou ulcérés, ils frappent de leur bec sur les écorces, et les sons particuliers qu'elles rendent, suivant qu'elles sont collées au bois ou détachées de l'aubier, servent à les guider dans leurs recherches. Ne craignons pas qu'ils nuisent à nos chênes ou à nos sapins, en leur faisant des blessures inutiles; l'instinct admirable qui les guide ne leur fait jamais défaut.

Les Torcols ont aussi la langue extensible, mais dépourvue d'épines. Ils la dardent dans les fissures des écorces et souvent dans les fourmilières.

Les Coucous sont connus depuis longtemps par la singulière habitude de confier le soin de couver leurs œufs à d'autres Oiseaux d'espèces plus petites. La femelle paraît se servir de son bec pour déposer en volant, dans les nids étrangers, l'œuf qu'elle veut y laisser. Celui-ci y est couvé avec ceux appartenant aux propriétaires du nid; puis, quand le petit est éclos, devenu bientôt, par l'effet de sa nature, plus gros et plus fort que ses compagnons, il les pousse hors du nid et reste seul héritier des soins de ses parents adoptifs.

Les principales familles des Grimpeurs sont les suivantes :

1° *Pics*. Bec droit; en forme de coin. Langue extensible, armée de pointes dirigées en arrière.

2° *Torcols*. Bec droit. Langue extensible, longue, inerme.

3° *Coucous*. Bec légèrement arqué.

4° *Toucans*. Bec énorme, celluleux intérieurement, dentelé aux bords.

CINQUIÈME ORDRE. — GALLINACÉS.

§ 264. CARACTÈRES. *Doigts non propres à saisir; au nombre de quatre : trois devant et un derrière; libres ou unis seulement à la base par une courte membrane. Membres postérieurs médiocres. Jambes couvertes de plumes. Narines percées dans un espace membraneux de la base du bec et recouvertes d'une écaille cartilagineuse. Ailes courtes.*

Entre les Oiseaux nombreux sortis des mains de Dieu, sa bonté semble avoir réservé plus spécialement pour notre service ceux de cet ordre. De faibles modifications dans quelques-unes de leurs parties ont permis de les rendre

9.

propres à cette destination. Il a suffi au Créateur d'alourdir leur corps, d'échancrer profondément leur sternum de chaque côté, d'affaiblir ainsi leurs muscles pectoraux, de raccourcir leurs ailes, pour en faire des animaux d'une existence presque toute terrestre. Ils semblent, dans la classe des Oiseaux, les représentants des Ruminants.

On les partage en deux groupes :

1° *Passérigalles.* Doigts antérieurs des pieds libres. Douze rectrices.

2° *Gallinacés* proprement dits. Doigts antérieurs des pieds unis à la base par une membrane interdigitale. Le plus souvent quatorze à dix-huit rectrices à la queue.

PREMIER GROUPE. — PASSÉRIGALLES.

§ 262. Les Passérigalles composent une seule famille, celle des *Pigeons.* A celle-ci se rapportent nos Pigeons de colombier, dont on connaît un grand nombre de variétés [1].

Les Pigeons sont une ressource précieuse à la campagne; leur fécondité contribue à maintenir l'abondance sur nos tables. Ce ne sont pas des animaux domestiques proprement dits, mais des esclaves libres, retenus près de nous par les avantages qu'ils y trouvent. Pour les captiver et pour les voir prospérer, il faut donc leur donner des soins. Le colombier doit dominer un horizon étendu; être placé dans un lieu tranquille, bien crépi et blanchi au dehors; pourvu seulement au midi d'une fenêtre percée de diverses ouvertures, à laquelle est adaptée une trappe, et munie au-devant d'une corniche ou planche horizontale. Au dedans, il doit être carrelé, ou garni de bitume sur le plancher et sur le bas des murs jusqu'à la hauteur de huit pouces; crépi et blanchi sur le reste; meublé de niches nombreuses [2]; mis

---

1. Le Pigeon Nonnain — le P. Paon — le P. Polonais — le Pigeon à cravate — le gros Mondain — le P. Messager — le P. culbutant — le P. tournant, etc.

2. Ces niches sont de temps à autre passées au four ou à l'eau bouillante pour détruire les insectes ou les œufs de ces derniers, dont elles sont infectées.

à l'abri de l'introduction des Belettes, des Fourmis et des Rats, les ennemis peut-être les plus dangereux des Pigeons. Il doit être enfin tenu proprement et suffisamment pourvu de graines. On fait bien d'y placer un monticule d'argile, dans lequel sont incrustés des grains de sel.

Quelques-uns de ces Oiseaux sont appelés *fuyards*, parce qu'ils savent aller chercher leur nourriture au loin; les autres ont besoin qu'on la leur procure. Les Pigeons ne grattent pas, et sous ce rapport ne sont pas aussi nuisibles que les Poules, dans les champs nouvellement ensemencés; mais ils enlèvent sur le sol les graines non recouvertes que la fraîcheur de la terre ferait germer; ils causent ainsi des dégâts sensibles. Ils doivent donc être fermés à l'époque des semailles, surtout dans les lieux où les terrains de culture sont très morcelés.

Noé employa un de ces oiseaux comme messager; nous faisons encore servir quelquefois au même usage l'une des variétés que nous élevons.

A la même famille appartiennent les Tourterelles et une foule d'autres espèces.

DEUXIÈME GROUPE. — **GALLINACÉS** proprement dits.

§ 263. Ils se divisent en plusieurs familles; les principales sont celles-ci :

1º *Paons*[1]. Tête aigrettée. Couvertures caudales plus allongées que les rectrices.
2º *Dindons*. Tête et cou revêtus d'une peau nue et mamelonnée.
3º *Alectors*. Queue de douze rectrices seulement.
4º *Pintades*. Tête nue. Barbillons charnus au bas des joues.
5º *Faisans*[2]. Joues en partie dénudées et garnies d'une peau rouge.
6º *Tétras*[3]. Bande nue et ordinairement rouge, tenant la place des sourcils.

1. Genres Paon, Lophophore.
2. G. Coq, Faisan, Argus, etc.
3. G. Coq de bruyère, Lagopède, Ganga, Perdrix, Caille, etc.

§ 264. **Le Paon domestique.** Les Paons doivent leur nom à leur cri. Celui que nous élevons est originaire de l'Inde. Il a été apporté en Europe par Alexandre; il y serait probablement plus répandu sans l'habitude qu'il a de monter sur les toits et de déranger les tuiles. Sous le rapport de la beauté, c'est le roi de nos Oiseaux de basse-cour. Le mâle a une parure somptueuse. Ses couvertures caudales sont ocellées; il les relève pour faire la roue. On employait autrefois ses plumes pour faire des éventails.

§ 265. **Le Dindon domestique** est originaire d'Amérique. Les premiers furent apportés du Mexique en Espagne; ils furent introduits en Angleterre vers 1524. Ils figurèrent sur la table du festin de noces de Charles IX, en 1570; mais peut-être, suivant une tradition populaire, leur introduction dans notre pays remonte-t-elle au règne de François Ier. Aujourd'hui, cet Oiseau y est universellement répandu. Il forme une des branches importantes de l'économie rurale [1]. La voix du Dindon est appelée *gloussement*.

§ 266. **La Pintade commune** est originaire d'Afrique. Sa voix criarde et ses habitudes querelleuses la font rejeter de beaucoup de basses-cours.

§ 267. **Le Coq et la Poule ordinaires.** De tous nos Oiseaux domestiques, cette espèce est sans contredit la plus utile. Elle ne nous fournit pas seulement par sa chair, comme les autres Gallinacés, une nourriture succulente : elle nous offre, par ses pontes journalières, des ressources encore plus précieuses. Aussi est-elle devenue l'hôte presque obligée de toute maison de campagne. L'origine de sa domesticité se perd dans la nuit des temps; on ne sait pas même précisément de quel pays elle est sortie. L'Inde est peut-être sa patrie primitive.

Ces oiseaux, comme tous ceux de notre basse-cour, exi-

---

[1]. L'incubation dure de 30 à 32 jours. Les jeunes Dindonneaux, plus que tous les autres Gallinacés, craignent l'action des froids. On compose ordinairement leur première nourriture de mie de pain et d'œufs cuits, auxquels on mêle des orties hachées.

gent des soins pour prospérer. En dehors des ressources qu'ils peuvent trouver en grattant la terre, lorsqu'on les laisse jouir d'une certaine liberté, ils doivent recevoir une nourriture suffisante, avoir à leur portée une eau pure, être autant que possible à l'abri des froids rigoureux et des trop fortes chaleurs. Le poulailler doit être ouvert au levant ou au midi ; assez élevé pour être à l'abri de l'humidité ; construit avec assez de précaution pour que les Fouines, les Belettes et les Rats ne puissent y pénétrer; nettoyé assez souvent pour n'être pas imprégné de mauvaises odeurs; garni de perchoirs et d'un certain nombre de nids.

Les Poules, au moins pendant les premières années de leur vie, sont principalement réservées pour la ponte. Les bonnes Poules donnent des œufs presque toute l'année, à l'exception du temps de la mue et du mois qui suit cette époque critique, c'est-à-dire depuis novembre jusqu'à la mi ou la fin de janvier. Exposées au froid, elles cessent plus tôt et recommencent plus tard à pondre. On maintient ou on prolonge au contraire leur fécondité en les tenant, à partir d'octobre jusqu'au printemps, dans des lieux peu exposés aux vents froids, et en leur donnant une nourriture échauffante.

La durée de l'incubation des Poules est de vingt-un jours. Les *Poussins*, à leur naissance, comme tous les autres jeunes Oiseaux, réclament alors des soins tout particuliers, si l'on ne veut pas voir leurs rangs s'éclaircir rapidement. Les précautions les plus essentielles à prendre sont surtout de les préserver de l'action fâcheuse des nuits froides ou des brusques changements de température. On ne saurait trop se rappeler combien est dangereuse ou facilement mortelle l'influence du froid sur tous les Oiseaux, et même parfois sur les Mammifères, dans les premiers jours de leur vie.

§ 268. Le Faisan commun a été, dit-on, apporté des bords du Phase par les Argonautes. Aujourd'hui il est répandu dans une grande partie de l'Europe tempérée. On l'élève soit à l'état de liberté dans des bois clos de murs, soit à l'état d'esclavage. Il exige beaucoup de soins ; mais il paie facilement l'éducateur de ses peines, par le prix élevé auquel il se vend [1].

§ 269. Les Tétras ne comprennent aucune espèce domestique; mais ils fournissent un gibier toujours recherché. Parmi les animaux de cette famille, le *grand Coq de bruyère* habite les hautes montagnes; dans les Alpes, il porte improprement le nom de *Faisan*. Les *Lagopèdes* ou Perdrix de neige sont aussi des oiseaux des hautes montagnes ou des contrées septentrionales. La *Perdrix grise* et la *Perdrix rouge* vivent dans nos environs. La *Caille commune* est un oiseau voyageur, qui nous visite dans la belle saison et retourne en Afrique à l'approche des froids.

SIXIÈME ORDRE. — ÉCHASSIERS.

§ 270. CARACTÈRES. *Doigts non propres à saisir; au moins en partie libres; parfois palmés, mais alors jambes à moitié dénudées; membres postérieurs fort longs; tarses surtout allongés; jambes dégarnies de plumes dans leur moitié inférieure.*

Le nom donné aux Oiseaux de cet ordre suffit pour indiquer la structure des membres postérieurs. Ils ont le tarse si allongé et les autres parties des pieds si développées, qu'ils semblent montés sur des échasses. Cette disposition n'a pas pour tous le même but; aux uns, elle sert à arpenter la terre à grands pas, à fuir d'une course rapide; aux autres, elle permet

Fig. 49. Jambe d'Echassier.

1. Lorsqu'on achète des œufs pour les faire couver, il est très-essentiel de les regarder avec soin au grand jour pour juger de leur état.

de pénétrer dans les marécages, ou de suivre le bord des rivières en marchant dans l'eau. On comprend, dès lors, pourquoi leurs jambes ont été dénudées; sans cette précaution, les plumes de cette partie du corps se seraient mouillées, elles se seraient couvertes de glaçons pendant l'hiver, et auraient chargé l'Oiseau de chaînes lourdes à porter, quand il aurait voulu prendre son vol. Le bec et le cou ont acquis aussi un développement proportionné aux besoins de l'animal; quand il a été destiné à incliner fortement son corps pour prendre sa nourriture, ces parties sont en harmonie avec les membres postérieurs, et ont été assez allongées pour lui permettre de saisir sans peine les matières alimentaires placées à ses pieds; mais quand ces dernières doivent être à sa portée, ni la région cervicale ni le bec ne présentent une grandeur si insolite.

Les Échassiers se partagent en plusieurs groupes:

A 1° *Brévipennes*. Ailes impropres au vol.
AA Ailes propres au vol.
B Doigts courts ou médiocres, impropres à la nage.
 2° *Pressirostres*. Bec médiocre, sans sillon nasal. Pouce nul ou trop court pour toucher à terre.
 3° *Cultrirostres*. Bec gros, long et fort, souvent tranchant et pointu.
 4° *Longirostres*. Bec grêle et faible.
BB Doigts très-allongés, ou disposés pour la nage.
 5° *Macrodactyles*. Bec court, comprimé. Doigts très-longs.
 6° *Laminirostres*. Bec garni sur le bord des mandibules de lames transversales; à mandibule supérieure ployée.

PREMIER GROUPE. — **BRÉVIPENNES.**

271. Les Oiseaux de ce groupe sont encore plus essentiellement terrestres que ceux de l'ordre précédent, auxquels ils semblent se lier. Ils sont peu nombreux.

Aptéryx. Trois doigts devant et un derrière. Ailes en moignon, terminées par un ongle fort et arqué. Oiseaux singuliers de la Nouvelle-Zélande, à pieds de Gallinacés.

Casoars. Pieds à trois doigts. Plumes en forme de crins. Ailes inutiles pour la course. Grands Oiseaux de la Nouvelle-Hollande ou de l'Archipel des Indes.

Autruches. Deux ou trois doigts. Ailes revêtues de pennes à barbes allongées, libres et flexibles, pouvant servir à accélérer la course.

Les Autruches sont herbivores; sous ce rapport elles nuisent aux récoltes quand les champs cultivés se trouvent à leur portée. Leur sens du goût est très-obtus; elles avalent indifféremment toute sorte d'objets. On en connaît deux espèces: l'une, d'Amérique; l'autre, d'Afrique: celle-ci, plus intéressante, haute de six à huit pieds, fournit seule ces pennes gracieuses employées pour la parure ou pour ornements divers. Celles du mâle sont d'une blancheur sans mélange: celles de la femelle ont le bout des filets grisâtre, et conséquemment moins de valeur. Cette espèce pond de 25 à 30 œufs. Sous l'équateur, elle se borne pendant le jour à les cacher dans le sable; en approchant des tropiques, elle les couve constamment. La force musculaire de ses membres postérieurs est considérable; elle peut porter un homme sur son dos sans ralentir sa course. Poursuivie, elle rejette en arrière des pierres avec force; elle devance le coursier le plus rapide. On lui fait la chasse à cheval ou à l'affût: dans le premier cas, un certain nombre de personnes se réunissent à cet effet. Les chevaux sont préparés à cet exercice par un régime particulier. Quand on s'est assuré du lieu occupé par les Autruches, les cavaliers se divisent, et forment un cercle très-grand dans lequel ils cernent la chasse. Des piqueurs marchent alors vers les Autruches qui fuient effrayées; mais de toutes parts elles rencontrent des ennemis, qui se bornent d'abord à les faire rentrer dans ce cercle fatal où leurs forces s'épuisent bientôt. On les juge fatiguées quand elles commencent à ouvrir les ailes. Chaque cavalier s'attache alors à une Autruche, finit par l'atteindre, lui assène sur la tête un coup de bâton, la renverse et la saigne.

OISEAUX. — ÉCHASSIERS.

Usages. La graisse est employée à préparer les aliments; les Arabes s'en servent comme remède, dans divers cas de maladies. Les tendons sont découpés en lanières et servent à raccommoder les objets confectionnés en cuir, etc.; de sa peau on fait du cuir; celle du dessous des pieds sert à consolider les chaussures. Mais c'est surtout pour ses pennes qu'on fait la guerre à cette espèce.

DEUXIÈME GROUPE. — PRESSIROSTRES.

§ 272. Ces Oiseaux sont encore des coureurs. Les uns ont les ailes courtes et s'en servent rarement pour le vol; ils fréquentent les lieux secs ou sablonneux, vivent de graines ou d'herbes; les autres, au bec plus faible, se plaisent dans les lieux humides, suivent les bords des rivières, se nourrissent d'insectes ou de vers. Ils peuvent être réduits à deux familles.

Les *Outardes* [1]. Bec comprimé ou déprimé à sa base, droit, un peu voûté vers sa pointe. Pouce nul.

Les *Pluviers* [2]. Bec rétréci dans le milieu ou vers sa base.

TROISIÈME GROUPE. — CULTRIROSTRES.

§ 273. Ces Oiseaux sont généralement remarquables par leur taille, par la forme singulière ou le développement de leur bec. Souvent celui-ci ressemble à un coutre ou fer de charrue; chez les Spatules, il est plat et se termine par un disque arrondi. Ces animaux ont, suivant les espèces, un genre de vie très-varié. Les Grues se nourrissent de graines et d'insectes; les Hérons suivent les bords des rivières où ils détruisent les Poissons; les Cigognes font la guerre aux Reptiles. Quelques espèces [3] de ce dernier genre, principa-

1. Genres Outarde, Court-vite.
2. G. Pluvian, OEdicnème, Pluvier, Huitrier, Glaréole, Vanneau.
3. Le *Marabout* de l'Inde et des îles de l'Archipel, — l'*Argala* de l'Afrique. La *C. chevelue* de Java. Le Marabout est compris, dans les Indes, parmi les Oiseaux domestiques. Il est protégé par des ordonnances de police.

lement le *Marabout*, fournissent les plumes souples et flottantes, à barbes duvetées et fines, désignées sous le nom de l'Oiseau, et qui sont recherchées pour la parure. On les tire des couvertures inférieures de la queue. Celles des mâles sont d'un beau blanc; celles des femelles bleuâtres. Les Cultrirostres peuvent être réduits à deux familles :

1° Les *Grues*[1]. Pouce élevé, touchant à peine la terre.
2° Les *Hérons*[2]. Pouce appuyant sur le sol dans toute son étendue.

QUATRIÈME GROUPE. — LONGIROSTRES.

§ 274. La plupart de ces Oiseaux courent avec vitesse. Tous fréquentent principalement les bois humides, les marécages, les bords des étangs, des fleuves ou de la mer. Ils vivent de Reptiles, de Poissons ou d'Insectes. En général, ils fournissent un excellent gibier. Une espèce, l'*Ibis sacré*, était un objet de respect chez les Egyptiens, en raison des services qu'elle leur rendait, en faisant la guerre aux Serpents.

Ils se répartissent dans les familles suivantes :

A Pouce portant à terre dans toute sa longueur.
    Ibis. Partie au moins de la tête nue.
AA Pouce court, portant au plus sur le bout.
    Bécasses[3]. Bec renflé à son extrémité qui est souvent molle.
    Phalaropes[4]. Bec grêle, droit, un peu courbé vers la pointe.
    Récurvirostres[5]. Bec retroussé à son extrémité.

CINQUIÈME GROUPE. — MACRODACTYLES.

§ 275. Munis de doigts allongés, ces Oiseaux peuvent marcher dans les lieux les plus humides sans crainte d'en-

---

1. G. Agami, Grue, etc.
2. G. Héron, Cigogne, Spatule.
3. G. Courlis, Barge, Chevalier, Combattant, Bécasse, Bécasseau, Tourne-pierre, etc.
4. G. Phalarope, Échasse. — 5. Avocette.

OISEAUX. — PALMIPÈDES.

foncer. Ils fréquentent les marécages ou les bords des rivières; sont à la fois habiles à courir, à nager et à plonger. Plusieurs nous fournissent encore un excellent gibier.

Ils peuvent être réduits à une seule famille, celle des *Rales*[1].

SIXIÈME GROUPE. — LAMINIROSTRE.

§ 276. Le Flamant, seul Oiseau de ce groupe, est un Echassier ayant le bec, le cou et les habitudes des Cygnes. Il doit à la couleur de ses ailes le nom générique de *Phénicoptère* qui lui a été donné.

SEPTIÈME ORDRE. — PALMIPÈDES.

§ 277. CARACTÈRES. *Doigts non propres à saisir, palmés ou garnis d'une membrane lobée; propres à la nage. Pieds généralement courts et souvent insérés en arrière. Tarses courts ou moyens.*

Fig. 50. Doigts de Palmipèdes.

Il suffit de jeter les yeux sur la conformation des Oiseaux de cet ordre pour juger de l'emploi auquel ils sont réservés. Leurs doigts palmés indiquent les lieux qu'ils sont appelés à fréquenter. Quelques-uns, bons voiliers par excellence, effleurent en volant la surface des mers; mais d'autres doivent vivre plus spécialement sur les eaux. Chez ceux dont l'existence doit être plus aquatique, le corps rappelle la forme d'un navire et la poitrine en imite la proue; les pieds ont été plus ou moins rejetés en arrière, pour servir en même temps de rames et de gouvernail; la queue, devenue

1. G. Rale, Foulque, etc.

sans emploi, a été raccourcie ou presque annihilée; le duvet est assez moelleux, assez épais, pour empêcher la peau de ressentir les atteintes du froid et de l'humidité; les plumes sont constamment lubréfiées par une matière grasse ou huileuse[1], afin de n'être pas mouillées par leur contact avec l'eau.

Les Palmipèdes nous sont précieux sous divers rapports. Plusieurs vivent dans nos basse-cours. Le duvet de quelques-uns, les plumes de quelques autres reçoivent d'utiles emplois. Un certain nombre nous fournissent un excellent gibier; et grâce à la succession des saisons, la plupart de ces derniers sont obligés d'émigrer, de quitter les régions où ils vivaient pendant l'été, pour aller chercher des contrées plus chaudes ou plus tempérées. Dans ces longs voyages aériens, ils offrent aux peuples nombreux des pays qu'ils traversent, l'occasion d'éclaircir leurs rangs et de remercier Dieu de ses bienfaits.

Ils se partagent en quatre groupes :

A Ailes longues ou médiocres.
B Bec non revêtu d'une peau molle; non garni de petites lames sur ses bords, rarement denticulé.
C *Longipennes.* Pouce libre ou nul. Ailes longues et pointues; dépassant la queue. Pieds à l'équilibre du corps.
CC *Totipalmes.* Pouce uni au doigt interne par une membrane. Pieds un peu en arrière.
BB *Lamellirostres.* Bec revêtu d'une peau molle; dentelé ou garni de petites lames sur ses bords. Pieds situés un peu en arrière.
AA *Brachyptères.* Ailes courtes, minces, souvent impropres au vol.

PREMIER GROUPE. — LONGIPENNES.

§ 278. Doués d'un vol puissant par suite de la longueur

---

[1]. Leur graisse est chargée d'une quantité plus grande d'oléine que chez les Oiseaux destinés à une vie aérienne. Chez quelques-uns, elle reste, comme chez les Cétacés, à l'état liquide après avoir été fondue. De tels Oiseaux rentrent dans la catégorie des matières alimentaires *maigres.*

de leurs ailes, les Oiseaux de ce groupe, dans leur vie aérienne, perdent peu les eaux de vue. Si un petit nombre d'entre eux s'aventurent parfois sur les fleuves, presque tous ont une existence maritime. Ils nichent généralement dans les rochers presque inaccessibles qui dominent les océans. Les uns effleurent sans cesse ces plaines liquides, et à l'aide de leur bec crochu, saisissent avec agilité les Poissons et les Mollusques rapprochés de leur surface; la plupart s'éloignent ainsi des rivages à des distances souvent considérables. Quand ils sont fatigués, quelques-uns se reposent sur la mer ou semblent y marcher en s'aidant de leurs ailes. Si les vents menacent de soulever les flots, ils se hâtent de regagner les bords, ou de chercher un refuge sur les rochers ou même sur les navires. Cette prudence, indice certain d'un mauvais temps prochain, les a fait surnommer *Oiseaux de tempête*. Plusieurs, comme moyen de défense, lancent contre ceux qui les attaquent un suc huileux dont leur estomac est rempli.

Les autres, moins fortement armés, munis d'un bec simplement pointu, sont les Hyènes ou les Vautours de la mer. Ils ont la même mission providentielle et la même voracité. Destinés à faire disparaître les substances animales en voie de décomposition qui flottent sur les eaux, ou celles que les flots rejettent sur les rives, ils s'en acquittent avec une gloutonnerie qui rend leurs services doublement utiles.

Ils peuvent être réduits à deux familles :

Pétrels [1]. Bec crochu au bout.
Mouettes [2]. Bec pointu au bout.

DEUXIÈME GROUPE. — TOTIPALMES.

§ 279. Les Oiseaux de ce groupe doivent leur nom au développement plus complet de la membrane chargée d'unir

---

1. G. Pétrel, Puffin, Albatros.
2. G. Mouette, Sterne.

les doigts. Cette organisation, jointe à la brièveté de leurs pieds, qui semblerait devoir les enchaîner à la surface des eaux, ne leur empêche pas de se percher avec facilité. Tous sont excellents voiliers. Les uns aiment à se balancer au-dessus des flots pour fondre ensuite sur leur proie, qu'ils emportent, au besoin, dans des poches membraneuses situées sous le bec; les autres rasent la surface des mers, font la guerre aux Poissons qui viennent se jouer près de celle-ci, ou à ceux dont les longues nageoires peuvent servir d'espèces d'ailes. Quelques-uns ont le vol si puissant, qu'ils peuvent chaque jour s'éloigner du rivage à plusieurs centaines de lieues.

Ils sont réduits à deux familles :

Pélicans[1]. Tête dénudée près du bec.
Phaétons[2]. Tête n'offrant point de partie dénudée.

TROISIÈME GROUPE. — LAMELLIROSTRES.

§ 280. Faits pour la nage plutôt que pour le vol, les Lamellirostres ont les ailes médiocres, mais cependant mues par des muscles assez forts pour leur permettre d'exécuter au besoin de grands voyages dans les airs. Ils se plaisent dans les lacs, les étangs et les marécages; ils en visitent les bords, pour y chercher en barbotant les Reptiles, les Poissons ou les Insectes nécessaires à leur nourriture. Leur bec est pulpeux, surtout à l'extrémité, pour leur servir d'instrument de tact; il est pourvu sur ses bords de petites lames ou dentelures, destinées à retenir la proie et à laisser écouler l'eau ou la vase dont elle est humectée. Quelques-uns sont remarquables par la beauté de leur port, par la flexibilité de leur cou long et onduleux. Plusieurs font partie de nos Oiseaux domestiques et constituent un des plus riches produits de certaines fermes.

Ils se partagent en deux familles :

1. G. Pélican, Cormoran, Fou.
2. G. Paille-en-queue.

OISEAUX. — PALMIPÈDES.

A   *Canards.* Bec large, muni de petites lames transversales sur ses bords.
AA *Harles.* Bec rapproché de la forme cylindrique, muni sur ses bords de petites dentelures dirigées en arrière; à mandibule supérieure crochue au bout.

La première se divise en plusieurs genres[1] :

§ 281. Les Oies, moins faites pour la nage ou plus propres à la marche, ont les pieds plus rapprochés du milieu du corps, les tarses plus élevés, le bec plus court, plus fort à la base. Dans leurs migrations, les espèces sauvages observent un ordre régulier, se tiennent rangées sur deux lignes disposées en forme de Λ : l'individu qui occupe le sommet de l'angle, et dont le rôle est le plus pénible, se fait remplacer par le second, quand il a fendu l'air pendant quelque temps, et va se placer au dernier rang.

§ 282. L'Oie domestique (*Anser cinereus*) paraît être depuis longtemps réduite en servitude. Les Romains en élevaient comme nous, et en tiraient en outre un nombre considérable des Gaules. On leur doit l'art d'obtenir de ces Oiseaux des foies volumineux et succulents[2]. Aujourd'hui les Oies forment, dans diverses fermes, des troupeaux nombreux, et sont une source de produits. On leur fait parcourir, sous la conduite d'un berger, les terres nouvellement moissonnées, pour y recueillir les grains qui ont pu tomber. On les plume deux ou trois fois par an, pour leur enlever leur duvet et les pennes dont on se sert pour écrire[3]. La durée de l'incubation de cette espèce est de 30 jours.

---

1. G. Oie, Bernache, Cygne, Canard, Macreuse, Souchet, Sarcelle, etc.
2. Pour cela, on met ces Oiseaux à l'épinette; on les prive d'eau, de mouvement et de lumière; on leur donne pour nourriture de grosses boulettes sèches. Quelques personnes y ajoutent inutilement la barbare coutume de leur crever les yeux et de leur clouer les pattes.
3. L'Oie ordinaire fournit dans ses grandes pennes des ailes les meilleures plumes à écrire. L'art de les préparer, de les rendre propres à servir, c'est-à-dire de les débarrasser de la matière grasse

Avant l'introduction en France du Dindon, l'Oie avait sur la table les honneurs des festins. Sa graisse sert aux mêmes usages que celle du Porc. Elle passait chez les anciens pour un mets exquis. Cet Oiseau a la voix sonore ; il était à Rome l'emblème de la vigilance ; chez nous, par une tradition proverbiale dont on ignore l'origine, on en a fait injustement le type de la bêtise ou de la stupidité.

§ 283. Le Cygne domestique est élevé dans les bassins des parcs pour l'élégance de ses formes, la souplesse et la grâce des ondulations de son cou, la blancheur de son plumage. C'est un oiseau de luxe plutôt que d'utilité.

§ 284. Les Canards ont les jambes plus courtes et situées plus en arrière que chez les Lamellirostres précédents ; ils marchent plus mal.

D'un goût plus exquis que l'Oie, le Canard domestique (*A. boschas*) a depuis non moins longtemps été soumis à la domesticité. De tous nos Oiseaux de basse-cour, c'est peut-être celui dont l'éducation coûte le moins, quand près de la maison où on l'élève, se trouvent des pièces d'eau convenables. Mais avant d'y laisser aller les Cannetons, il est sage de les tenir enfermés pendant huit à dix jours pour les rendre en état de résister plus facilement aux fâcheuses influences des variations de la température et aux attaques de certains ennemis de leur jeune âge, les Grenouilles et les Sangsues. La durée de l'incubation de cette espèce est de 30 à 31 jours. On reproche à bon nombre de Canes d'être peu fidèles à leur nid, et pour cette raison on confie souvent leurs œufs à des Poules. Tout le monde sait de quelle dou-

dont elles sont imprégnées, a été longtemps un secret que les Hollandais possédaient seuls. Aussi les bonnes plumes étaient-elles désignées sous le nom de *hollandaises* ou *hollandées*. Ce procédé consiste à les mettre pendant un certain temps dans de la cendre chaude. Toutes les terres absorbantes, celles de Sommières, par exemple, entretenues dans un certain état de chaleur, produiraient un résultat non moins favorable. Le sable chaud, dont on a essayé l'emploi, ne réussit pas aussi bien. Les acides susceptibles d'enlever la matière huileuse, altèrent le nerf de la plume.

loureuse inquiétude celles-ci se montrent agitées, quand les petits qu'elles sont chargées de conduire, se jettent à l'eau vers laquelle les attire leur instinct; combien leurs gestes et leurs mouvements témoignent de leur peine, quand, enchaînées sur le rivage, elles voient ces jeunes indociles résister à leur voix qui les appelle.

Dans quelques lieux les Canards sont soumis, comme les Oies, au régime qui leur donne la *cachexie hépatique*, c'est-à-dire la maladie qui occasionne un développement anormal de leur foie. On utilise également le duvet de ces animaux.

Le Canard sauvage est l'objet d'une chasse active. On la lui fait de diverses manières.

§ 285. L'Eider des contrées boréales fournit le duvet connu sous le nom d'*édredon*. La femelle l'arrache de son corps pour en garnir son nid; il l'emporte sur celui de tous les autres Lamellirostres par son moelleux, son élasticité et la douce chaleur qu'il procure.

QUATRIÈME GROUPE. — **BRACHYPTÈRES.**

§ 286. Les ailes, réduites à des proportions médiocres chez les Palmipèdes précédents, se montrent si courtes chez les Brachyptères, que chez plusieurs elles sont impropres pour un vol soutenu. Chez quelques-uns même, elles sont dépouillées de plumes ou n'en offrent que des vestiges analogues à des écailles; elles sont devenues des instruments de natation, au lieu d'être des rames aériennes. Elles aident alors à ces Oiseaux à nager et à plonger avec une facilité merveilleuse. La plupart de ces animaux passent presque toute leur existence sur les eaux. Leurs pieds, rejetés plus en arrière que chez tous les autres, rendent à un certain nombre la marche si difficile, qu'ils sont alors obligés de se tenir droits en s'appuyant sur leur tarse élargi, ou de se traîner sur le ventre.

Ils forment plusieurs petites familles.

A   Ailes ordinairement propres à un vol court; parfois peu propres au vol, mais alors pouce nul.

B   Un pouce. Bec droit, comprimé, pointu.
C   *Plongeons.* Pouce uni au doigt interne.
CC *Grèbes.* Pouce libre.
BB *Alques*[1]. Pouce nul. Bec comprimé, à arête plus ou moins élevée, recourbée à son extrémité.
AA *Manchots*[2]. Ailes peu propres au vol; garnies de squamules. Un pouce.

TROISIÈME CLASSE.

REPTILES [3].

§ 287. CARACTÈRES. *Point d'organes de lactation. Respiration aérienne, ou à l'aide de poumons, au moins dans l'âge adulte. Mâchoire inférieure articulée avec le crâne à l'aide d'un ou de deux os. Sang froid. Cœur ordinairement à trois cavités; deux oreillettes et un ventricule. Corps garni ou couvert d'écailles ou revêtu d'une peau nue* [4].

Destinés la plupart à une existence en partie aquatique et en partie terrestre, les Reptiles devaient avoir les membres disposés de manière à servir à cette double destination. Aussi, au lieu d'être verticalement placés sous le corps sont-ils dirigés en dehors. Par suite de cette disposition, le ventre paraît traîner à terre quand ils se meuvent; quelques-uns même, dépourvus de pieds, rampent dans toute l'acception du mot. De là leur est venu leur nom.

§ 288. **Système tégumentaire.** — Privés de cette chaleur douce et sensible que développent les Mammifères et

---

1. G. Guillemot, Macareux, Pingouin, etc.
2. G. Manchot, Gorfou, Sphénisque.
3. La science qui a les Reptiles pour objet se nomme *Erpétologie*.
4. Leur système nerveux, moins développé dans son ensemble que celui des Vertébrés supérieurs, se rapproche de celui des Mammifères par la position relative des hémisphères; de celui des Oiseaux par l'absence de circonvolutions, de corps calleux, de protubérance annulaire, par le nombre réduit à deux des tubercules quadrijumeaux; de celui des Poissons par le développement des lobes optiques, etc.

les Oiseaux, les Reptiles n'avaient pas besoin d'être couverts de poils ou de plumes; aussi ont-ils le corps nu; mais chez un grand nombre, l'épiderme est épais, écailleux, et souvent en reproduisant les inégalités du derme, simule de fausses écailles appelées *squammes*, pour les distinguer de celles qui revêtent l'enveloppe tégumentaire des Poissons. Chez les autres, la peau a un aspect muqueux, et elle est désignée sous le nom de *nue*, pour la distinguer de la précédente. Dans le premier cas, elle est ordinairement unie aux muscles sous-jacents; dans le second, l'air peut souvent s'introduire entre elle et le corps.

§ 289. La peau de divers Reptiles forme soit sur la ligne médiane du dessus du corps, soit dans d'autres parties, des crêtes, des saillies ou des expansions diverses, quelquefois caduques comme celle des Tritons. A la peau se rattachent encore les cornes des Cérastes, les grelots de la queue des Serpents à sonnettes, les ongles et le bec corné des Tortues. Enfin, parfois comme chez celles-ci, la peau s'ossifie, présente des plaques régulières qui se soudent et se confondent avec les vertèbres ou les côtes, de telle sorte qu'elles semblent des dépendances ou un développement de ces parties.

La plupart des Reptiles sont sujets à des mues. L'enveloppe épidermique, surtout quand elle est écailleuse, ne pouvant se prêter au développement du corps, s'en détache à certaines époques et l'animal s'en débarrasse. On trouve souvent ainsi des dépouilles de Serpents qui reproduisent toutes les formes de l'animal.

§ 290. **Système osseux.** En décrivant le squelette de l'Homme, diverses pièces, avons-nous dit, qui paraissent en constituer une seule à l'état adulte, se montrent formées de plusieurs dans le jeune âge. Chez les Reptiles, ces divisions plus nombreuses et permanentes, jointes aux modifications que les os présentent dans leurs formes, augmentent singulièrement les difficultés de l'étude de leur charpente osseuse. Souvent le plan général de celle-ci semble rappeler celui des Mammifères ; d'autres fois, il paraît se rapprocher de celui des Poissons. A part la tête et la colonne vertébrale, diverses parties peuvent y faire défaut, les unes ou les autres (§ 43).

§ 291. Le *crâne* offre des variations nombreuses dans ses formes et dans le chiffre des pièces dont il est composé. Il se fait remarquer par la petitesse de la boîte destinée à loger le cerveau et par le développement de la face. La mâchoire inférieure s'articule comme chez les Oiseaux, à l'aide d'un os particulier ; parfois même, comme les Serpents en offrent exemple, cet os est suspendu lui-même à un autre os avec lequel il s'ouvre en compas, de manière à donner à la bouche un agrandissement considérable.

§ 292. *Tronc*. L'*épine dorsale* réduite à un petit nombre de vertèbres chez les Grenouilles et autres genres voisins, en offre, chez certains Ophidiens, jusqu'à plus de quatre cents. Quelquefois la queue manque au moins à l'état adulte, comme chez les Grenouilles ; d'autres fois elle atteint une longueur remarquable. La queue varie dans sa configuration. Chez les espèces aquatiques, elle est comprimée, pour faire l'office de gouvernail ; chez les terrestres, elle est habituellement arrondie. Quelquefois elle est prenante, comme celle des Caméléons, c'est-à-dire susceptible de s'enrouler aux corps environnants. Les *côtes*, nulles ou rudimentaires chez les Grenouilles, accompagnent d'autres fois les vertèbres, jusqu'à l'extrémité de la région abdominale. Certains Serpents en ont ainsi jusqu'à plus de trois cents paires. Chez les Ophidiens, elles ont assez de mobilité pour former, comme les replis de la peau du Ver de terre, de légères saillies qui aident à la reptation. Chez les Dragons, rapprochés des Lézards par leurs formes, les cinq premières fausses côtes, au lieu de se courber en arceau comme les autres, s'étendent en ligne droite de chaque côté, et constituent, avec la membrane qui les enveloppe, des espèces de parachutes.

§ 293. Le *sternum* manque aux Serpents, pour laisser aux

côtes une certaine mobilité. Chez les Grenouilles, au contraire, il constitue avec les os de l'épaule une ceinture pectorale.

§ 294. **Organes des sens.** *Toucher.* La jouissance de ce sens doit varier beaucoup chez les Reptiles. Ceux qui ont la peau molle, comme les Amphibies, doivent l'avoir dans une certaine perfection; chez ceux au contraire dont l'enveloppe est écailleuse, il doit être très-obtus.

Goût. Le goût, à en juger par la langue plus molle et plus papilleuse que chez les Oiseaux et les Poissons, doit s'exercer d'une manière moins restreinte que chez ces animaux.

Odorat. L'odorat paraît en général peu développé.

Ouïe. L'organe de l'ouïe présente chez les Reptiles une dégradation ou une simplification très-marquée, et la faculté de percevoir les sons doit se ressentir de cette imperfection.

§ 295. *Vue.* L'œil se rapproche par sa conformation de celui des autres Vertébrés; mais les paupières n'ont pas de cils; quelquefois, comme chez les Ophidiens, elles manquent et donnent au regard une fixité remarquable; d'autres fois au contraire il existe une troisième paupière analogue à celle des Oiseaux. Quelques Reptiles, comme les Caméléons, jouissent de la singulière propriété de faire mouvoir leurs yeux dans deux directions différentes.

§ 296. **Système de respiration.** Le sang des Reptiles n'étant pas tout destiné à être soumis à l'action de l'oxygène avant d'aller nourrir le corps, leur respiration est incomplète et a peu d'activité. De là aussi la lenteur de leurs mouvements et la faculté si faible de produire de la chaleur, qu'ils sont considérés comme étant des animaux à sang froid; de là encore cet état léthargique dans lequel ils tombent, quand la température s'abaisse jusqu'à certains degrés. L'activité de leur respiration varie donc avec la chaleur de l'atmosphère. En été, leur mort arrive bien plus promptement qu'en hiver, quand ils sont privés d'air. Tous ont des poumons, au moins dans l'âge adulte; mais les

10.

espèces ayant la peau nue arrivent à la vie avec des branchies et respirent à l'aide de ces organes ; quelques-uns même les conservent jusqu'à leur mort, et, véritables amphibies, peuvent ainsi vivre sur la terre et dans l'eau.

§ 297. **De la voix.** Peu de Reptiles, à part les Crocodiles et les Batraciens, ont une véritable voix. Chez la plupart des autres, les bruits qu'ils font entendre sont produits par l'air inspiré ou chassé avec force des poumons ; c'est une sorte de sifflement, expression souvent sinistre des sentiments de crainte ou de colère qui les agitent.

§ 298. **OEufs.** Les Reptiles, comme les Oiseaux, pondent des œufs. Ils ont une coquille dure chez les Tortues et les Crocodiles ; flexible, mais toutefois assez résistante chez les Lézards et les Serpents; molle, chez les Grenouilles et autres Amphibies. Rarement les œufs éclosent avant la ponte[1]. La chaleur de l'air extérieur suffit ordinairement au développement du germe ; certains Serpents soumettent les leurs à une incubation prolongée, en les enveloppant des replis de leur corps.

§ 299. **Utilité des Reptiles.** Les Reptiles dont l'apparition semble dater de l'époque où les terrains de sédiment commencèrent à être émergés, étaient dans ces temps anciens les seuls Carnivores à respiration aérienne, et ils remplissaient selon les vues de la Providence un rôle important. Aujourd'hui encore ils sont utiles soit en contribuant à maintenir les autres êtres dans de justes limites, soit en faisant disparaître les matières organisées en voie de décomposition. Mais de tous les Vertébrés des trois premières classes, ils sont ceux dont l'Homme retire le moins d'avantages directs ; un petit nombre d'entre eux seulement servent à sa nourriture ou lui offrent des produits utilisés dans l'industrie. Plusieurs sont à ses yeux de justes objets d'aversion ou d'effroi ; on les dirait destinés à lui rappeler que les animaux sont devenus rebelles envers leur roi, dès

---

1. Les animaux chez lesquels cela arrive, comme la Vipère, sont appelés *Ovovivipares*.

le moment où lui-même a osé se révolter contre Dieu.

§ 300. **Classification des Reptiles.** Ces animaux se partagent en deux sous-classes.

Peau
- écailleuse. Respiration par des poumons à toutes les époques de leur vie. — *sous-classes.* REPTILES proprement dits.
- nue et d'un aspect muqueux. Respiration branchiale dans le jeune âge. — AMPHIBIES.

PREMIÈRE SOUS-CLASSE.

REPTILES PROPREMENT DITS.

§ 301. CARACTÈRES. *Peau écailleuse. Respiration par des poumons à toutes les époques de leur vie. Point de métamorphoses.*

Ils se partagent en trois ordres :

Ordres.

Corps
- court, ovale, protégé par deux boucliers : l'un supérieur, l'autre inférieur (Tortues). — CHÉLONIENS.
- allongé
  - Des membres (Lézards, etc.). — SAURIENS
  - Point de membres (Vipères, etc.). — OPHIDIENS.

1. Les Reptiles sont des animaux à peau écailleuse qui sont destinés à vivre sur la terre, ou du moins qui ne peuvent rester dans l'eau sans être en communication avec l'air extérieur.

PREMIER ORDRE. — CHÉLONIENS.

Fig. 51. Le Caret.

§ 302. CARACTÈRES. *Corps court, ovale, protégé par deux boucliers : l'un supérieur, appelé carapace ; l'autre inférieur, nommé plastron. Quatre pattes. Point de dents.*

Les Chéloniens se rattachent sous divers rapports aux Oiseaux et à quelques autres Reptiles, particulièrement aux Crocodiliens ; mais ils ont une organisation si singulière, qu'ils ont un cachet à part. Leur squelette, en partie extérieur au lieu d'être interne, en fait des espèces d'animaux retournés.

Le Créateur en donnant à la plupart de ces espèces une lenteur devenue proverbiale, n'a pas voulu les abandonner sans défense à leurs ennemis. Il les a pourvues de deux boucliers : l'un supérieur, appelée *carapace*, formé par les côtes et l'épine dorsale solidement unies ; l'inférieur, aplati, composé des pièces du sternum qui se sont dilatées. Chez les Tortues terrestres ou d'eau douce, la tête et les pattes peuvent au moindre danger se retirer sous ces cuirasses protectrices. Chez les Tortues marines, naturellement moins exposées, les mêmes parties y trouvent un abri moins complet.

La plupart des animaux de cet ordre ont les boucliers couverts d'écailles ; quelques espèces seulement les ont enveloppés d'une peau molle.

§ 303. Les extrémités des membres varient aussi de conformation suivant la destination de ces parties. Ainsi, chez les espèces terrestres, les pattes étant destinées à pousser le corps en avant sont pour ainsi dire tronquées ou terminées par des moignons. À mesure que les espèces deviennent plus aquatiques, les doigts s'allongent et constituent, avec la membrane qui les unit, des rames plus ou moins parfaites.

§ 304. Les Chéloniens manquent de dents. La plupart ont, comme les Oiseaux, les mâchoires revêtues de cornes ; chez un petit nombre seulement, la corne est remplacée par la peau. La langue de ces animaux est courte et hérissée de filets charnus.

§ 305. Ces animaux pondent des œufs à coque dure ; ils sont d'une sobriété très-grande, peuvent rester des mois ou même des années sans prendre de nourriture ; ils ont une vie généralement longue et d'une ténacité telle qu'ils survivent à des mutilations mortelles pour les autres animaux.

De tous les Reptiles ce sont les plus inoffensifs et ceux qui nous sont les plus utiles. Les œufs des grandes espèces sont recherchés ; la chair du plus grand nombre est rafraîchissante et d'une digestion facile ; l'écaille de quelques-uns est utilisée.

On les divise en plusieurs petites familles :

A. Carapace entièrement solide et écailleuse.
B   Doigts distincts.
C   *Tortues de terre*. Membres comme tronqués. Doigts immobiles, engagés jusqu'à l'ongle. Corps très-bombé.
CC *Tortues d'eau douce*. Doigts distincts, palmés. Ongles assez longs, en nombre égal à celui des doigts. Corps médiocrement bombé.
BB *Tortues de mer*. Doigts entièrement cachés sous la peau qui les enveloppe et les unit : la plupart sans ongles ou à ongles caducs. Corps médiocrement bombé.

AA *Tortues molles.* Corps flexible vers sa circonférence; revêtu d'une peau molle. Doigts palmés, distincts. Trois ongles seulement. Carapace presque plane.

§ 306. Les *Tortues de terre* ou celles qui seules ont conservé le nom de Tortues, sont herbivores. L'une des plus communes, la T. grecque du midi de l'Europe, est recherchée pour le bouillon qu'on retire de sa chair.

§ 307. Les *Tortues d'eau douce* indiquent leurs habitudes par la forme de leurs pieds. Les unes, rapprochées des précédentes par leur forme, portent le nom d'*Emydes*. Les autres sont appelées *Chélides* ou *Tortues à gueule;* elles ont le nez prolongé en une petite trompe et les mâchoires dépourvues de corne.

§ 308. Les *Tortues de mer* ou *Chélonées*, nagent avec facilité et dorment souvent sur la surface des mers. Elles s'éloignent parfois des rivages à une plus longue distance. Cette famille renferme les espèces les plus grandes et les plus utiles. Parmi celles-ci, la T. franche ou T. verte atteint jusqu'à six ou sept pieds de longueur et pèse jusqu'à huit cents livres. Ses écailles au nombre de treize sont vertes ou verdâtres, non imbriquées. Sa chair fournit une nourriture rafraîchissante et salutaire aux navigateurs des contrées intertropicales. Les œufs qu'elle enterre dans le sable sont très-bons à manger. Sa graisse donne de l'huile à brûler. Sa carapace est quelquefois utilisée comme pirogue.

La T. imbriquée, connue sous le nom de *Caret* (*fig.* 49), offre une chair malsaine, au moins à certaines époques, qualité qu'elle paraît devoir à certains Mollusques dont elle se nourrit. Sa carapace a treize écailles disposées en recouvrement; c'est d'elle que nous tirons la belle écaille employée dans les arts. Elles présentent deux ou trois couleurs, le fauve et le brun, et parfois le noir clair. Pour les obtenir, on fait ordinairement chauffer la carapace. Elles se dressent sous l'influence de la chaleur, et on les enlève alors avec facilité. On amollit l'écaille à l'aide de l'eau bouillante; dans cet état, on en soude les diverses pièces en les ajustant l'une contre l'autre et les pressant avec des fers chauds. Les rognures d'écailles sont unies par les mêmes procédés et constituent l'*écaille fondue* avec laquelle on fait des tabatières et autres objets.

Les *Tortues molles* ou *Trionyx* s'éloignent des autres par la mollesse de leur peau. L'une des espèces, la T. du Nil, longue de trois pieds, vit dans le Nil et dévore les œufs des Crocodiles.

DEUXIÈME ORDRE. — SAURIENS.

§ 309. CARACTÈRES. *Corps allongé, sans carapace, couvert de plaques osseuses ou d'espèces d'écailles; pourvu ordinairement de quatre membres, quelquefois seulement de deux. Doigts garnis ou armés d'ongles. Mâchoires armées de dents* (fig. 52).

Les Sauriens s'éloignent des Chéloniens par leur corps allongé, plus ou moins rapproché par la forme de celui des Lézards; par leur bouche toujours armée de dents; par leurs côtes mobiles.

Ils se divisent en deux sous-ordres :

Corps { revêtu d'une cuirasse formée de plaques osseuses. Os carré soudé au crâne. Dents logées dans une alvéole. EMYDO SAURIENS.

revêtu de squames ou fausses écailles. Os carré mobile. Dents sans alvéole. SAURIENS proprement dits.

EMYDO-SAURIENS.

Fig. 52. Le Crocodile.

§ 310. CARACTÈRES. *Corps allongé; revêtu d'une cuirasse*

formée de plaques osseuses. Os carré soudé au crâne. Dents logées dans une alvéole. Mâchoires armées d'un rang de dents.

Rapprochés des Tortues sous certains rapports, et des véritables Sauriens sous plusieurs autres, les animaux de cette coupe s'éloignent cependant assez de ces derniers pour constituer une catégorie particulière. Ils ont le tympan de l'oreille situé au fond d'un conduit auriculaire court, au lieu de l'avoir à fleur de tête ; la langue charnue, adhérente à la bouche ; la queue comprimée ; les narines et les oreilles susceptibles de se fermer à l'aide de valvules, quand ils vont dans l'eau. Ils ne forment qu'une seule famille, celle des Crocodiles [1].

Ces animaux fortement cuirassés, redoutables en raison de leur taille et surtout des dents dont leurs mâchoires sont armées, sont relégués dans les pays chauds, et destinés à y détruire les chairs mortes qui s'y putréfient très-rapidement ; mais ils attaquent aussi les animaux vivants ; l'homme même n'est pas à l'abri de leur audace. Habituellement cachés dans les hautes herbes des marécages ou des bords des fleuves, on ne peut sans imprudence s'approcher des rives qu'ils habitent. Dans l'eau, ils ne peuvent avaler leur proie ; mais ils la noient et ils l'enterrent dans le sable ou dans la vase, pour la manger un peu plus tard, quand elle sera en voie de décomposition. La Providence a mis quelques obstacles à leur voracité, en dilatant leurs vertèbres cervicales, en forme de fausses côtes, de manière à rendre difficiles les mouvements latéraux du cou ; elle a, d'autre part, posé des bornes à leur trop grande multiplication, en leur donnant des ennemis qui les détruisent à l'état d'œufs.

Près des Emydo-Sauriens paraissent devoir être placés les Reptiles singuliers désignés sous les noms de *Ptérodactyles*, *Plésiosaures* et *Ichthyosaures*, dont les terrains du Lias offrent les débris.

---

1. Genres Caïman, Crocodile, Gavial.

SAURIENS proprement dits.

§ 311. CARACTÈRES. *Corps revêtu de squames ou fausses écailles, parfois presque réduites à des granulations. Os carré mobile. Dents sans alvéole.*

Ces animaux se partagent en plusieurs familles. Voici les principales :

A Doigts divisés en deux paquets : l'un, de deux ; l'autre, de trois doigts, réunis par la peau jusqu'aux ongles. *Caméléoniens.*
AA Doigts non réunis en deux paquets.
B Un cou distinct.
C Doigts presque égaux, élargis, garnis en dessous de stries, de replis ou d'écailles, faisant l'office de ventouses ou de crampons. Corps aplati. Pieds peu allongés. *Geckotiens.*
CC Doigts inégaux.
D Langue charnue non extensible. Abdomen non recouvert de grandes plaques carrées. Gorge renflée chez la plupart. Dos et queue souvent chargés de crêtes. *Iguaniens.*
DD Langue mince, extensible et divisée à l'extrémité. Dessous du ventre couvert de plaques carrées et mobiles. *Lacertiens.*
BB Point de cou distinct. Langue non extensible. Pattes courtes, souvent éloignées, quelquefois seulement au nombre de deux. *Scincoïdiens.*

§ 312. Les *Caméléoniens* ont le corps comprimé ; le dos tranchant ; la peau comme chagrinée ou recouverte de grains écailleux ; la queue prenante ou susceptible de s'enrouler aux corps voisins ; la langue cylindrique et très-extensible ; les yeux grands, mais en partie couverts par la peau, doués de la faculté de se mouvoir indépendamment les uns des autres. Ces animaux sont célèbres depuis longtemps par les dispositions qui leur permettent de changer de couleur, dispositions dont les causes sont diversement expliquées.

L'espèce la plus commune habite l'Algérie, vit sur les arbres, s'y tient immobile sur les branches, et s'y nourrit d'insectes, que ce Reptile attrape en projetant avec vivacité sur ceux qui passent à sa portée, sa langue couverte d'un enduit muqueux.

§ 313. Les *Geckotiens* habitent aussi les pays chauds. Leur peau chagrinée, leur tête aplatie, leur démarche lourde leur donnent une certaine ressemblance avec les Crapauds et les rendent un objet d'aversion. Ils sont insectivores et nocturnes. Pendant le jour, ils se tiennent sous les pierres et s'introduisent parfois dans les maisons où on les voit quelquefois marcher sur les plafonds. Mais cette faculté de se cramponner sur les corps unis varie suivant les espèces et les a fait diviser en plusieurs genres.

§ 314. Les *Iguaniens*[1], animaux tous exotiques, se rapprochent davantage de nos Lézards par leur corps plus allongé; plusieurs sont versicolores comme les Caméléons; ils se divisent en un grand nombre de genres, parmi lesquels un des plus singuliers est celui des Dragons, animaux inoffensifs et de petite taille, distingués de tous les autres Sauriens par leurs six premières fausses côtes étendues latéralement, et formant, avec la peau qui les enveloppe et les maintient, une sorte de parachute, chargé de les soutenir lorsqu'ils sautent de branche en branche.

§ 315. Les *Lacertiens* ont la démarche plus vive que la plupart des Sauriens; ils ont des dents aux deux mâchoires; les pattes munies chacune de cinq doigts armés d'ongles; les écailles disposées sous le ventre et autour de la queue par bandes transversales; les fausses côtes raccourcies. Ils se divisent en deux principaux genres : les Monitors et les Lézards. Les premiers manquent de dents au palais. L'une de ces espèces, le Monitor du Nil, mange les œufs des Crocodiles. Il doit son nom ou celui de Sauvegarde à l'opinion dans laquelle est le peuple de l'Égypte, que cet animal siffle à la vue du Crocodile et avertit ainsi de l'approche de ces Reptiles dangereux. Les vrais Lézards ont des dents au palais, et vivent d'insectes. Les *L. vert, gris* ou

---

[1]. G. Stellion, Agame, Basilic, Dragon, Iguane, Anolis, etc.

des murailles et quelques autres sont communs en France.

§ 316. Les *Scincoïdiens*[1] forment une transition presque insensible des autres Sauriens aux Ophidiens. Ils ont les pieds courts, souvent très-éloignés les uns des autres, parfois réduits à une paire, soit la postérieure, soit l'antérieure. L'une de ces espèces, le Scinque des pharmaciens de la Nubie, a perdu beaucoup de sa réputation curative.

§ 317. CARACTÈRES. *Corps allongé. Point de membres.*

TROISIÈME ORDRE. — OPHIDIENS.

Les Ophidiens se lient d'une manière si insensible avec les derniers Sauriens, que les limites servant à séparer ces divers animaux sont loin d'être les mêmes pour tous les naturalistes.

Dans ces leçons élémentaires, nous continuerons à suivre, comme plus facile, la méthode de Cuvier.

Ils se partagent en trois groupes :

A *Anguis.* Des paupières, et un conduit auriculaire visible. Des rudiments au moins de l'omoplate, du sternum et du bassin. Branches de la mâchoire inférieure soudées entre elles.

AA Point de paupières; ni conduit auriculaire visible, ni omoplate. Poumons très-inégaux : l'un des deux très-petit.

B *Serpents.* Branches de la mâchoire inférieure unies seulement par des ligaments élastiques. Branches des os maxillaires unis de même avec les intermaxillaires. Os tympanique mobile et le plus souvent suspendu lui-même à un autre os également mobile, analogue au mastoïdien. Point de sternum.

BB *Amphisbènes.* Branches de la mâchoire inférieure soudées entre elles, ainsi que celles de la supérieure. Os tympanique articulé avec le crâne.

PREMIER GROUPE. — ANGUIS.

§ 318. Les Anguis, par leur organisation interne, se rattachent d'une manière si intime aux Reptiles précédents,

---

1. G. Scinque, Seps, Bipède, Bimane, etc.

qu'on peut les considérer comme de véritables Sauriens apodes. Ils forment un groupe peu nombreux dont les Orvets constituent le genre le plus connu.

L'Orvet fragile, commun dans toute l'Europe, doit l'épithète qu'il a reçue et le nom de *Serpent de verre* à la facilité avec laquelle son corps se brise ou se divise en tronçons, lorsqu'après s'être raidi sous l'impression de la crainte ou de la colère, il éprouve le moindre choc. Cet animal inoffensif vit d'Insectes, de Lombrics, de Mollusques ou de quelques autres petits animaux. Il se cache sous les pierres ou dans des trous pratiqués dans la terre à l'aide de son museau. Il est l'objet de diverses fables accréditées parmi les personnes étrangères à l'histoire naturelle [1].

DEUXIÈME GROUPE. — SERPENTS.

319. Les Serpents, grâce à la liberté dont jouissent les branches de leurs os maxillaires et à la manière dont leur mâchoire s'articule avec les pièces chargées de la soutenir, ont la gueule très-dilatable et peuvent, par là, avaler des corps plus gros qu'eux. En général, ils vivent de substances animales. Les uns atteignent leur proie par une reptation d'une agilité qui ne lui donne pas le temps de la fuite; d'autres courbent leur corps en arc ou en cercle, et peuvent, en débandant cet arc avec force, s'élancer à une certaine distance; plusieurs, fixés à des branches auxquelles leur queue s'est enroulée, attendent le passage des Mammifères que le hasard conduit près d'eux, et cherchent à les étreindre dans les replis de la partie de leur corps restée libre; il en est enfin qui s'emparent des Oiseaux ou de quelques autres êtres vivants par suite de la fascination de leur regard immobile. Plusieurs, pour donner la mort à leurs victimes, ont reçu la faculté de sécréter un venin souvent très-actif, que certaines

---

1. Ainsi il passe pour aveugle, et dans quelques lieux a reçu les noms populaires de *borgne*, *âne vieux*, etc.

dents sont chargées de faire couler dans les plaies avec leurs morsures. Ce pouvoir redoutable qu'ils exercent parfois contre l'homme même, suffit pour nous rendre tous ces Reptiles des objets de répulsion ou d'effroi. Plusieurs cependant servent de nourriture à diverses peuplades.

On partage ces animaux en non venimeux et venimeux.

Les premiers (*fig.* 53) ont une rangée de dents tout le long des os de la mâchoire inférieure, de ceux de la supérieure et des branches palatines ; ces dents sont fixes et non percées. Ils se divisent en deux principales familles :

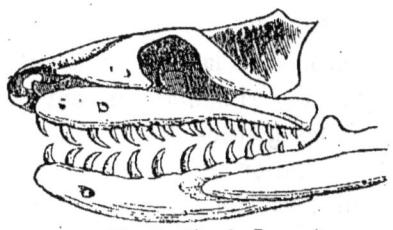

Fig. 53, Tête du Boa.

Boas. Dessous du corps et de la queue garni de bandes écailleuses et transversales d'une seule pièce.

Couleuvres. Dessous du corps et de la queue garni de plaques écailleuses divisées en deux.

§ 320. La famille des Boas[1] renferme les Serpents les plus remarquables sous le rapport de la taille. Quelques-uns atteignent jusqu'à trente à quarante pieds. Ceux-ci peuvent, dit-on, avaler des Cerfs ou même des Mammifères plus gros, après leur avoir brisé les os, en les enserrant dans les replis nombreux de leur corps. Ils offrent un ergot ou éperon comme vestige des membres postérieurs. Tous sont étrangers à l'Europe.

§ 321. Les Couleuvres[2] sont plus nombreuses en espèces. Notre pays en compte un certain nombre[3]. La plus

---

1. Boa, Erpeton, etc.
2. G. Python, Couleuvre, etc.
3. La verte et jaune, atteignant jusqu'à quatre ou cinq pieds de

commune est la C. à collier, connue aussi sous les noms d'*Anguille de haie*, de *Serpent d'eau*, etc., à écailles cendrées, tachée de noir le long des flancs, et ornée de taches blanches disposées autour du cou en forme de collier. Elle vit de Grenouilles, d'Insectes, etc.

§ 322. Les Serpents venimeux sont pourvus d'une glande volumineuse, située au-dessous de l'œil, entourée d'un muscle très-fort, dont les contractions servent à faire couler le venin. Celui-ci est amené par un conduit excréteur jusqu'à une dent particulière, située de chaque côté, vers la partie antérieure de la mâchoire supérieure, et tantôt rayée d'une gouttière, tantôt creusée d'un canal intérieur, chargé de faire couler le poison dans la plaie que fait cette sorte de crochet. Quelques expérimentateurs ont osé déposer sur leur langue quelques gouttes du venin de la Vipère; il ne produit qu'une sensation analogue à celle d'une matière grasse ou huileuse, et, enveloppé par la salive il peut être avalé impunément; mais quand il est mis en communication avec le sang et porté dans le torrent de la circulation, il ne tarde pas à produire son effet. Celui de certains Serpents exotiques, des Crotales par exemple, cause parfois des ravages effrayants; quelques minutes suffisent souvent pour séparer l'instant de la mort de celui de la blessure[1]. Les

---

long; — la Vipérine, etc. A ce genre se rattache le *Serpent d'Esculape*, qu'on trouve en Italie et dans quelques autres contrées.

1. Lorsqu'on a été mordu par un Serpent venimeux, il faut chercher par la compression ou par toute autre manière, à empêcher ou à ralentir l'absorption du poison. Si le reptile est d'une espèce très-dangereuse, il faut se hâter d'élargir la plaie pour donner au sang l'occasion de jaillir et d'entraîner avec lui le fluide vénéneux; il faut enfin, pour plus de sûreté, cautériser la blessure soit à l'aide d'un fer rougi à blanc, soit à l'aide des caustiques les plus énergiques. En attendant de pouvoir employer ces derniers moyens qu'on n'a pas toujours sous la main, il est utile de sucer fortement la partie mordue, pour en faire autant que possible sortir le venin.

Dans les climats brûlants de l'Amérique où se cachent des Serpents si redoutables, la Providence paraît avoir mis le remède à côté

effets produits par chaque espèce sont d'autant plus redoutables que la température est plus élevée et que la glande est plus gorgée de liquide. Ce venin conserve ses propriétés malgré une longue dessiccation, et l'on ne saurait trop prendre de précautions quand on touche les mâchoires de ces dangereux Reptiles; une égratignure pourrait avoir les suites les plus désastreuses.

§ 323. Les Serpents venimeux ne le sont pas tous au même degré. Les uns ont encore une rangée de dents aux os maxillaires supérieurs; mais quelques-unes de ces dents plus longues sont en gouttières à bords rapprochés. Ces animaux, tous exotiques, peuvent être réduits à une grande famille [1], celle des *fausses Vipères*, susceptible elle-même de divisions.

§ 324. Les Serpents venimeux par excellence n'ont à

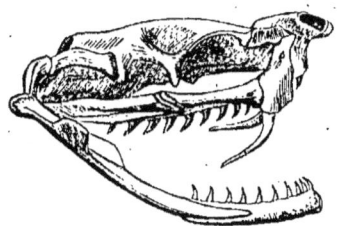

Fig. 54. Tête de Trigonocéphale.

chaque os maxillaire supérieur qu'une dent percée d'un canal pour laisser fluer le poison dans la plaie. Ces crochets du mal. Un arbre connu sous le nom de *Guaco* (du genre *Micania*) paraît offrir dans ses feuilles et dans son fruit un spécifique contre leurs blessures. Feu Delattre s'était très-bien trouvé de cet antidote qu'il avait cueilli à la Nouvelle-Grenade, et qu'il portait toujours avec lui. On frotte la plaie avec des raclures de ce fruit, et on en jette en même temps dans un verre d'eau qu'on avale.

Le tabac est pour les Serpents, et pour tous les Reptiles en général, un des plus dangereux poisons. Les plus vivaces succombent en peu de temps, quand on peut leur faire avaler de l'eau-de-vie dans laquelle on a fait infuser du tabac, ou quand on leur jette dans la gueule cette plante réduite en poudre.

1. G. Bongare, Trimérésure, etc.

restent cachés dans un repli de la gencive quand l'animal n'a pas à s'en servir, et paraissent jouir d'une mobilité qui appartient aux os qui les portent [1] (*fig.* 54). En général ces derniers Reptiles ont la tête en cœur ou élargie postérieurement.

Ils se divisent en deux principales familles :

Crotales. Dessous du corps et de la queue garni de plaques transversales simples. Queue munie de cornets écailleux.

Vipères. Dessous du corps garni de plaques entières sous le ventre et divisées sous la queue.

§ 325. Les *Crotales* [2]. Les plus célèbres de tous les Serpents pour l'atrocité de leur venin, ont l'extrémité de la queue garnie de grelots cornés ou écailleux, lâchement emboîtés les uns dans les autres, et dont le nombre augmente avec l'âge. Quand ils sont animés de sentiments de crainte ou de colère, ils agitent ces sortes d'instruments, et produisent un bruit facile à entendre à plus de cinquante pas. Ils avertissent ainsi le voyageur aventuré dans les contrées brûlantes qu'ils habitent, de s'éloigner de lieux où ils se tiennent ordinairement cachés sous les feuilles. Toutes les espèces connues sont exotiques.

§ 326. Les *Vipères* offrent dans leur nombre quelques espèces presque aussi redoutables. Les Trigonocéphales [3] doivent leur nom à la tête élargie postérieurement en espèce de triangle. Les Haias [4], dans leurs mouvements passionnés, font gonfler en forme de disque la partie de leur corps qui suit la tête.

La Vipère vulgaire, brune ou fauve, avec une raie en zigzag le long du dos et le ventre ardoisé, est commune en France, principalement sur les coteaux exposés au soleil. Sa morsure est le plus souvent mortelle pour les enfants.

1. Ces crochets sont, peu de temps après, remplacés par d'autres, quand ils viennent à être brisés ou arrachés.
2. G. Crotale, etc.
3. G. Trigonocéphale, Plature, Haïa, Vipère.
4. A ce genre se rattache l'*Haje* ou *Aspic* des anciens.

AMPHIBIES.   189

TROISIÈME GROUPE. — **AMPHISBÈNES.**

§ 327. Ils ont le corps allongé, cylindrique, de diamètre presque égal, et terminé par une queue obtuse ou conique. Ils marchent dans les deux sens et ont été appelés par cette raison *doubles-marcheurs*. Ils sont peu nombreux.

DEUXIÈME SOUS-CLASSE.

AMPHIBIES.

§ 328. CARACTÈRES. *Peau nue et d'un aspect muqueux. Respiration branchiale dans le jeune âge.* Ils sont donc destinés à vivre d'abord dans l'eau comme les Poissons, puis à terre, comme les reptiles, c'est-à-dire à respirer d'abord par des branchies, puis par des poumons.

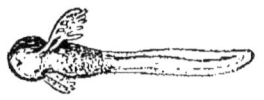 

(*Fig.* 55. Têtard.)   (*Fig.* 56. Têtard.)

Les Amphibies n'ont ni carapace, ni pièces osseuses, ni espèces d'écailles pour protéger leur corps; leur peau est simplement nue et même d'un aspect muqueux. Dans le premier âge de leur vie, ils se rapprochent des Poissons par leur figure extérieure et par leur organisation interne. Ils respirent par des branchies et manquent des pieds qui apparaîtront successivement plus tard.

Fig. 57. Têtard.)

§ 329. Ainsi, les Grenouilles, au sortir de l'œuf, ont une

11.

queue comprimée et par-là propre à la natation; elles ont une tête énorme, qui a valu au jeune animal le nom de *Têtard* (*fig.* 55-57). Dans cet état, celui-ci ne peut vivre que dans l'eau; ses organes de respiration aquatique sont d'abord réduits à un tubercule, situé latéralement à la partie postérieure de la tête; mais bientôt les branchies s'allongent, se divisent, se ramifient, flottent de chaque côté du cou (*fig.* 55). En même temps que ces changements s'opèrent, la bouche primitivement réduite à un trou peu distinct, s'agrandit et devient transversale; les lèvres se revêtent d'une enveloppe nécessaire au jeune animal, pour lui permettre de couper les végétaux dont il doit se nourrir; les yeux dont il paraissait privé, se montrent à travers la peau. Au bout de quelques jours, les ramifications flottantes des branchies disparaissent : celles-ci se réduisent à des houppes fixées à des arceaux cartilagineux et cachés sous la peau. L'eau chargée de les baigner passe de la bouche par les intervalles des arcs branchiaux et ressort par une ou deux ouvertures extérieures. Un peu plus tard, se montrent les pattes postérieures (*fig.* 56); elles sont déjà bien développées, quand apparaissent celles de devant (*fig.* 57). Vers le même temps, l'enveloppe cornée ou l'espèce de bec dont les mâchoires étaient revêtues, se détache et tombe; la queue commence à s'atrophier; les poumons se forment; à mesure qu'ils se développent et jouent un rôle plus actif, les branchies deviennent moins utiles et finissent par disparaître; les arcs qui les portaient et la queue elle-même ne laissent plus de traces. D'autres modifications aussi importantes ont lieu à l'intérieur; le canal intestinal se raccourcit, pour se mettre en harmonie avec le régime de l'animal qui doit être carnivore, d'herbivore qu'il était; l'appareil de la circulation qui offrait une grande analogie avec celui des Poissons, montre désormais les rapports plus évidents qu'il doit avoir avec celui des premiers Reptiles.

§ 330. Tous les Amphibies cependant ne subissent pas des métamorphoses aussi complètes que les Grenouilles et

AMPHIBIES. — BATRACIENS.

autres animaux voisins. Chez les Salamandres, l'appendice caudal ne disparait pas; chez les Protées, les branchies elles-mêmes persistent après la formation des poumons et permettent à ces animaux de vivre également et dans l'air et dans l'eau.

§ 331. Ces animaux peuvent être partagés en quatre ordres :

A *Batraciens.* Point d'appendice caudal à l'âge adulte.
AA Un appendice caudal à toutes les époques de la vie.
B Des pattes.
C *Salamandriens.* Des branchies seulement dans le jeune âge.
CC *Protéens.* Des branchies à toutes les époques de la vie.
BB *Céciliens.* Point de pattes.

QUATRIÈME ORDRE. — **BATRACIENS.**

§ 332. CARACTÈRES. *Point d'appendice caudal à l'âge adulte.*

Les Batraciens subissent des métamorphoses complètes. Au sortir de l'œuf ils semblent n'avoir qu'une tête, suivie d'un corps caudiforme ; à l'état adulte, ils ont la tête plate ; le museau arrondi ; la gueule très-fendue ; quatre doigts aux pattes de devant, cinq aux postérieures; point de côtes.

Ils se divisent en deux groupes :

A Les *Grenouilles.* Pourvues d'une langue.
AA *Pipas.* Langue nulle.

PREMIER GROUPE. — **GRENOUILLES.**

§ 333. Les Grenouilles ont une langue molle, attachée au bord de la mâchoire et présentant des formes variées, suivant les genres. Elles ont à fleur de tête une plaque cartilagineuse tenant lieu de tympan. Elles se partagent en trois familles :

A Des dents à la mâchoire supérieure.

B *Grenouilles* vraies ou *Raniformes*. Extrémité libre des doigts et des orteils non dilatée.

BB *Rainettes* ou *Hylaeformes*. Extrémité des doigts élargie et terminée chacune par une sorte de pelote.

AA *Crapauds* ou *Bufoniformes*. Point de dents à la mâchoire supérieure.

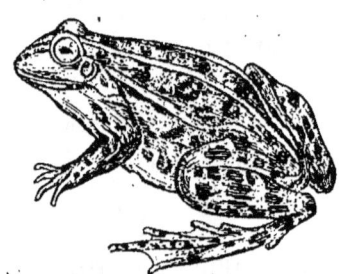

Fig. 58. Grenouille.

§ 334. La Grenouille verte ou commune (*fig.* 58) se tient principalement dans les eaux dormantes et les marécages. Elle y vit de proie vivante, de larves d'insectes et autres petits animaux aquatiques. Elle nuit aux étangs en mangeant le frai et les très-jeunes Poissons. Elle attaque même les grosses Carpes, se cramponne sur leur tête, en appliquant ses pattes antérieures sur leurs yeux, et leur ronge la peau qui couvre le crâne, quand ces Poissons ne peuvent se débarrasser de ces parasites. Les mâles font entendre un son bruyant, connu sous le nom de *coassement*, produit par des vessies remplies d'air, situées de chaque côté de la gorge.

Aux approches de l'hiver, les Grenouilles s'enfoncent dans la vase et y passent dans un état d'engourdissement tout le temps de la mauvaise saison.

§ 335. La Rainette commune est d'un beau vert avec une ligne jaune et noire le long du corps, de chaque côté. A l'aide des pelotes visqueuses de ses doigts, elle grimpe avec facilité sur les arbres et y vit d'insectes. Elle se rend à l'eau pour sa ponte, et y passe l'hiver dans la vase comme les Grenouilles.

§ 336. Les Crapauds ont les pattes postérieures moins longues et sautent avec moins de facilité. Leur corps couvert de verrues ou de papilles, leurs formes hideuses, les rendent en général des objets de dégoût. Le Crapaud commun se tient dans des lieux obscurs, sous les pierres, dans les arbres caverneux. Il vit d'insectes, de mollusques et de vers. L'hiver il se retire dans des trous qu'il se creuse; il laisse suinter de sa peau une humeur visqueuse appelée *bufonie*.

DEUXIÈME GROUPE. — PIPAS.

§ 337. Les Pipas sont des animaux exotiques privés de langue, et n'ayant qu'un tympan caché sous la peau. Leur développement a quelque chose de singulier et d'anormal. Les œufs, après la ponte, sont placés sur le dos de la femelle; celle-ci se rend alors à l'eau; sa peau se gonfle et forme des cellules dans lesquelles les jeunes têtards passent une partie de leur jeune âge.

CINQUIÈME ORDRE. — SALAMANDRIENS [1].

§ 338. CARACTÈRES. *Un appendice caudal à toutes les époques de la vie. Des pattes. Des branchies seulement dans le jeune âge.*

Ces animaux se distinguent facilement des Amphibies précédents par les caractères indiqués ci-dessus; ils ont des côtes rudimentaires, une oreille cachée et sans tympan visible. Leurs métamorphoses offrent, avec celles des Batraciens, quelques différences. Leurs formes se rapprochent de celles des Lézards. Ce sont des animaux timides et inoffensifs; ils se nourrissent de lombrics, d'insectes, etc.

1. On a fait sur les Salamandres les fables les plus absurdes. Ainsi, on a dit qu'elles pouvaient vivre dans le feu, que leur morsure était très venimeuse; il est inutile de réfuter de semblables contes.

Les espèces terrestres ou les Salamandres, ont la queue arrondie et ne se tiennent dans l'eau que dans leur jeune âge. Les autres, ou les tritons, ont la queue comprimée et une vie exclusivement aquatique.

SIXIÈME ORDRE. — PROTÉENS.

§ 339. CARACTÈRES. *Un appendice caudal. Corps allongé. Des branchies à toutes les époques de la vie.*

Ces animaux peu nombreux conservent, avec des poumons, des branchies pendant toute leur vie. Leur existence qui se passe dans des lieux aquatiques, mais pouvant être desséchés, réclamait une pareille conformation. Leur mâchoire inférieure, au moins, porte des dents.

SEPTIÈME ORDRE. — CÉCILIENS.

§ 340. Les Céciliens sont aux autres Amphibies ce que les Serpents sont aux véritables Reptiles. Ils manquent de pieds. Leurs vertèbres, par la manière dont elles s'articulent, ont beaucoup de rapport avec celles des Poissons; elles présentent à leurs facettes antérieure et postérieure une cavité conique remplie d'un liquide gélatineux.

QUATRIÈME CLASSE.

POISSONS [1].

§ 341. CARACTÈRES. *Point d'organes de lactation. Respiration s'effectuant à l'aide de branchies seulement, et pendant*

---

1. Les poissons sont des animaux vertébrés conformés pour vivre toujours dans l'eau. Ils ont une respiration aquatique; leur sang reçoit aux branchies l'influence de l'air dissous dans l'eau, et cet air est plus chargé d'oxygène, parce que ce dernier gaz se dissout plus facilement dans l'eau que l'azote; il est facile de se convaincre que l'eau renferme de l'air; lorsqu'on la fait bouillir ou qu'on la

toute la vie de l'animal. *Sang froid. Corps sans distinction de cou; ordinairement revêtu d'écailles. Membres en forme de nageoires*[1].

Après les Vertébrés destinés à s'élever dans les airs, à courir sur la terre ou à ramper sur les rivages, viennent ceux dont les eaux devaient être le séjour habituel. En étudiant leur conformation, ils nous offriront une nouvelle preuve de l'intelligence divine qui a présidé à toutes les œuvres de la création.

§ 342. **Système tégumentaire.** La peau des Poissons correspond à leur mode d'existence, c'est-à-dire au besoin qu'ont ces animaux de se mouvoir avec facilité dans l'élément liquide réservé pour leur séjour. Rarement nue, elle est ordinairement revêtue d'écailles minces, implantées dans le derme, disposées en recouvrement comme les ardoises d'un toit, et enduites d'une mucosité qui les rend plus glissantes; mais quelquefois, comme chez les Anguilles, elles sont si petites ou revêtues d'une couche si épaisse de mucus, qu'elles sont indistinctes; d'autres fois elles acquièrent au contraire un développement remarquable. Chez quelques espèces, elles se montrent ciliées ou épineuses. Chez d'autres, elles subissent des transformations plus ou moins singulières : là, ce sont des granulations râpeuses; ici, des sortes de tubercules; ailleurs, de véritables plaques osseuses, par suite des matières calcaires qui s'y sont déposées; parfois, au lieu d'être imbriquées, ces plaques figurent des compartiments disposés les uns à côté des autres.

---

place sous le récipient d'une machine pneumatique, l'air s'en dégage sous la forme de bulles.

La science qui s'occupe des Poissons se nomme *Ichthyologie*.

1. Le système nerveux des Poissons s'éloigne de plus en plus sous certains rapports de celui des Vertébrés supérieurs. Leur cerveau est très-petit comparativement au volume de leur corps; les lobes sont moins rapprochés; entre la pie-mère et la dure-mère existe un espace rempli par un liquide huileux.

Outre les écailles, se développent souvent dans des cryptes particuliers de la peau, des pièces osseuses en forme d'écussons ou de carènes, tantôt presque lisses, tantôt armées d'épines.

L'enveloppe tégumentaire du corps des Poissons peut rivaliser par sa richesse avec celle des animaux les plus favorisés, avec les ailes des Papillons ou les coquilles des mollusques des tropiques. Tantôt l'or ou l'argent semblent avoir été employés pour former leurs écailles, tantôt les teintes variables de l'opale, ou les couleurs les plus riches semblent avoir été mises en jeu pour les parer.

§ 343. La peau forme sur l'arête dorsale, au-dessous de la queue ou à son extrémité, des expansions désignées sous le nom de *nageoires*, le plus souvent soutenues par des rayons de consistance variable; nous en parlerons bientôt.

§ 344. **Système osseux.** La charpente intérieure des Poissons est ordinairement osseuse; mais chez les Requins, les Raies et tous les autres auxquels on a donné le nom de *Chondroptérygiens*, elle reste pendant toute la vie à l'état fibro-cartilagineux, ou même d'une consistance plus faible encore; sa structure intime présente à cet égard des modifications nombreuses.

§ 345. Le squelette peut être partagé en trois parties principales : la *tête*, le *tronc* et les *membres*. La première offre une complication très-grande, non-seulement parce que les pièces constituant le crâne et la face des Mammifères se trouvent fractionnées chacune en un certain nombre d'os qui restent séparés pendant toute la vie, mais encore parce qu'à la charpente osseuse de la tête se joint celle de l'appareil de circulation et de respiration. Il faut avoir étudié les subdivisions que présentent les os du crâne chez les Oiseaux et les Reptiles, pour arriver à reconnaître les mêmes pièces devenues plus nombreuses chez les Poissons.

Les deux mâchoires jouissent en général d'une grande mobilité. La supérieure se compose d'*intermaxillaires* et de *maxillaires*, indépendants les uns des autres. Les premiers jouent le principal rôle et portent particulièrement les dents; quelquefois ils ont acquis un développement tel, qu'ils forment à eux seuls le bord de la bouche, et rejettent derrière chacun d'eux les maxillaires; ceux-ci sont parfois réduits à un état rudimentaire; d'autres fois ils se réunissent aux intermaxillaires et se prolongent en avant pour constituer un bec ou même une arme redoutable, comme dans l'Espadon. La mâchoire inférieure est ordinairement composée de quatre os, quelquefois même d'un plus grand nombre.

§ 346. On a donné le nom d'*opercule* à une sorte de couvercle mobile, situé de chaque côté de la tête, chez tous les Poissons dont les branchies sont resserrées dans les limites de cette partie du corps. L'opercule est en général composé de quatre pièces, qui semblent n'avoir pas d'analogues chez les autres Vertébrés; il est destiné à protéger les organes de la respiration. Ceux-ci sont soutenus par un appareil assez compliqué, fixé d'une part au crâne, de l'autre à la langue ou à ses dépendances. Il se compose de quatre arceaux chargés de porter les branchies, et nommés pour cette raison *arcs branchiaux;* ils sont quelquefois armés, du côté de la bouche, de pointes ou d'aspérités ayant pour mission d'empêcher à la proie introduite dans l'orifice buccal de nuire aux branchies, et aux corps étrangers de s'engager dans les peignes de celles-ci. Ces arcs sont fixés à la base du crâne par les os *pharyngiens supérieurs;* à leur extrémité opposée, ils s'unissent à une suite de pièces qui constituent une sorte de branche. Du bord inférieur de celle-ci, partent des rayons aplatis et recourbés, désignés sous le nom de *rayons branchiostèges*. Quand les branchies sont rejetées plus en arrière, comme chez les Requins, l'appareil operculaire manque.

§ 347. La colonne vertébrale est réduite à deux régions : la dorsale et la caudale.

Les *côtes* sont ordinairement simples. D'autres fois, de la base de chaque côte naissent des apophyses, dont les unes se dressent parallèlement aux épineuses, dont les autres suivent la direction des véritables côtes et en ont pris la forme. Les Harengs ont de cette manière un nombre considérable d'arêtes.

§ 348. En dehors des nageoires situées sur les côtés du corps et représentant les membres, les Poissons ont généralement d'autres nageoires impaires, nommées *dorsales*, *anale* et *caudale*, suivant leur position, sur le dos, sous la queue ou à son extrémité. Leur nombre et leur dimension varient : la caudale, plus constante, est aussi moins diversifiée dans ses formes. Parfois quelques-unes de ces nageoires sont formées d'un simple repli de la peau, et nommées *adipeuses;* telle est la dorsale du Silure électrique et la seconde dorsale des Truites. Habituellement elles sont soutenues par des *rayons* portés sur d'autres os situés entre eux et les apophyses épineuses, et appelés par cette raison *inter-épineux*. Les rayons, ou du moins quelques-uns, sont formés souvent de fibres osseuses unies, ou d'un os terminé en pointe; d'autres fois ils sont composés de petites pièces osseuses plus nombreuses et comme ramifiées à l'extrémité : les premiers ont reçu le nom de *rayons épineux;* les autres celui de *rayons mous* ou de *rayons articulés*.

§ 349. Des rayons semblables aux précédents, et paraissant les représentants des doigts, soutiennent les nageoires qui correspondent aux membres. Les nageoires *ventrales* ou les analogues des membres postérieurs, sont attachées à un seul os, ordinairement triangulaire et souvent surchargé d'apophyses; il représente à lui seul les os du bassin, de la hanche, etc.

§ 350. **Système musculaire.** Destinés à se mouvoir dans les eaux, et avec une vitesse souvent égale à celle de l'Oiseau qui fend l'air, les Poissons auraient trouvé dans leurs membres, quoique transformés en nageoires, des instruments trop lents; aussi est-ce l'épine du dos et les nageoires impaires qui sont principalement chargées de pousser le corps en avant. La première, en raison des cartilages interposés entre les vertèbres, jouit d'une grande mobilité et peut frapper l'eau avec vivacité, par des courbures alternatives, des flexions en sens inverse du tronc et de la queue. Les muscles chargés de produire ces mouvements agissent sur le tronc tout entier. Les nageoires pectorales et ventrales sont principalement chargées de maintenir le corps en équilibre ou de lui donner la direction que l'animal veut prendre. Quelquefois, comme les Dactyloptères et autres en fournissent des exemples, les pectorales ont acquis un tel développement, qu'elles sont devenues des espèces d'ailes, et permettent à ces Poissons, quand ils s'élancent hors de l'eau, de se soutenir quelques moments en l'air, et d'échapper par là aux ennemis qui les poursuivent.

§ 351. En parlant des facultés motrices dont jouissent ces animaux, on est naturellement appelé à mentionner la *vessie natatoire* que possèdent un grand nombre d'entre eux, et qui semble jouer un certain rôle dans la natation. Mais les fonctions de cet organe tantôt simple, tantôt divisé en trois ou quatre lobes communiquant entre eux, sont encore trop problématiques ou trop incertaines pour qu'on puisse s'étendre beaucoup sur ce sujet.

§ 352. **Organes des sens.** Réservés à une vie peu diversifiée, presque uniquement employée aux besoins de chercher leur nourriture et d'échapper aux ennemis qui songent à leur nuire, les Poissons ne semblent pas devoir jouir d'une grande perfection dans les sens. Celui du *tact* doit être très-obtus, en raison de la nature de leurs téguments, et paraît ne s'exercer qu'à l'aide de lèvres. Celui du *goût* doit être peu développé, en raison de la nature de leur langue, de la petite quantité de nerfs qui s'y rendent, et du court séjour que les aliments font dans la bouche ; cependant ils paraissent alléchés par les corps sapides mêlés aux amorces qu'on leur tend. Les *fosses nasales* sont réduites à deux cavités en cul-de-sac, s'ouvrant en dehors par deux ou par une seule ouverture. Ces organes n'étant pas traversés par l'eau ni par l'air que celle-ci tient en dissolution, doivent avoir une sensibilité moins exquise. Divers Poissons semblent néanmoins attirés par les substances odorantes, des coques et autres appâts. L'appareil de l'*oreille* est très-simplifié; il se réduit généralement à un vestibule et à trois canaux semi-circulaires recevant des filets du nerf acoustique. L'*œil* manque de véritables paupières et souvent de glande lacrymale. Le globe oculaire est porté par un pédoncule; la cornée est peu convexe; la pupille, ordinairement large et contractile; le cristallin, globuleux. Chez les Raies, les Turbots et divers autres, les yeux, au lieu d'être situés de chaque côté de la tête, sont placés au sommet; ils présentent alors une légère membrane étendue au-devant du cristallin, destinée sans doute à préserver l'organe de la vision de l'action trop vive de la lumière.

§ 353. **Système digestif.** Les Poissons sont en général très-voraces. La plupart se nourrissent de matières animales. Quand leur proie n'est pas trop volumineuse, ils l'avalent sans la diviser. Moins enchaînés par les liens de famille que les animaux supérieurs, les carnivores font non-seulement la guerre aux autres espèces vivant de chair, mais parfois ils n'épargnent pas même les individus sortis de la même ponte qu'eux.

Presque tous ces animaux ont des dents, parfois seulement sur les os pharyngiens; le plus souvent la mâchoire inférieure, les intermaxillaires, et moins ordinairement les maxillaires, en sont munis; quelquefois on en voit encore aux palatins, au vomer, aux arcs branchiaux et à quelques autres pièces; la langue elle-même peut en être armée. Ces dents présentent des configurations variées; souvent elles sont en cônes sensiblement courbés en arrière, de manière à constituer des espèces de crochets chargés de retenir la proie. Parfois elles sont disposées sur plusieurs rangées; on les nomme alors *dents en cardes*, quand elles sont espacées; *dents en velours*, lorsqu'elles sont fines et serrées; *dents en brosses*, quand elles sont allongées. D'autres fois elles sont presque hémisphériques, et sont dites *en pavé*. Chez quelques espèces voraces, comme les Requins, elles sont comprimées, triangulaires et dentelées sur les bords. Elles ont la nature de l'émail plutôt que celle de l'ivoire. Tantôt elles sont insérées dans l'os chargé de les porter, ou soudées à lui ; tantôt elles ne tiennent en quelque sorte qu'à la gencive. Leur remplacement s'opère pendant une grande partie de la vie ; la dent nouvelle naît soit au-dessous, soit à côté de celle dont elle doit tenir la place.

§ 354. **Système de circulation.** Le sang est moins riche en globules et en fibrine que chez les vertébrés des autres classes. Le cœur est situé au-devant de la ceinture formée par les os de l'épaule. Il représente le cœur droit des Mammifères ; il est composé d'une oreillette recevant le sang veineux provenant de divers sinus où il s'était rassemblé et d'un ventricule ; de celui-ci sort une artère pulmonaire, renflée en bulbe à son origine, et se divisant ensuite en branches chargées de porter le sang aux branchies. Tout le fluide nourricier passe ainsi par ces organes avant d'aller parcourir les diverses parties du corps. La circulation est donc complète. Quand il est hématosé, le sang est repris par des veinules et successivement par des veines plus fortes, qui se réunissent sous le crâne en un vaisseau unique constituant l'aorte. De celle-ci partent des branches qui se rendent à divers organes, tandis que l'artère principale suit la partie inférieure de la colonne vertébrale.

§ 355. **Système de respiration.** Destinés à respirer l'oxygène tenu en dissolution dans l'eau, les Poissons ne pouvaient avoir des poumons ; ils sont pourvus d'un appareil de branchies. Celui-ci consiste en feuillets suspendus aux arcs branchiaux dont nous avons parlé (§ 346), et composés chacun d'un grand nombre de lames séparées, à la suite les unes des autres, et recouvertes d'un tissu de vaisseaux sanguins très-nombreux. Quand une Carpe, par exemple, ouvre la bouche, l'eau qui entre par cet orifice passe entre les interstices des arcs branchiaux, pénètre dans la cavité destinée à loger les branchies, mouille toute la membrane muqueuse de ces organes, abandonne au sang l'oxygène qu'elle tient en dissolution, se charge du gaz acide carbonique dont il se débarrasse, puis elle sort par l'ouverture des *ouïes* que l'opercule ferme après avoir laissé passer le liquide. Le plus souvent on compte, de chaque côté, quatre branchies, dont les lamelles disposées sur deux rangées forment des espèces de peignes. Ces peignes branchiaux sont alors fixés seulement aux arcs chargés de les soutenir, et ont l'extrémité opposée libre, en sorte que leurs lames molles et flexibles flottent pour ainsi dire dans l'eau qui les baigne. Ces lames sont ordinairement simples; rarement, comme chez les Hippocampes ou *Chevaux marins*, elles sont ramifiées en forme de houppe. Chez la plupart des Poissons à squelette cartilagineux, on compte cinq branchies de chaque côté, quelquefois sept; ces organes, au lieu d'être libres, sont fixés à la peau par leur bord externe. L'opercule manque alors, et l'eau s'échappe par autant de trous qu'il y a d'intervalles entre les branchies. Quand le Poisson est hors de l'eau, les lamelles branchiales se collent entre elles, leur membrane se dessèche, le sang ne peut plus y circuler librement; l'acte de la respiration ne s'opère plus, et l'animal meurt par asphyxie. Chez quelques Poissons destinés par la Providence à une vie moins exclusivement aquatique, les os du pharynx dilatés en lamelles, constituent, sous l'opercule, des cellules aquifères, des espèces de réservoirs d'eau chargés de tenir les branchies humectées. Grâce à cette disposition, ces habitants des eaux peuvent quitter la mer et s'éloigner à une certaine distance de ses bords, jusqu'à ce que le besoin de faire une nouvelle provision d'eau les force à regagner leur humide demeure.

§ 356. Quelques Poissons, tels que la Gymnote, la Torpille ou le Silure, ont reçu, comme moyen d'attaque ou de défense, la propriété de développer de l'électricité, et de frapper de leur tonnerre les corps vivants avec lesquels ils sont en contact. La composition des organes destinés à produire ce phénomène, varie suivant les espèces; mais chez tous, ces appareils foudroyants sont animés par de très-grosses branches de nerfs de la huitième paire; tous ces Poissons sont également lisses et sans rayons épineux.

§ 357. **OEufs.** Peu de Poissons, comme l'Épinoche, ont le soin de construire une sorte de nid pour y cacher leurs œufs, et de veiller à leur conservation. La plupart abandonnent leur *frai* dans des lieux peu profonds où la chaleur de l'air est chargée de les faire éclore. Le chiffre de ces graines animales varie suivant les espèces; quelques-unes en pondent au delà d'un million; fécondité admirable, destinée à assurer une nourriture abondante, non-seulement aux populations nombreuses vivant des produits de la pêche, mais encore aux Palmipèdes et aux autres animaux piscivores qui doivent à leur tour nous servir d'aliments!

§ 358. **Migrations.** La Providence n'a pas borné là ses soins pour l'homme. Divers Poissons, à l'instar d'une foule d'Oiseaux, éprouvent à des époques périodiques le besoin de voyager ou de changer de lieu. Les Saumons et les Aloses remontent alors nos fleuves; les Thons quittent les abîmes du Grand-Océan pour entrer dans la Méditerranée; les Harengs abandonnent les profondeurs des mers pour se rapprocher des côtes de l'Europe occidentale, afin d'y déposer leur frai. Dans ces déplacements réguliers, nous trouvons à recueillir de nombreux tributs et à prélever une large part dans ces dons que nous envoie la bonté de Dieu.

Ces animaux, voyageurs fidèles aux lieux qui les virent naître, reviennent les visiter chaque année, et nous assurent ainsi une source de produits. Nous pouvons même, en transportant des œufs, peupler les rivières, les lacs ou les mers, d'espèces qui ne les habitaient pas auparavant. Notre industrie a été plus loin encore : les essais tentés par un pêcheur des Vosges, J. Remi, pour faire éclore les Poissons, semblent nous promettre de pouvoir multiplier et même de faire abonder dans les cours d'eau ou dans les réservoirs à notre portée les espèces les plus recherchées.

§ 359. Les Poissons se partagent en deux sous-classes :

Poissons
- à squelette fibreux, plus ou moins osseux. — sous-classes. Poissons proprement dits.
- à squelette cartilagineux. — Chondriodes.

PREMIÈRE SOUS-CLASSE.

POISSONS OSSEUX ou poissons vrais.

§ 360. CARACTÈRES. *Squelette fibreux, plus ou moins osseux. Divisions du crâne indiquées par des sutures.*

Ils se divisent en six ordres :

- Maxillaire supérieur libre. Branchies pectiniformes.
  - Nageoire dorsale antérieure soutenue par quelques rayons épineux ou représentée par des épines mobiles. — ACANTHOPTÉRYGIENS.
  - Nageoire dorsale antérieure soutenue par des rayons mous, ordinairement articulés. Nageoires ventrales existantes,
    - situées sur l'abdomen. — MALACOPTÉRYGIENS ABDOMINAUX.
    - situées sous les pectorales — MALACOPTÉRYGIENS SUBBRACHIENS.
    - nulles — MALACOPTÉRYGIENS APODES.
- Branchies en forme de houppes. — LOPHOBRANCHES.
- soudé à l'intermaxillaire qui forme seul la mâchoire. — PLECTOGNATHES.

PREMIER ORDRE. — ACANTHOPTÉRYGIENS.

§ 361. CARACTÈRES. *Maxillaire supérieur libre. Branchies pectiniformes. Nageoire dorsale antérieure soutenue par des rayons dont les premiers au moins sont épineux, ou représentés par des épines libres. Premiers rayons de la nageoire anale également épineux.*

POISSONS. — ACANTHOPTÉRYGIENS.

A cet ordre se rattachent peut-être les trois quarts des Poissons connus. Presque tous habitent les mers et offrent, par là, peu d'intérêt aux personnes éloignées de ces grands réservoirs. Nous nous bornerons donc à citer les espèces d'eau douce et quelques-unes des marines.

§ 362. La Perche commune a le fond d'un jaune doré ou verdâtre, avec le dos d'un vert obscur orné de cinq à huit bandes transversales noirâtres. Elle habite les rivières et les étangs ; y vit des petits poissons, de reptiles ou d'insectes, sur lesquels elle se jette avec vivacité, ou s'élance par des mouvements natatoires rapides. Quand elle est menacée de quelque danger, elle relève les épines de ses nageoires dorsales et s'en fait des armes redoutables.

§ 363. Les Chabots ont la tête aplatie, épineuse ; les pectorales, grandes ; les ventrales, situées sous le thorax. Le Chabot commun ou *Meunier* habite les eaux douces. Une autre espèce, au corps marbré de gris et de brun, connue sous les noms de *Scorpion de mer* ou de *Crapaud de mer*, vit sur nos côtes.

§ 364. La Beaudroie pêcheresse, *Diable de mer*, est remarquable par sa tête large ; sa gueule très-fendue, armée de dents aiguës ; son estomac ample et large ; ses ventrales placées bien en avant des pectorales ; les filets ou rayons mobiles dont sa tête est munie. C'est un des poissons marins les plus voraces.

§ 365. Le Maquereau commun, à dos bleu, orné de petites raies ondées, noires, est un objet de pêche assez important sur les côtes de l'Océan.

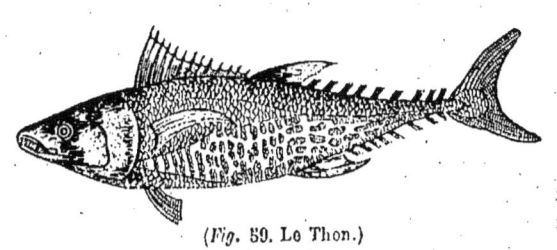

(*Fig.* 59. Le Thon.)

§ 366. Le Thon (*fig.* 59) est une des richesses de la Méditerranée. Sa chair se rapproche de celle du veau ; on la prépare au sel et à l'huile.

Ces deux espèces appartiennent à une même famille remarquable par la petitesse des écailles.

§ 367. L'Epinoche est un très-petit poisson de nos ruisseaux, ayant des épines libres, au lieu de première nageoire dorsale ; des ventrales soutenues chacune par une forte épine.

§ 368. L'Espadon a le museau allongé en forme d'épée ; il fait la guerre au Cétacés.

§ 369. L'Anabas grimpeur ou *Poisson tombé du ciel*, peut sortir de l'eau et rester quelque temps hors de cet élément, grâce à l'état d'humidité dans lequel ses branchies sont entretenues par les cellules chargées de déverser sur leur membrane l'eau qu'elles ont la faculté de retenir.

DEUXIÈME ORDRE. — MALACOPTÉRYGIENS ABDOMINAUX.

§ 370. CARACTÈRES. *Mâchoire supérieure libre. Branchies pectiniformes. Nageoires soutenues par des rayons mous, ordinairement articulés : les ventrales situées sur l'abdomen.*

A cet ordre appartient la plus grande partie de nos poissons d'eau douce, de ceux dont l'étude nous intéresse le plus.

Ces animaux se divisent en cinq principales familles.

A *Salmones*. Deuxième nageoire dorsale adipeuse ou grasse, c'est-à-dire formée simplement d'une peau remplie de graisse et non soutenue par des rayons.
AA Point de nageoire dorsale adipeuse.
B Corps écailleux.
C *Clupes*. Mâchoire supérieure formée par les intermaxillaires au milieu, sur les côtés par les maxillaires. Corps ordinairement comprimé et dentelé en dessous.
CC Mâchoire supérieure formée seulement ou à peu près par les intermaxillaires.

D *Esoces*. Bouche largement ouverte et ordinairement bien armée.
DD *Cyprins*. Bouche peu fendue, presque toujours sans dents.
BB *Siluroïdes*. Peau nue ou couverte de plaques osseuses.

§ 371. Les *Salmones* [1] vivent en partie dans nos lacs ou nos rivières, ou s'y engagent et les remontent parfois fort avant. Ils ont une grande énergie, et franchissent souvent des obstacles qui sembleraient insurmontables. Ainsi le Saumon, en s'appuyant sur des rochers, et courbant son corps en un arc qu'il détend avec vivacité, franchit des cascades de plus de dix pieds de hauteur. Ces Poissons sont généralement recherchés pour la bonté de leur chair.

§ 372. Les *Clupes* [2] ont des arêtes nombreuses et fines; les ouïes très-fendues; aussi meurent-ils vite quand ils sont hors de l'eau. Plusieurs espèces de cette famille ont une fécondité que le Créateur paraît avoir rendue inépuisable. En vain, chaque année mettons-nous à la mer des embarcations nombreuses, montées par des pêcheurs habiles à leur faire la guerre, ils reviennent la saison suivante, en rangs aussi serrés, nous fournir des produits aussi abondants. Le Hareng, la Sardine, l'Alose et l'Anchois alimentent ainsi un commerce plus ou moins important.

Fig. 60. Hareng.

§ 373. Le Hareng commun (*fig.* 60) est l'objet d'une pêche qui s'étend depuis les côtes les plus boréales de la Norvége, jusqu'aux pointes avancées de la Bretagne [3]. Ces Poissons arrivent par bandes innombrables, désignées sous le nom

---

1. (*Salmo*) G. Saumon, Truite, Eperlan, Ombre, etc.
2. G. Hareng, Anchois, etc.
3. Cette pêche commence vers la fin de juin dans le Nord; mais elle est graduellement plus tardive à mesure qu'on avance vers le

de *bancs*, ayant plusieurs lieues de longueur. L'apparition des Harengs est révélée aux pêcheurs par les oiseaux de mer qui ne manquent jamais de suivre ces bancs, attirés qu'ils sont par l'appât d'une proie facile.

§ 374. La Sardine se pêche dans le voisinage de la Sardaigne et dans divers autres lieux de la Méditerranée [1], sur les côtes de la Bretagne, etc.

Midi. Elle a lieu sur nos côtes depuis la mi-octobre jusqu'à la fin de l'année. Souvent elle est troublée par des Squales ou autres Poissons voraces.

On se sert pour la pêche du Hareng de filets ayant jusqu'à plus de mille mètres de longueur; ils sont faits de soie grossière et enduits de goudron; leurs mailles sont assez grandes pour permettre au Poisson d'y engager sa tête, trop petites pour que son corps puisse y passer; il se trouve alors retenu par les opercules. Quand on juge que le filet est suffisamment garni de Poissons *maillés*, on le retire; on enlève les Harengs. Le *caqueur* ou matelot chargé de les vider ou de les *habiller* leur ouvre la gorge, leur enlève les ouïes et les entrailles, les lave dans l'eau et les met dans la saumure. Arrivés au port, on les enserre dans des *caques*, sortes de barils dans lesquels ils sont disposés avec ordre et séparés par des couches alternatives de sel. L'art de conserver ainsi le Hareng a été découvert par un pêcheur hollandais, Guillaume Beukelzoon[*], de Biervliet ou Bierwlick, mort en 1397, qui a fait par cette invention la fortune de son pays.

L'art de préparer des Harengs *saurs* ou *saurets*, est dû à quelques pêcheurs français. Au sortir de la saumure, on les embroche par les ouïes, à l'aide de baguettes de bois, et on les pend dans des cheminées *roussables*, dans lesquelles on fait un feu alimenté par du bois humide, donnant beaucoup de fumée. Ils restent ensuite ainsi suspendus jusqu'à leur dessiccation, qui a lieu au bout de vingt-quatre heures ou à peu près.

Les Harengs sont qualifiés de diverses manières suivant les états dans lesquels ils se trouvent. On nomme *pleins* ceux qui n'ont pas déposé leur frai; *gais*, ceux qui s'en sont débarrassés; *boussards* ou *à la bourse*, ceux qui sont à moitié vides; *marchais*, ceux qui ont presque complètement déposé leur frai, etc.

1. La pêche de la Sardine se rapproche beaucoup de celle du Hareng.

Elle a lieu depuis le commencement de mars jusqu'à la fin de

[*] Ce pêcheur est appelé dans divers ouvrages Bœckel, Benckels, Buckels, Benkelings ou Benkelson (Au lieu de Guillaume on lui donne aussi le prénom de Georges).

POISSONS. — MALACOPTÉRYGIENS ABDOMINAUX.   209

§ 375. L'Alose, beaucoup plus grande que les espèces précédentes, atteint jusqu'à plus de deux pieds. Elle remonte au printemps les rivières, se plaît à suivre dans le Rhône les bateaux qui portent du sel; son passage dure à peine deux mois; elle n'est bonne que dans ce temps.

§ 376. L'Anchois ne dépasse guère dix à onze centimètres. On le pêche principalement dans la Méditerranée et sur les côtes d'Espagne [1].

juin; voici comment elle s'opère à St-Raphaël. Le bateau destiné à cet usage est monté par quatre hommes et un mousse. Les filets ou *sardinaux* dont on se sert sont de lin, et proviennent généralement de Sestri ou de quelques autres lieux voisins, de la rivière de Gênes; ils sont formés de six pièces attachées les unes après les autres, constituant une longueur totale d'environ 500 mètres. Le travail commence vers le soir. Les pêcheurs *calent* leurs filets, c'est-à-dire les mettent à la mer après le coucher du soleil, au lever de la lune (quand elle se lève pendant la nuit) et avant l'aurore. Les Sardines prises à la calle du soir sont appelées *Poissons de prime*: ceux du point du jour sont des *Poissons d'aube*. Ces derniers sont ordinairement réservés pour être mangés frais; les autres sont employés à la salaison. Arrivées dans les ateliers destinés à cet usage, les Sardines sont privées de leur tête et jetées dans des *bailles* (vieilles barriques coupées par le milieu) remplies de saumure; puis on les *alite*, c'est-à-dire on les dispose, par rangs serrés, dans des barils de capacités diverses, où chaque lit de Poissons est séparé par une couche de sel. Le baril ainsi rempli reste pendant quatre jours dans cet état, sous les yeux du saleur, qui a le temps de s'assurer si la saumure (liquide formé de l'eau rendue par le Poisson et du sel qui s'est dissous) ne s'échappe par aucune fente. On presse alors le Poisson, puis on remplit le vide fait par cette pression; quatre jours après on recommence la même opération; on fonce le baril; puis on introduit par un trou fait à l'un des fonds et qui sera bouché plus tard avec du liège, toute la quantité de saumure qui peut y entrer. On se sert de barils de 2, 8, 16, 25 et jusqu'à 60 kilog. Le port St-Raphaël exporte ainsi chaque année environ 400 quintaux métriques de Sardines, consommées principalement dans les départements de Vaucluse, du Gard et de l'Hérault.

En Bretagne, la pêche se fait sur environ soixante et quelques lieues de côtes; elle y dure environ sept mois. On y prend annuellement 5 à 600 millions de Sardines, produisant près de 3,600,000 f.

[1]. La pêche de l'Anchois a lieu principalement en juin et juillet.

§ 377. Les *Esoces* n'ont plus le bord de la mâchoire supérieure formé ordinairement que par les intermaxillaires, ou quand les maxillaires s'y joignent, ces derniers sont édentés et cachés par les lèvres. A cette coupe appartiennent le Brochet, l'Exocet, etc.

§ 378. Le Brochet est commun dans les eaux douces de l'Europe. Sa chair est blanche, ferme et d'une digestion facile. Il sert à maintenir le nombre des Carpes dans de justes limites. Il les saisit par le milieu du corps pour les blesser, puis les prend par la tête. Quand elles sont de faible taille, il les avale sans les diviser; parfois il mange des Carpes aussi grosses que lui; dans ce cas, la tête seule de sa proie reste engagée dans sa gueule jusqu'à ce qu'elle soit ramollie et à moitié digérée; le reste passe successivement de la même manière; il faut souvent trois ou quatre jours pour que tout le corps soit englouti. Il vit non-seulement de Poissons, mais aussi de Grenouilles, de Serpents, de petits Mammifères et d'Oiseaux quand il peut les attraper; au besoin, il n'épargne pas les individus de son espèce. Souvent on le voit pendant longtemps presque immobile, mais si la crainte, ou le désir de saisir une proie le porte à se déplacer, il s'élance avec la rapidité du trait. Jeune, il porte les noms de *Brocheton*, *Lançon* ou *Lanceron*; plus tard il est appelé Brochet ou *Poignard*; les plus gros sont appelés *Brochet-Carreau* ou *Poisson-Loup*.

§ 379. Les *Cyprins* ont les mâchoires faibles et ordinairement sans dents; mais leurs os pharyngiens sont en général fortement armés. A cette famille se rattachent une grande partie des poissons de nos eaux douces, ceux qui rentrent dans les genres Carpe, Barbeau, Goujon, Tanche, Brême, Able, Loche, etc.

Elle se fait à peu près comme celle de la Sardine, mais ordinairement avec des filets appelés *rissoles*, à mailles plus petites. On se sert de flambeaux ou de torches de pins résineux pour attirer le poisson. Les Anchois sont aussi *alités* dans des barils, où les couches de sel sont rougies avec de l'ocre ou autres substances.

§ 380. La carpe est la reine des étangs ; c'est pour elle principalement qu'ils sont établis. Dans de bonnes conditions, elle y donne des produits abondants. Elle offre quelques variétés ; la plus singulière a le corps couvert de grandes écailles, et dénudé parfois dans quelques parties ; on la nomme *Carpe à miroir*, *Reine des Carpes*, etc.

§ 381. Les Barbeaux doivent leur nom aux quatre barbillons dont leur mâchoire supérieure est munie. L'espèce commune aime les eaux claires et vives.

§ 382. Les Goujons ont aussi de petits barbillons. L'espèce qui vit en troupe dans nos ruisseaux est recherchée pour son goût ; ses nageoires sont piquetées de brun.

§ 383. Les Tanches sont remarquables par la petitesse de leurs écailles et de leurs barbillons. La Tanche vulgaire est avec la Carpe l'une des richesses de nos étangs ; elle se tient volontiers dans la boue ; sa peau acquiert souvent une belle couleur dorée.

§ 384. Les Ables, connus sous le nom de *Poissons blancs*, sont généralement communs dans les rivières. On tire de quelques espèces le liquide désigné sous le nom d'*essence d'orient*, à l'aide duquel on fait les fausses perles.

§ 385. Les *Siluroïdes* renferment deux Poissons qui méritent d'être mentionnés : le Silure des rivières de l'Europe centrale, le *Saluth* des Suisses, dont le poids s'élève parfois jusqu'à trois cents livres, et le Silure ou Malapterure du Nil, que sa faculté de produire des commotions électriques a fait appeler *Raasch* ou *Tonnerre* par les Arabes.

TROISIÈME ORDRE. — **MALACOPTÉRYGIENS SUBBRACHIENS.**

§ 386. CARACTÈRES. *Mâchoire supérieure libre. Branchies pectiniformes. Nageoires soutenues par des rayons mous, ordinairement articulés : les ventrales situées sous les pectorales ou en avant de celles-ci.*

A cet ordre se rattachent les deux familles suivantes :

Gades[1]. Yeux régulièrement disposés.
Pleuronectes. Yeux situés du même côté. Poissons plats.

§ 387. *Gades*. Ces Poissons ont les ventrales attachées sous la gorge ; le corps peu allongé ; les mâchoires et le devant du vomer armés de dents pointues. Plusieurs espèces de cette famille, par l'abondance avec laquelle elles reparaissent régulièrement dans certaines localités, rappellent la bonté de cette Providence à laquelle les Hébreux, retirés dans le désert, devaient la manne merveilleuse qui servait à les nourrir.

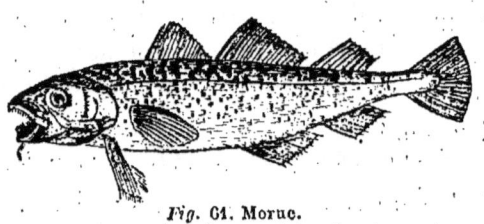

Fig. 61. Morue.

§ 388. La Morue (*fig.* 61) est longue de deux à trois pieds, ayant trois nageoires dorsales, deux anales et la mâchoire inférieure munie de barbillons. Elle habite les mers septentrionales qui séparent l'Europe de l'Amérique ; mais on la trouve en plus grande quantité dans certains points déterminés, au Cap Nord, sur les côtes de l'Islande, aux atterrages des îles Saint-Pierre et Miquelon, et surtout au banc de Terre-Neuve, où s'en fait la pêche la plus importante[2]. Sur nos côtes de l'Océan, la Morue porte le nom de *Cabeliau*.

1. G. Morue, Merlan, Merluche, Lotte, etc.
2. La Morue se tient à 140 et souvent à 160 mètres de profondeur, et par conséquent ne peut pas être pêchée à la manière du Hareng ; mais sa voracité sert merveilleusement nos intérêts. Elle se prend sur les bancs de Terre-Neuve, en avril, mai et juin. Quand les bâtiments frétés pour cette pêche sont arrivés à leur destination,

On pêche encore d'autres espèces de Morues plus petites, telles que l'Égrefin, le Dorsch et le Capelan.

§ 389. Les Merlans ont des nageoires en même nombre que les Morues ; mais ils manquent de barbillons. Les Merluches et les Lottes n'ont plus que deux dorsales : les dernières seules ont des barbillons. La Lotte des rivières est estimée surtout à cause de son foie qui est volumineux.

sur les flancs du navire sont placés des tonneaux coupés à une certaine hauteur, dans lesquels chaque pêcheur doit s'établir. Chacun de ces barils est surmonté d'un dôme de toile cirée, revêtu sur ses bords d'un bourrelet de paille, et muni d'un double fond, pour que le pêcheur ait les pieds à sec ; ce dernier est chaudement vêtu. Dès qu'il est installé, il laisse glisser sa ligne. Celle-ci est formée d'une corde assez forte, chargée d'un poids convenable, et allongée par l'*empile*, ou corde plus mince à laquelle est attaché le haim ou hameçon. Un peu d'habitude fait reconnaître facilement que le poisson a mordu. Le pêcheur tire alors sa ligne, accroche la Morue à l'*élangueur*, instrument de fer auquel elle reste fixée, la bouche béante ; il lui coupe la langue, et retire de son corps les entrailles ou *breuilles*, dont il se sert pour amorcer. La Morue privée de la langue et de ses entrailles, passe entre les mains de l'*étêteur*, chargé de lui couper la tête sur l'*étal*, table placée sur le pont du navire, et de lui enlever le foie qui est jeté dans un tonneau où il se résout en huile. Les œufs sont également mis à part dans un autre baril, pour être employés à d'autres pêches. Quand l'étêteur a terminé son opération, l'*habilleur*, placé de l'autre côté de la table, fend le poisson sur la ligne ventrale, le *désosse*, c'est-à-dire lui enlève l'épine dorsale et le lave ; puis il le jette par l'*éclaire*, ouverture par laquelle il arrive dans l'entrepont, ou dans la cale si le navire manque de ce dernier. Là, on dispose les Morues par lits, séparés chacun par une couche de sel ; c'est là ce qu'on appelle leur donner le *premier sel*. Quand elles ont suffisamment rendu leur eau, on les dispose définitivement de la même manière dans des futailles. Telles sont les préparations données à la *Morue verte*, celle qui a été salée sans être séchée. Pour obtenir la *Morue sèche*, on l'étend au soleil sur la grève, pendant un certain nombre de jours, en ayant soin, à l'approche de la nuit, de rassembler les individus ainsi étalés, en tas qui vont grossissant à mesure que la dessiccation s'opère, jusqu'au moment où elle est assez complète pour que la pêche puisse être embarquée. La Morue sèche porte parfois improprement le nom de Merluche.

§ 390. Les *Pleuronectes*, si singulièrement organisés, sous le rapport de la vue, sont des poissons marins, vivant près des côtes, et recherchés pour la bonté de leur chair. Les plus connus sont les Plies, les Turbots et les Soles.

§ 391. Aux Subbrachiens se rattache la famille des *Discoboles*, ainsi nommés en raison de leurs ventrales formant une sorte de disque.

§ 392. Enfin, au même ordre appartiennent les Échenéis, ayant sur la tête un disque aplati, composé d'un certain nombre de lames obliquement transversales, dentelées ou épineuses sur leur tranche; à l'aide de cet appareil ils peuvent se fixer au corps. Quelques-uns sont employés à la pêche, en raison de cette faculté; attachés à la queue par un lien, dont un homme tient l'autre bout, on les retire quand ils ont accroché quelque poisson.

QUATRIÈME ORDRE. — **MALACOPTÉRYGIENS APODES.**

§ 393. CARACTÈRES. *Mâchoire supérieure libre. Branchies pectiniformes. Nageoires soutenues par des rayons mous: les abdominales au moins, nulles.*

Ces poissons ont le corps allongé, les écailles petites, et généralement cachées sous une couche de mucus. Ils peuvent être réduits à une seule famille, celle des *Anguilliformes* [1].

Fig. 62. Anguille.

Dans le nord de l'Europe on prépare également ce poisson à la manière des Harengs saurs; il porte alors le nom de Stockfisch (poisson bâton).

Quand la saison est favorable, un pêcheur peut prendre jusqu'à cinq ou six cents Morues par jour. Les langues qu'il a mises à part servent à établir le prix de son travail qui est payé à la pièce.

1. G. Anguille, Congre, Murène, Gymnote, etc.

§ 394. Les Anguilles ont des pectorales, au-dessous desquelles s'ouvrent les ouïes. Chacune de ces ouvertures a la forme d'un trou ou d'un tuyau. Leur opercule est peu développé et recouvert par la peau. Protégé par ces diverses dispositions, les branchies se maintiennent plus longtemps humides, et ces animaux peuvent exécuter dans les belles nuits, du printemps surtout, des promenades assez longues. Les anguilles profitent souvent de cette faculté pour s'échapper des réservoirs dans lesquels elles ont été déposées.

§ 395. A cet ordre appartiennent les Murènes, si prisées par les anciens Romains. On se rappelle que Vedius Pollion faisait jeter à celles de ses viviers les malheureux esclaves coupables de quelque faute.

§ 396. La Gymnote électrique de l'Amérique méridionale, si célèbre par les commotions violentes qu'elle produit, fait aussi partie de cette coupe.

CINQUIÈME ORDRE. — **LOPHOBRANCHES**.

§ 397. CARACTÈRES. *Mâchoire supérieure libre. Branchies en forme de houppe.*

En dehors de leurs formes singulières, les branchies des Lophobranches sont protégées par un opercule attaché de tous côtés par une membrane qui ne laisse qu'une faible ouverture pour les ouïes; leur corps est cuirassé par des écussons.

A cet ordre se rattachent les petits Poissons connus sous les noms de Syngnathes ou *Anguilles de mer;* et ceux plus curieux, appelés Hippocampes ou *Chevaux marins.*

SIXIÈME ORDRE. — **PLECTOGNATHES**.

§ 398. CARACTÈRES. *Mâchoire supérieure soudée au crâne.*

On les a divisés en deux familles :

A. *Gymnodontes*[1]. Dents représentées par une substance d'ivoire divisée en lames.
AA. *Sclérodermes*[2]. A dents distinctes. Peau revêtue d'écailles dures.

A la première de ces coupes se rattachent les Diodons et Tetrodons, dont le corps armé d'épines peut, en cas de danger, se gonfler comme un ballon et présenter de tous côtés à ses ennemis des piquants acérés; les Moles ou *Poisson-Lune* dont la peau manque de ces armures.

Dans la seconde se placent ces Poissons presque prismatiques, appelés Coffres, en raison des compartiments osseux et soudés entre eux, qui leur composent une cuirasse solide.

DEUXIÈME SOUS-CLASSE.

CHONDRODES.

§ 399. *Squelette cartilagineux.*

Ils se partagent en trois ordres :

A. *Sturioniens*. Branchies libres. Un opercule.
AA. Branchies fixes. Point d'opercule.
B. *Plagiostomes*. Bouche transversale. Des nageoires pectorales et des ventrales.
BB. *Cyclostomes*. Bouche circulaire ou semi-circulaire. Pectorales et ventrales nulles.

SEPTIÈME ORDRE. — STURIONIENS.

§ 400. CARACTÈRES. *Branchies libres. Un opercule.*

Ils sont peu nombreux. Les Esturgeons, qui en forment

1. G. Diodon, Tetrodon, Mole.
2. G. Baliste, Coffre, etc.

POISSONS. — STURONICIENS. 217

le principal genre, ont le corps garni d'écussons osseux, la bouche placée sous le museau.

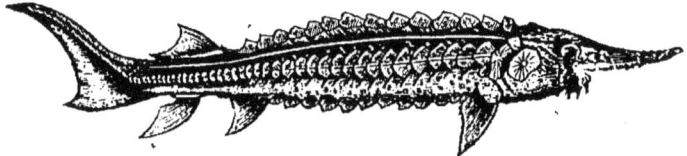

Fig. 63. Esturgeon.

L'Esturgeon ordinaire remonte de diverses mers dans les fleuves de l'Europe orientale et dans quelques autres de l'Asie. Il s'en fait dans le Volga et dans le Don des pêches considérables; c'est un des plus grands poissons; on en prend dans le Danube, au-dessous de Belgrade, des individus pesant plus de 400 livres. On fait avec sa vessie natatoire la meilleure colle de poisson; avec ses œufs, un mets connu sous le nom de *caviar*, qu'on prépare de diverses manières, et dont il se fait une consommation considérable dans la Russie méridionale.

HUITIÈME ORDRE. — **PLAGIOSTOMES**.

§ 401. CARACTÈRES. *Branchies fixes. Point d'opercule. Bouche transversale. Des nageoires pectorales et ventrales.*

Ces poissons se divisent en deux principales familles.

Squales. Corps allongé; revêtu d'une peau rugueuse; terminé par une queue grosse et charnue. Pectorales médiocres et libres. Yeux situés sur les côtés de la tête. Ouïes ouvertes sur les côtés du cou.

Raies. Corps aplati en forme de disque. Pectorales grandes et unies, soit l'une à l'autre en devant, soit avec le museau.

§ 402. La famille des Squales[1] renferme les Poissons les plus carnassiers et les plus redoutables; la plupart sont de grande taille. La Providence semble avoir voulu mettre

---

1. G. Roussette, Requin, Lamie, Marteau, Pèlerin, Ange, Scie, etc.

quelque obstacle à la voracité d'un grand nombre, en leur donnant un museau proéminent, sous lequel leur gueule est placée. Ces animaux sont connus généralement sous le nom de *Chiens de mer*. Leur peau rugueuse ou granuleuse, connue sous le nom de *chagrin*, sert à polir le bois et différents autres corps, à recouvrir des étuis, etc.

Fig. 61. Gueule de Requin.

A cette coupe appartient le Requin, qui atteint jusqu'à vingt-cinq pieds de long. Sa gueule est armée de dents triangulaires et denticulées sur leur tranche ; il en possède un certain nombre de rangées imbriquées ou disposées en recouvrement. Elles constituent une sorte de rouleau dentaire ; quand celles qui sont relevées sur les bords de la mâchoire viennent à être emportées par accident, la rangée suivante vient prendre sa place.

§ 403. Les Raies[1] fournissent sur nos tables diverses espèces, dont les relations plus faciles ont rendu la consommation plus grande. A cette famille appartient la Torpille, depuis longtemps renommée par sa vertu électrique.

---

1. G. Raie, Torpille, etc.

NEUVIÈME ORDRE. — CYCLOSTOMES.

§ 404. CARACTÈRES. *Branchies fixes. Point d'opercule. Bouche semi-circulaire ou circulaire. Pectorales et ventrales, nulles.*

Ces derniers Poissons, par l'état imparfait de leur squelette, semblent laisser pressentir les animaux qui en seront dépourvus.

Fig. 65. Lamproie.

§ 405. Les lamproies (*fig.* 65), qui sont les plus connues de cette famille, sont des animaux suceurs, dont les ouïes s'ouvrent de chaque côté par sept ouvertures analogues aux trous d'une flûte.

ANIMAUX ANNELÉS.

DEUXIÈME EMBRANCHEMENT.

§ 406. CARACTÈRES. *Corps divisé en anneaux; revêtu d'une peau plus ou moins consistante, constituant une sorte de système tégumentaire. Organes de la vie de relation disposés d'une manière symétrique, de chaque côté de la ligne médiane, dont le plan est droit.*

La qualification donnée aux animaux de cet embranchement suffit pour indiquer leur caractère le plus important. Leur corps est divisé en tronçons ou espèces d'anneaux, assez apparents pour permettre de les reconnaître au premier coup d'œil entre tous les autres êtres animés. Leur peau, de consistance variable, en offre une suffisante pour assurer la forme générale du corps, servir de point d'attache aux muscles chargés de le faire mouvoir, et donner aux mouvements plus de précision et d'énergie. Chez les premiers, cette enveloppe s'est chargée de matières calcaires ou cornées, de manière à constituer un véritable squelette extérieur ou tégumentaire; les divisions du corps sont alors plus nettement prononcées et souvent sont articulées avec leurs voisines. Chez les autres, les téguments présentent moins de solidité, et les sections annulaires ne sont parfois indiquées que par des replis de la peau.

§ 407. Les organes de la vie de relation varient singulièrement. La plupart de ces animaux ont, au moins à une certaine époque de leur vie, des pieds articulés, toujours au nombre de plus de quatre; d'autres sont privés de ces instruments de progression ou n'ont que des soies chargées de les remplacer. Chez quelques-uns, plus favorisés, un ou deux des segments munis de pieds à leur partie inférieure, portent en dessus une paire d'ailes ou de rames aériennes.

§ 408. Leur tube digestif se prolonge ordinairement d'une extrémité du corps à l'autre, et s'ouvre aux deux extrémités; la bouche est munie généralement d'espèces de mâchoires agissant latéralement quand elles sont destinées à la division des aliments; d'autres fois assez allongées pour n'être propres qu'à la succion. Leur sang, habituellement presque incolore, est rarement rougi comme chez les animaux supérieurs. Leur système de circulation, toujours incomplet, fait quelquefois défaut. Leur mode de respiration offre des variations qui s'harmonisent avec leur système circulatoire [1].

§ 409. Ils se divisent en deux sous-embranchements.

---

[1]. Leur système nerveux dont nous avons parlé (p. 27) présente des modifications nombreuses. Chez quelques-uns chaque segment est pourvu d'une paire de ganglions; mais chez d'autres ces centres nerveux se rapprochent et se confondent au point que parfois le système nerveux n'offre plus que deux masses principales : l'une, à la tête; l'autre, dans le thorax.

Annelés	pourvus de pieds articulés, au moins à quelque époque de leur vie.	CONDYLOPES.
	dépourvus de pieds articulés à toutes les époques de leur vie.	VERS.

PREMIER SOUS-EMBRANCHEMENT.

CONDYLOPES.

§ 410. CARACTÈRES. *Annelés pourvus de pieds articulés, au moins à quelque époque de leur vie.*

Ils se partagent en quatre classes :

			Classes.
Respiration	aérienne s'opérant ordinairement par des trachées, quelquefois par des poches pulmonaires.	Tête séparée du thorax. {Trois paires de pieds. Tête, thorax et abdomen distincts.	INSECTES.
		Vingt paires de pieds au moins. Tête suivie d'anneaux à peu près semblables.	MYRIAPODES.
		Tête confondue avec le thorax ; quatre paires de pieds.	ARACHNIDES.
	aquatique, s'opérant par des branchies ou par la peau. En général cinq ou sept paires de pieds.		CRUSTACÉS.

PREMIÈRE CLASSE.

INSECTES.

§ 411. CARACTÈRES. *Six pieds articulés à l'état adulte. Le plus souvent des ailes. Corps divisé en trois parties distinctes: tête, thorax et abdomen. La tête pourvue d'antennes. Respiration trachéenne.*

Les insectes constituent, sans contredit, la classe la plus nombreuse parmi les animaux. Malgré leur petitesse, ils remplissent sur la terre un rôle très-important. Ministres de cette Sagesse incréée dont toutes les œuvres s'enchaînent d'une manière si harmonieuse, ils détruisent les substances animales devenues inutiles ou en voie de décomposition; ils empêchent les végétaux de se multiplier dans des proportions trop grandes; ils servent à leur tour de nourriture aux Oiseaux dont la plupart forment quelques-uns de nos mets les plus recherchés. Quelquefois devenus trop nombreux, ils nous causent des ravages dont nous avons peine à nous défendre, et sont pour nous de véritables fléaux; la Providence se sert parfois de ce moyen pour nous rappeler notre dépendance; mais elle ne veut pas la destruction de ses œuvres, et elle ne tarde pas à rétablir l'équilibre, à l'aide des influences atmosphériques ou de divers autres moyens. Un petit nombre nous sont directement utiles. Nous tirons de quelques-uns des substances tinctoriales; des Abeilles, du miel et de la cire; des cocons de quelques Chenilles, des fils soyeux qui procurent à de nombreuses populations, du travail, de l'aisance ou de la fortune.

§ 442. **Système tégumentaire.** L'enveloppe du corps des Insectes offre tous les degrés de consistance entre la dureté de la corne et la flexibilité du parchemin; dans tous les cas, elle est assez solide pour constituer une sorte de squelette extérieur, et servir de support à tout le reste de l'organisation. Elle se divise en un certain nombre de pièces, tantôt soudées ou contiguës, tantôt articulées entre elles, et donnant alors au corps la faculté de produire une grande variété de mouvements.

§ 413. **Division du corps.** Le corps de ces animaux se divise en trois principales parties : la *tête*, le *thorax* et l'*abdomen* (*fig.* 66).

§ 414. La *tête* porte les *yeux*, les *antennes* et les parties de la *bouche* (*fig.* 66).

§ 415. Les *yeux* sont formés de la réunion d'une quantité

considérable d'yeux particuliers, réunion qui leur a valu la dénomination d'*yeux à facettes* ou *yeux composés*.

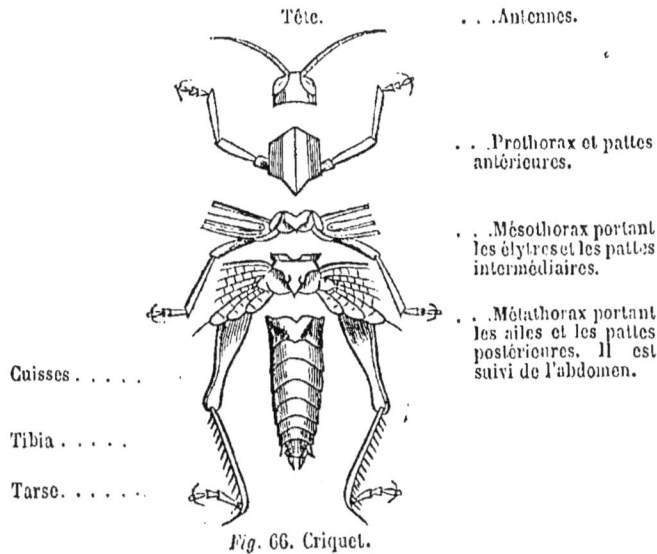

Fig. 66. Criquet.

§ 416. Les *antennes* (*fig.* 66) situées au-devant des yeux ou au côté interne de ces organes, sont des espèces de filaments articulés, composés de pièces placées bout à bout et d'une configuration très-variable.

§ 417. *La bouche* (*fig.* 67) présente des parties analogues à celles des Vertébrés; mais l'ouverture buccale est le plus souvent si petite, que les mâchoires auraient été à peu près sans action, si elles avaient dû se mouvoir de bas en haut comme celles des Mammifères; aussi ont-elles été divisées, et chacune d'elles constitue-t-elle une paire de mâchoires. Les différentes parties de la bouche offrent toutefois des modifications nombreuses suivant le genre de vie des espèces.

§ 418. Chez les Insectes *broyeurs* ou *mâcheurs*, destinés à se nourrir de matières plus ou moins solides, comme les Carabes, les Hannetons, les Sauterelles, la bouche présente de haut en bas : une lèvre supérieure ou *labre* (*fig.* 67) :

deux mâchoires supérieures ou *mandibules* (*fig.* 67), pièces ordinairement cornées, agissant l'une contre l'autre comme une paire de tenailles : deux mâchoires inférieures conservant seules le nom de *mâchoires* (*fig.* 67), d'une structure

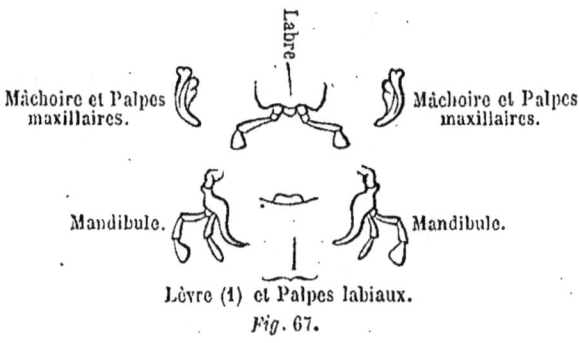

Fig. 67.

plus compliquée, dont la pièce principale, celle qui doit se rencontrer avec sa pareille, est munie, à son côté interne, de poils, de petites épines ou de dentelures. Chaque mâchoire, à son côté extérieur, porte un ou quelquefois deux filaments articulés, appelés *palpes maxillaires* (*fig.* 67) : enfin une lèvre inférieure, gardant seule le nom de *lèvre* (*fig.* 67), celle-ci se compose d'une partie basilaire, ordinairement cornée, appelée *menton* (*fig.* 67), et d'une partie souvent molle, nommée *languette* (*fig.* 67). La lèvre porte aussi deux filets articulés servant à palper, à saisir ou à retenir les aliments, et appelés, en raison de l'organe qui leur sert de support, *palpes labiaux* (*fig.* 67). Parfois les mandibules s'allongent considérablement, et prennent l'apparence de pinces corniformes, comme chez le Cerf-volant; d'autres fois, comme chez les Scarabées, elles deviennent membraneuses et presque sans emploi.

§ 419. Chez les Abeilles, les Bourdons et diverses autres espèces rapprochées, les mandibules ont à peu près conservé la forme et la consistance qu'elles ont chez les insectes mâcheurs pour être propres à diviser les matériaux à l'aide desquels ces petits animaux construisent leurs nids; mais les mâchoires (*fig.* 68) et la lèvre se sont allongées comme des lanières, pour recueillir les sucs emmiellés sécrétés par les nectaires des fleurs, ou les autres fluides servant de nourriture à ces *Hyménoptères*.

Fig. 68. Bouche d'Apiaire.

§ 420. A mesure que les insectes sont destinés à être *suceurs*, les parties de la bouche se modifient dans leur forme. Chez les Cigales, les Pucerons et autres *Hémiptères* (*fig.* 69)

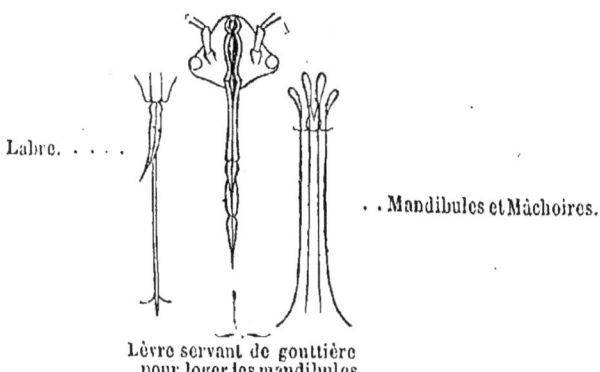

Fig. 69. Bouche des Hémiptères.

la lèvre s'est allongée en forme de gouttière articulée, inclinée dans le repos sur la poitrine, et renfermant dans son canal les deux mandibules et les deux mâchoires, transformées en stylets ou en espèces de lancettes armées de petites dentelures à leur extrémité pour percer la peau des animaux ou les vaisseaux des plantes.

§ 421. Chez les Puces, la bouche se compose aussi d'une gaîne et de deux soies; mais la gaîne, divisée en deux pièces ou valves, paraît représenter les mandibules; les soies sont des mâchoires transformées en lancettes.

§ 422. Chez les Mouches et autres insectes *Diptères*, l'appareil buccal se compose également d'une gaîne renfermant des instruments de succion. La gaîne est tantôt cornée et allongée, tantôt membraneuse, rétractile et terminée par deux sortes de lèvres. Cette gaîne offre à sa partie supérieure un sillon logeant deux, quatre ou six soies, cornées, grêles, aiguës et souvent munies de barbules à leur extrémité, représentant dans leur nombre le plus complet le labre et la languette, les deux mandibules et les deux mâchoires.

Fig. 70. Trombe de Papillon.

§ 423. Enfin chez les Papillons (*fig.* 70) le labre et les mandibules sont réduits à un état rudimentaire; les mâchoires, au contraire, constituent deux pièces allongées, creusées en gouttière à leur côté interne, formant par leur réunion une sorte de trompe roulée en spirale dans l'état de repos, mais que l'insecte déploie quand il veut, dans la corolle des fleurs, pour y recueillir les fluides délicieux dont il se nourrit.

§ 424. Le thorax se divise en trois segments, appelés, d'avant en arrière, en raison de leur position : *prothorax*, *mésothorax*, *métathorax* (*fig.* 66), dénominations tantôt appliquées respectivement à chaque segment tout entier, tantôt seulement à la partie supérieure : l'inférieure forme la poitrine, dont la partie longitudinalement médiane constitue le *sternum*. La poitrine se divise, d'une manière concordante avec le dos, en *antépectus*, *médipectus*, et en *postpectus*, composés chacun de plusieurs pièces.

En dessus, au mésothorax, est attachée la première paire d'ailes, quand l'insecte en a deux paires, ou la paire unique comme chez les *Diptères*. En dessous, chacun des trois segments du thorax porte une paire de pieds.

§ 425. *Ailes*. Les ailes sont des appendices d'une nature très-variable. Chez les Bourdons et les Guêpes, elles sont formées de deux feuillets membraneux appliqués l'un contre l'autre, et embrassant des tubes aériens, d'une consistance plus solide, qui constituent sur leur surface des sortes de nervures. Ces lignes saillantes forment en s'entrecroisant une espèce de réseau, dont les mailles ont été nommées *cellules* ou *aréoles*. Les dispositions de ces réticulations qui varient, ont été utilisées avec bonheur pour la classification de ces animaux. Souvent les ailes membraneuses sont nues; d'autres fois elles sont revêtues de petites écailles microscopiques faciles à détacher, et ressemblant, à la vue, à une sorte de poussière colorée. Les Papillons doivent à ces petites pièces la beauté souvent merveilleuse de leurs organes du vol. Chez quelques-uns de ces *Lépidoptères*[1], les ailes, au lieu de présenter une large surface membraneuse, sont divisées en branches barbulées, pouvant s'étaler en éventail. Chez d'autres Insectes les ailes de la première paire sont visiblement moins faites pour le vol que pour servir à protéger les autres; elles sont soit entièrement épaisses et rapprochées de la corne, comme chez les Cerfs-volants et les Hannetons (*fig.* 75), ou coriaces, comme chez les Sauterelles, et sont appelées *élytres*; soit coriaces seulement à la base et membraneuses à l'extrémité, comme chez les Punaises des bois, et elles sont alors désignées sous le nom d'*hémélytres* (*fig.* 81).

§ 426. Chez les Mouches et autres *Diptères*, la seconde paire d'ailes manque; en revanche, de chaque côté se montre un *balancier*, appendice formé d'un *filet* terminé par un *bouton*. Les balanciers sont souvent protégés chacun

---

1. Les *Ptérophores*.

par une sorte d'écaille convexe, désignée sous le nom de *cuilleron* ou *aileron* (*fig.* 96).

§ 427. *Pieds.* Les pieds, au nombre de trois paires (*fig.* 66), présentent une *hanche* composée de deux articles : une *cuisse* ; une *jambe* ou *tibia* ; un *tarse* ou espèce de doigt, dont le nombre varie de un à cinq ; le dernier de ceux-ci porte les *ongles* ou *crochets*. Parfois les tarses sont pourvus en dessous de pelotes, de brosses ou d'espèces de ventouses, pour permettre à ces petits animaux de se fixer aux corps même les plus polis. Les pieds des Insectes varient dans leur conformation suivant les mœurs de ces animaux. Ainsi, les antérieurs sont parfois *fouisseurs*, c'est-à-dire élargis, dentelés et propres à fouir, comme chez la Courtillière ; *ravisseurs*, quand la jambe, comme chez les Mantes, fait l'office de serres, de pinces, de harpons et se replie sous la cuisse armée de piquants ; *faux* ou *mutiques*, comme chez quelques Papillons de jour, où ils sont comme paralysés et inutiles pour la marche. Les postérieurs sont dits *sauteurs*, quand les cuisses très-renflées, comme chez les Puces et les Altises, ou très-allongées ainsi que les jambes, comme chez les Sauterelles, donnent à l'insecte la facilité de sauter ; *natatoires*, quand les tarses sont aplatis, ciliés et transformés ainsi en rames, comme on le voit chez les Dytiques et les Gyrins ; *pollinifères*, quand les jambes, comme celles des Abeilles, sont munies sur les côtés d'une espèce de brosse, propre à recueillir la poussière des étamines.

§ 428. L'*abdomen* (*fig.* 66), dans l'état normal, est composé de neuf *segments* ou *anneaux*, formés chacun de deux *arceaux* ; mais souvent le chiffre de ces pièces est moins considérable, soit par suite de la soudure de quelques-uns de ces segments, soit parce que le thorax ayant eu besoin d'avoir un grand développement, a forcé quelques-uns de ces anneaux à se replier en dedans, à s'atrophier et à disparaître. L'abdomen ne porte point de pieds ; mais il offre souvent à son extrémité des appendices, dont les formes et la destination varient beaucoup. Chez beaucoup de femelles, tantôt c'est un *oviducte* ou appareil destiné au dépôt des œufs, soit en forme de *filets*, comme chez les Ichneumons, soit représentant un sabre ou un coutelas, comme chez les Sauterelles, soit une véritable scie, comme chez les Cigales et les Tenthrèdes; tantôt c'est une arme cachée, mais exsertile, constituant un *aiguillon* composé de plusieurs pièces. L'abdomen offre, à son extrémité, chez les Forficules des espèces de pinces ou de crochets ; chez les Podures, une espèce de fourche à ressort, repliée en dessous dans le repos, mais pouvant se débander subitement, et envoyer l'insecte à une grande distance, en frappant avec force le plan de position ; chez les Blattes, des espèces de filets courts et charnus ; chez les Éphémères, des soies, servant peut-être de gouvernail dans le vol ; chez les Staphylins, des espèces de vésicules odorantes, remplissant les fonctions d'armes défensives.

§ 429. **Organes des sens**. Les Insectes ont des sens souvent très-développés, quoique le siége de quelques-uns ne soit pas apparent.

Toucher. Le toucher peut s'exercer par diverses parties du corps, suivant les espèces : les antennes, les palpes et les pattes en sont les principaux instruments.

§ 430. *Goût*. Le goût doit avoir, comme chez les animaux supérieurs, son siége dans quelques parties de la bouche.

§ 431. *Odorat*. Ces petits animaux jouissent parfois d'une manière étonnante de la faculté de percevoir les odeurs. Qui ne sait de quelle distance accourent vers les matières animales en voie de décomposition, les Nécrophores, les Boucliers et les Escarbots? On ne connaît cependant pas d'organe extérieur de ce sens ; mais il semble résider à la base des antennes. On voit, en effet, selon les belles observations de M. Perris, les Insectes qui ont à déposer des œufs dans les larves cachées au sein des arbres, marcher sur leurs troncs en agitant leurs antennes, comme pour flairer ces larves lignivores auxquelles elles doivent faire la guerre.

§ 432. *Ouïe.* Les Cigales, les Criquets et une foule d'autres n'auraient pas reçu la faculté de produire des sons parfois si bruyants, si ces bruits ne devaient être entendus par d'autres individus de leur espèce. Les filets nerveux qui président à l'audition, paraissent aboutir à la base des antennes.

§ 433. *Vue.* Les Insectes dont la tête jouit en général de peu de mobilité, avaient néanmoins besoin de voir de tous côtés les aliments destinés à leur nourriture, les ennemis dont ils ont à craindre les attaques. La Providence a, dans ce but, réalisé pour eux les merveilles de l'Argus de la fable. Elle leur a donné des milliers d'yeux, réunis de manière à constituer une cornée commune, taillée en facettes ; aussi ces yeux ont-ils été appelés *yeux composés*, *yeux à facettes* ou *yeux à réseau*. Chacun des yeux particuliers qui constituent cet appareil de la vision, présente une cornée hexagonale, un corps vitré de forme conique, une matière colorante et un filet nerveux provenant du renflement terminal du nerf optique. La plupart des Insectes ont deux yeux conformés de la sorte ; quelques espèces vivant en général dans les ténèbres sont privées de ces organes ; quelques autres, au contraire, comme les Gyrins, semblent en avoir quatre, par suite du développement des joues, qui ont divisé chacun des yeux en deux. Outre ces yeux composés, divers Insectes ont encore des *stommates* ou yeux simples, en forme de lentilles, au nombre de deux ou de trois, situés sur le sommet de la tête. Un petit nombre de ces Annelés n'a que des yeux simples appelés *yeux lisses* ou *ocelles*.

§ 434. **Système digestif.** Le canal dans lequel doit s'opérer la décomposition des aliments, se modifie aussi, comme chez les animaux supérieurs, suivant le genre de nourriture de l'Insecte. Toujours plus ou moins court chez ceux vivant de substances animales, il se montre allongé chez les herbivores. Parfois il présente sur toute sa longueur un diamètre presque égal ; mais ordinairement il offre des renflements et des rétrécissements successifs. Dans ses modifications les plus prononcées, on peut distinguer après l'arrière-bouche, un *œsophage*, un *jabot* ou premier estomac, un *gésier* ou deuxième estomac, un *ventricule chylifère* ou troisième estomac, garni de villosités fournissant du suc gastrique, un intestin grêle, et un gros intestin composé d'un *cœcum* et d'un *rectum*. La salive se produit par des tubes ou des espèces d'utricules débouchant dans le pharynx. Chez les Insectes nécrophages, la salive, ordinairement abondante et noirâtre, est dégorgée souvent par eux sur les matières dont ils doivent se nourrir, pour en hâter la décomposition. Les organes sécréteurs des urines, et souvent ceux de la bile, consistent aussi en organes tubuleux.

§ 435. **Système de circulation.** Le chyle, produit de la digestion, n'est pas destiné à circuler dans des vaisseaux, comme chez les animaux supérieurs ; il traverse par imbibition la membrane du canal alimentaire, et se mêle au fluide nourricier qui remplit les interstices des organes. Il n'y a donc point de véritable circulation chez les Insectes. Leur sang, aqueux et presque incolore, éprouve des déplacements et manifeste certains mouvements dont le principal moteur est une sorte de canal ou de tube situé le long du dos, et jouissant de la faculté de se contracter.

§ 436. **Système de respiration.** Il était au reste inutile que le sang vînt, comme chez les Vertébrés, se rendre dans un organe particulier pour s'y mettre en contact avec l'oxygène de l'air, et y reprendre les qualités nutritives qu'il a pu perdre par son action sur les tissus vivants. La Providence a suppléé à l'imperfection que présente en apparence le système de circulation, par la manière dont s'opère la respiration. Chez les animaux précédents, le sang se rend aux poumons ou aux branchies pour se débarrasser d'une partie du gaz acide carbonique qu'il contient et recevoir en échange de l'oxygène ; ici, c'est l'air qui, pour exercer son influence bienfaisante sur le fluide nourricier, se rend dans toutes les parties du corps, à l'aide de tubes ou tuyaux appelés *trachées*. Ces sortes de canaux aérifères sont formés de deux membranes, entre lesquelles se trouve un filet cartilagineux enroulé en spirale comme celui des élastiques de bretelles. De chaque côté du corps de l'insecte, existe longitudinalement une trachée principale, se ramifiant à l'infini dans l'intérieur ; dans quelques points, ces trachées présentent des renflements vésiculeux qui semblent être des réservoirs. Chacun des tubes principaux communique avec l'air extérieur à l'aide d'ouvertures latérales appelées *stigmates*. Ceux-ci sont très-apparents chez les Chenilles, où ils ont la figure d'une sorte de boutonnière. Souvent ils sont pourvus de deux valves s'ouvrant comme les battants d'une porte pour laisser passer l'air en plus grande abondance [1]. Il existe généralement neuf paires de stigmates : l'une, sur l'un des premiers anneaux thoraciques ; les autres, de chaque côté de l'abdomen. La plupart des Insectes absorbent une quantité considérable d'oxygène, relativement au volume de leur corps. Aussi plusieurs jouissent-ils d'une énergie étonnante. Certains Diptères de la famille des *Syrphiens*, qui bourdonnent en se tenant suspendus dans les airs, font vibrer leurs ailes avec tant de rapidité, qu'on les croirait immobiles. Les contractions et les dilatations que peuvent produire les anneaux de l'abdomen sont le moyen le plus ordinaire dont se servent ces petits animaux pour renouveler l'air dans leur appareil respiratoire. Quelques Coléoptères au moins usent parfois d'un autre mécanisme. Ainsi lorsque les Géotrupes au corps pesant veulent prendre leur vol, on les voit, à diverses reprises, élever et abaisser brusquement leurs élytres, pour

---

1. Les jardiniers qui arrosent les chenilles des choux avec de l'eau savonneuse, ignorent ordinairement par quelles causes ce procédé peut agir ; l'huile qui entre dans la composition du savon, en coulant sur le corps de ces insectes, bouche les stigmates, empêche l'air de s'introduire dans l'intérieur et fait périr ces chenilles par asphyxie.

faire entrer dans leurs trachées la quantité de fluide aérien nécessaire à la dépense de forces qu'ils vont faire.

§ 437. **Soins des Insectes pour leur postérité.** Peu d'Insectes sont ovovivipares. La plupart pondent des œufs, et par un instinct admirable que la Nature seule sait donner, la mère les dépose toujours dans les lieux où les jeunes trouveront à leur proximité la nourriture nécessaire à leurs besoins.

§ 438. **Mues des Insectes.** Les Insectes au sortir de l'œuf utilisent en général leurs instants d'une manière d'autant plus active, c'est-à-dire sont d'une voracité d'autant plus grande, que leur vie doit être plus courte. Quelques Chenilles, à certaines époques, mangent ainsi dans un jour une quantité de feuilles d'un poids triple de celui de leur corps; aussi croissent-elles d'une manière remarquable. Mais au bout de quelque temps leur peau, qui ne peut se prêter à un développement si rapide, semble gêner le corps par son étroite circonférence. L'animal paraît inquiet et malade; il dédaigne la nourriture; bientôt son enveloppe flétrie se fend sur le dos; il s'en débarrasse, et se trouve revêtu d'une peau nouvelle et plus ample qui s'était formée sous la première. Il reprend alors ses habitudes interrompues; il se remet à manger jusqu'à ce qu'il soit de nouveau forcé de quitter encore sa dépouille. Tous les Insectes, ou du moins à peu d'exceptions près, subissent ainsi des *mues* avant d'arriver à leur état d'Insecte adulte ou d'Insecte parfait.

§ 439. **Métamorphoses des Insectes.** Quelques Insectes destinés à n'avoir d'ailes à aucune époque de leur vie, comme les Podures et les Lépismes, ne sont sujets qu'à des *mues* et conservent ainsi jusqu'à la fin la figure qu'ils ont à leur naissance. Mais tous les autres, outre les changements de peau, éprouvent des transformations parfois si remarquables, qu'on leur a donné le nom de *métamorphoses*[1]. Ils passent, au sortir de l'œuf, par trois états très-

---

1. La métamorphose diffère de la mue, par l'apparition d'organes qui ne s'étaient pas encore montrés, ou la disparition au moins apparente d'autres parties visibles auparavant.

distincts, c'est-à-dire se montrent sous la forme de *larve* (*fig.* 71), de *nymphe* (*fig.* 72) et d'*insecte parfait* (*fig.* 73).

§ 440. *Larve.* Le nom de larve (*Larva*, masque) signifie que l'Insecte est comme masqué ou revêtu d'un domino qui déguise sa véritable forme. Souvent il ressemble à une sorte de Ver, quelquefois privé de pattes et d'organes de la vue, et il diffère tellement de ce qu'il doit être un jour, qu'on le

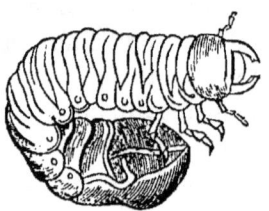 

Fig. 71. Larve de Hanneton.   *Fig.* 72. Nymphe de Ténébrion.

prendrait pour un tout autre animal. C'est à l'état de larve que les Insectes remplissent principalement le but pour lequel ils ont été créés, celui de détruire les substances organisées. Ils sont alors armés des instruments propres à remplir l'emploi dont ils sont chargés. Ils mangent avec plus ou moins d'activité, croissent, éprouvent des mues, et quand ils sont arrivés au terme de leur croissance, ils passent au second état de leurs métamorphoses, c'est-à-dire se transforment en *nymphes*.

§ 441. *Nymphe.* Dans cette seconde période de leur vie, apparaissent chez ces petits animaux ceux des organes du mouvement dont ils doivent jouir sous leur forme dernière, et qui ne s'étaient pas encore montrés, c'est-à-dire soit seulement les organes du vol chez ceux qui ont des pattes déjà développées, comme les Sauterelles; soit seulement des pattes chez ceux qui, comme la Puce, ne doivent pas avoir des ailes; soit enfin des ailes et des pieds chez ceux, comme les Mouches, qui étaient vermiformes et apodes; mais ces organes nouveaux dont l'apparition signale la différence existante entre la larve et la nymphe, sont enveloppés dans des espèces de fourreaux et conséquemment inutiles encore. L'état de nymphe est donc destiné à donner soit à ces organes nouveaux, soit souvent à toutes les autres parties du corps, le temps de prendre plus de consistance, et quand le moment est arrivé, la peau se fend de nouveau, et l'Insecte paraît sous la forme qu'il doit conserver jusqu'à la fin.

§ 442. *Insecte parfait*. En revêtant sa dernière livrée, l'Insecte est encore dans un certain état de mollesse; ses ailes sont chiffonnées et incapables de le soutenir dans son vol; mais l'air en s'introduisant dans les trachées développe ces organes; il dessèche ses téguments; ceux-ci se parent peu à peu des couleurs qu'ils doivent avoir, et bientôt l'animal est prêt à jouir des moments les plus brillants de son existence. Ces moments ont en général peu de durée. L'insecte semble n'arriver à ce terme que pour assurer le sort de ses descendants et perpétuer par eux l'action qu'il exerçait dans l'économie de la Nature. Quand ce but est atteint, il ne tarde pas à périr.

§ 443. Les transformations que subissent les Insectes sont loin d'être aussi remarquables les unes que les autres; on trouve à cet égard des variations nombreuses. Quelques-uns de ces animaux, comme les Sauterelles, montrent, au sortir de l'œuf, à peu près la forme qu'ils doivent avoir; toutefois ils n'ont pas encore des ailes. Avec leur état de nymphe, ces organes apparaissent, mais cachés dans des espèces de fourreaux couchés sur le dos, et ils ne se montrent réellement, c'est-à-dire bien développés, qu'à la dernière période de leur vie. Dans tout le cours de leur existence, de tels Insectes ont la faculté d'agir et de se nourrir. De pareilles transformations, dont nos yeux peuvent facilement suivre toutes les phases et qui montrent si peu de différence entre l'état de larve et celui d'insecte parfait, n'ont rien de bien merveilleux; aussi a-t-on donné à ces sortes de changements les noms de *métamorphoses incomplètes* ou *demi-métamorphoses*.

§ 444. On appelle au contraire *métamorphoses complètes*

ou *générales*, celles qui rendent l'Insecte entièrement différent de ce qu'il était d'abord. Qui reconnaîtrait le Papillon, par exemple, sous la figure d'un être rampant ne semblant vivre que pour dévorer la verdure? Ceux de ces petits animaux destinés à subir de semblables transformations, se rapprochent plus ou moins, à leur sortie de l'œuf, de la forme des derniers Annelés. Leur corps est allongé, souvent mou, composé généralement de treize anneaux mobiles, mais paraissant parfois plus nombreux par l'effet de plis transversaux. La plupart n'ont que des yeux simples; plusieurs manquent même de ces organes. Quelques-unes de ces larves, comme celles des mouches, sont dépourvues de pieds et ressemblent ainsi à des *Vers*, dont on leur donne improprement le nom. D'autres, comme celles que nous appelons *Chenilles* ou *Fausses-chenilles*, ont, outre des pattes thoraciques, un certain nombre de pattes abdominales qui disparaissent quand ces Insectes se montrent sous la forme de nymphes.

En passant à ce second état, tantôt la peau dont la larve vient de se dépouiller constitue, en se desséchant, une sorte de coque ovoïde, dans laquelle l'insecte est caché comme dans un cercueil; tantôt la peau de la larve est rejetée; souvent elle reste attachée en chiffon à l'extrémité de la nymphe, à laquelle on donne souvent alors le nom de *pupe* en raison de sa ressemblance avec une poupée emmaillottée, ou avec une momie enveloppée de ses bandelettes. D'autres fois on applique à ces nymphes la dénomination de *chrysalides*, parce que plusieurs présentent des couleurs qui ont toute l'apparence et l'éclat de l'or.

§ 445. Avant de se changer en nymphe, la plupart des Insectes sujets à des métamorphoses complètes, se creusent une retraite, se préparent un abri, ou se construisent une coque solide ou un cocon de soie, afin de pouvoir passer en paix les jours de repos et de jeûne qui doivent s'écouler avant la transformation en *insecte parfait*.

§ 446. **Classification des insectes.** Parvenus à leur

INSECTES. 237

dernière forme, ces petits animaux se partagent de la manière suivante :

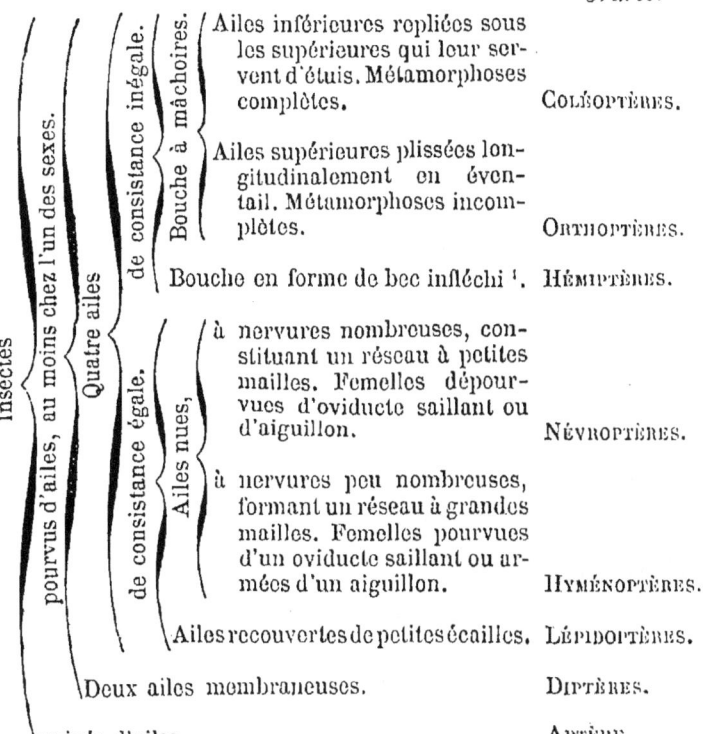

PREMIER ORDRE. — **COLÉOPTÈRES.**

§ 447. Les Coléoptères ont des ailes supérieures appelées

1. Quelques Hémiptères ont les ailes supérieures de la même consistance que les postérieures; mais leurs mandibules et leurs mâchoires transformées en lancettes et constituant, avec la lèvre creusée en gouttière, une sorte de bec infléchi, les distinguent suffisamment.

2. Cette classification suffit pour faire sentir les différences qui existent entre les Insectes suivants pouvant servir de représentants de chacun des ordres. Scarabé (coléoptère), Criquet (Orthoptère), Punaise des bois (Hémiptère), Demoiselle (Névroptère), Abeille (Hyménoptère), Papillon (Lépidoptère), Mouche (Diptère), Puce (Aptère).

élytres, d'une consistance plus ou moins solide, et plutôt faites pour protéger les véritables ailes, que pour servir elles-mêmes au vol. Ordinairement elles s'unissent par une suture droite. Tous ces insectes subissent des métamorphoses complètes. Ils constituent l'ordre le plus nombreux en espèces. On les partage en quatre sections :

Pentamères. Cinq articles à tous les tarses.

Hétéromères. Cinq articles aux tarses des pieds antérieurs et intermédiaires, quatre aux postérieurs.

Tétramères. Quatre articles à tous les tarses.

Trimères. Trois articles à tous les tarses.

Ces diverses sections se subdivisent en un certain nombre de familles. Dans l'impossibilité de les faire connaître toutes dans ce cadre resserré, nous nous bornerons à signaler quelques-unes de celles dans lesquelles sont compris les Insectes les plus intéressants ou les plus connus.

PENTAMÈRES.

Carnassiers. Antennes ordinairement en fil. Mâchoires portant chacune deux palpes. Trochanters des pieds postérieurs allongés.

Brévipennes. Élytres courtes, tronquées, laissant une grande partie du dos de l'abdomen à découvert.

Clavicornes. Antennes plus grosses vers l'extrémité, souvent en massue plus ou moins serrée ou perfoliée. Mandibules saillantes.

Lamellicornes. Antennes terminées par une massue formée de feuillets s'ouvrant et se fermant comme ceux d'un livre ou de lames disposées en forme de peigne.

Sternoxes. Antennes en fil ou dentées. Sternum du premier segment du thorax avancé en devant, et prolongé en arrière en forme de stylet.

Mollipennes. Antennes en fil. Élytres flexibles. Prothorax large, plus ou moins avancé sur la tête.

Pliniores. Antennes de forme variable. Tête globuleuse, en grande partie reçue dans un prothorax en forme de capuchon. Corps ovoïde ou cylindrique.

INSECTES. — COLÉOPTÈRES.   239

§ 448. Les *Carnassiers* vivent de proie aux deux époques actives de leur vie; quelques-uns cependant sous leur dernière forme se nourrissent au besoin ou par occasion de matières végétales. Les uns sont terrestres; les autres, aquatiques. Au nombre des premiers, figurent les Cicindèles aux mâchoires multidentées, aux pieds agiles, qui fréquentent principalement les lieux arides, les bords des rivières; les Carabes, espèces nocturnes, dont quelques-unes habitent nos jardins; les Brachines, qui, dans les moments de danger, font sortir de l'extrémité de leur corps un liquide qui se volatilise en produisant une petite détonation. Parmi les seconds, se rangent les Dytiques, fréquents dans les marécages; les Gyrins, insectes brillants qui semblent patiner sur la surface des eaux, sur laquelle ils décrivent avec agilité des courbes concentriques.

§ 449. Les *Brévipennes*, très-reconnaissables à la brièveté des étuis, se nourrissent principalement de matières animales ou végétales en voie de décomposition. Les Staphylins en forment le genre le plus ancien. Quelques-uns, comme moyen de défense, relèvent l'extrémité de leur abdomen, et en font sortir deux vésicules désagréablement odorantes; leurs mandibules sont plus à craindre.

§ 450. Les *Clavicornes* se nourrissent, au moins dans leur

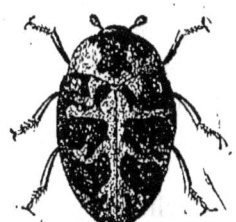

Fig. 73. Anthrène.

premier état, de substances cadavéreuses, de végétaux en voie de décomposition, de substances animales desséchées. Les Escarbots ont les antennes coudées ou presque en forme d'*S*, les étuis tronqués, les pieds contractiles. Les Nécrophores sont connus par l'art avec lequel ils savent enterrer les Taupes ou les petits Rongeurs privés de vie, pour déposer leurs œufs dans leur sein. Les Boucliers, les Nitidules contribuent à faire disparaître les matières cadavériques, sources d'infection. Les Dermestes rongent les substances grasses et les pelleteries. Les *Anthrènes* (*fig.* 73), à l'état de larves, attaquent les trésors de nos collections; à l'état parfait, ils vivent du suc des fleurs.

§ 351. Les *Lamellicornes* ont des genres de vie très-variés. Les Scarabées, les Bousiers, les Géotrupes se nourrissent de matières stercorales, en construisent parfois des boules ou pilules qu'ils charrient plus ou moins loin, qu'ils enter-

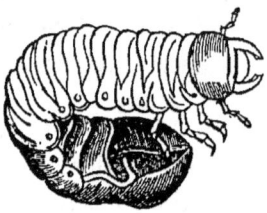
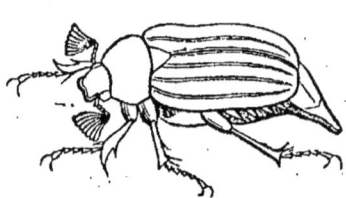

Fig. 74. Larve de Hanneton.   Fig. 75. Hanneton.

rent, et dans lesquelles ils déposent leurs œufs. Les Hannetons dans leur jeune âge rongent les racines, et vivent de feuilles ou autres parties vertes des végétaux, sous leur forme dernière. Le Hanneton commun (*fig.* 75) se montre dans les mois d'avril et de mai; dépose ses œufs dans la terre une heure environ après le coucher du soleil; de ceux-ci naît une larve connue sous les noms de *Ver-blanc*, *Mans*, *Turc* (*fig.* 74), qui pendant trois années attaque les racines des divers végétaux, et s'enfonce dans la terre à l'approche des froids; quand elle est parvenue au terme de sa grosseur, elle se change successivement en nymphe et en insecte parfait; mais celui-ci reste caché dans le sol jusqu'au printemps suivant. Ces Vers-blancs causent parfois des ravages considérables. Les Cétoines vivent de terreau dans leur jeune âge, et des sucs mielleux des fleurs, sous leur forme la plus brillante. Les Lucanes, dont les antennes sont pectinées, se nourrissent, à l'état de larves, des parties mortes ou altérées de certains arbres; le *Cerf-volant* en est l'espèce la plus ordinaire.

§ 452. Les *Sternoxes* s'attachent exclusivement aux matières végétales. Les uns, dans leur jeune âge, rampent sous les écorces, d'autres creusent les troncs des arbres malades ou morts, ou vivent de racines. Les Buprestes sont en général remarquables par la beauté de leur cuirasse. Les Taupins, appelés *Scarabées à ressort*, sont connus par la propriété qu'ils ont de s'élancer en l'air, quand ils sont couchés sur le dos.

§ 453. Les *Mollipennes* doivent leur nom à la flexibilité de leurs élytres. Les Téléphores et les Lampyres sont les principaux représentants de cette famille. Dans leur jeune âge, ils font particulièrement la guerre aux Escargots : à l'état parfait, les premiers vivent du suc des fleurs et sont insectivores dans l'occasion. Les *Lampyres* (*fig.* 76), connus sous le nom de *Vers-luisants*, sont remarquables par la lueur phosphorescente qu'ils produisent.

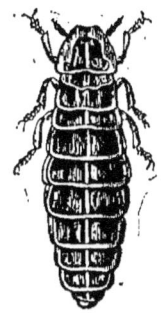

Fig. 76. Lampyre.

§ 454. Les *Ptiniores* se nourrissent de substances soit animales, soit végétales desséchées. Divers Ptines attaquent les richesses de nos collections; les Vrillettes percent principalement nos meubles et nos bois de construction.

HÉTÉROMÈRES.

Latigènes. Tête engagée dans le prothorax. Antennes insérées sous un rebord des joues. Hanches antérieures globuleuses. Ongles simples.

Vésicants. Tête séparée du prothorax par une sorte de cou. Crochets des tarses doubles ou profondément divisés et non dentelés en dessous.

§ 455. Les *Latigènes* sont généralement destinés à faire disparaître des matières animales ou végétales desséchées, vieillies ou en voie de décomposition. Plusieurs habitent les bords de la mer et y font leur profit des débris que les flots rejettent sur la plage; d'autres se cachent dans les substances cryptogamiques. Quelques Ténébrions ou autres espèces attaquent nos céréales, surtout quand elles sont réduites en farine.

§ 456. Les *Vésicants* doivent leur nom aux propriétés épispastiques de leurs élytres et de leur enveloppe tégumentaire. La science médicale utilise cette vertu des Cantharides et des Mylabres pour opérer sur diverses parties de notre corps des dérivations salutaires. Ces insectes, au sortir de l'œuf, sont parasites de certains Hyménoptères.

TÉTRAMÈRES.

Porte-Becs. Tête prolongée en museau ou en bec. Antennes ordinairement en massue.

Xylophages. Point de trompe. Antennes ordinairement plus grosses vers l'extrémité. Tarses le plus souvent simples.

Longicornes. Point de trompe. Antennes allongées; diminuant ordinairement de la base à l'extrémité. Avant-dernier article des tarses divisé en deux lobes.

Phytophages. Point de trompe. Antennes filiformes; ordinairement grenues. Dernier article des tarses bilobé.

§ 457. Les *Porte-Becs* sont faciles à reconnaître au prolongement antérieur de leur tête. Les Bruches, les Apions, les Attelabes, les Charançons et les Calandres en sont les représentants les plus connus. Un grand nombre vivent aux dépens des semences des végétaux; une de ces espèces (la *Calandre* à grain) (*fig.* 77) ronge le blé de nos greniers.

D'autres se cachent sous les écorces, dans les troncs des arbres, dans les tiges des herbes; quelques-uns dans les feuilles roulées de la vigne, etc.

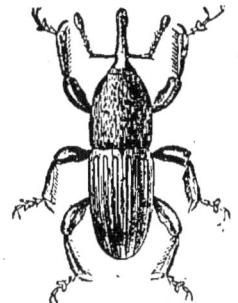

Fig. 77. Calandre.

§ 458. Les *Xylophages* tracent, sous les écorces des arbres, des galeries en sens divers; ils coupent ainsi les fibres du liber, et, par là, occasionnent souvent la mort du végétal. En général les Bostriches, Scolytes ou autres n'attaquent guère que les arbres déjà malades; mais quand ils sont très-multipliés, ils se jettent aussi sur ceux qui sont sains, et font alors des ravages considérables.

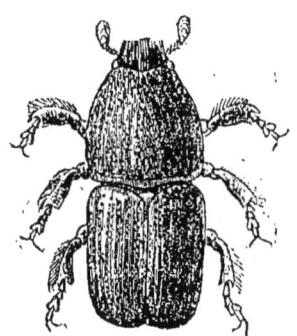

Fig. 78. Scolyte.

§ 459. Les *Longicornes* sont ordinairement reconnaissables à la longueur de leurs antennes. Les uns, comme les Capricornes, les Callidies, les Leptures, s'enfoncent plus ou moins profondément, à l'état de larve, dans les arbres destinés à leur servir de nourriture; les autres, comme les Lamies et les Saperdes, se contentent dans leur état vermiforme de ramper sous les écorces ou de vivre dans la moelle.

§ 460. Les *Phytophages* ou mangeurs d'herbes constituent une famille nombreuse. Les Criocères, dont les larves couvertes de leurs excréments rongent nos lis ou nos asperges, les Cassides, qui dans leur jeune âge savent aussi s'abriter de ces matières sordides; les Chrysomèles et les Galéruques, qui dépouillent parfois certaines plantes de leurs feuilles; les Gribouris, dont les larves se cachent dans des fourreaux; les Altises, surnommées *Puces des jardins*, qui sautent avec une agilité si remarquable, en sont les types dont les noms sont les plus familiers.

TRIMÈRES.

Sécuripalpes. Palpes maxillaires terminés par un article en forme de hache.

§ 461. Les *Sécuripalpes* constituent cette famille nombreuse d'Insectes connus sous le nom de Coccinelles ou de *Bêtes du bon Dieu*. Durant leur vie active, ils font la guerre soit aux Pucerons, soit aux Gallinsectes qui nuisent aux végétaux.

DEUXIÈME ORDRE. — **ORTHOPTÈRES**.

§ 462. CARACTÈRES. *Quatre ailes de consistance inégale : les inférieures au moins aussi longuement prolongées que les supérieures, ordinairement plissées longitudinalement en éventail. Bouches à mâchoires. Métamorphoses incomplètes.*

§ 463. Les uns ont des pieds uniquement propres à la marche ou à la course; ils constituent les familles suivantes :

Forficules. Élytres courtes, à suture droite. Ailes repliées en travers à leur extrémité. Abdomen terminé par deux pièces cornées en forme de pince.

Blattes. Ailes pliées seulement dans leur longueur. Tête en partie cachée sous le prothorax. Pieds antérieurs non ravisseurs.

Mantes. Ailes plissées seulement dans leur longueur. Tête découverte. Pieds antérieurs ravisseurs.

§ 464. Les *Forficules* vivent de substances différentes, suivant les espèces : la plus commune, connue sous le nom de *Perce-oreille* que lui a donné la crédulité populaire, fait tort aux fruits de nos jardins.

§ 465. Les *Blattes* (*fig.* 77) sont des Insectes aplatis et de figure ovoïde. La Bl. orientale n'est que trop commune dans les fentes des murailles des vieilles maisons ; elle se tient principalement dans les cuisines, s'y cache pendant le jour et en sort la nuit pour ronger nos provisions. L'espèce connue en Amérique sous le nom de *Kakerlac* est encore plus nuisible.

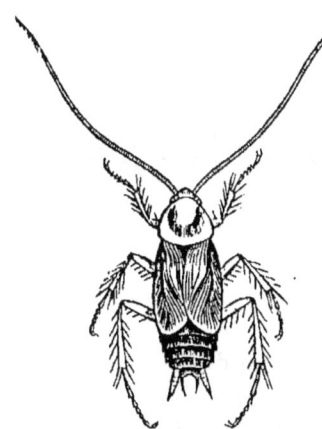

Fig. 79. Blatte.

§ 466. Les *Mantes*, désignées sous le nom de *Prie-Dieu*, en raison de la manière dont elles tiennent leurs pieds antérieurs, se servent de ces instruments pour harponner les insectes dont elles se nourrissent.

§ 467. Les autres sont propres au saut ; ils peuvent être compris dans une seule famille : celle des *Sauteurs*.

§ 468. Les Courtillières ont une vie souterraine comme

la Taupe, et rongent les racines des plantes de nos potagers et de nos champs. Les Grillons se creusent en général des retraites dans le sol de nos prairies en pente. Une espèce (le Gr. domestique) se cache dans nos maisons, principalement dans les cuisines ou derrière les fours des boulangers, y vit de nos provisions et nous ennuie souvent de sa musique bruyante. Les Sauterelles, aux antennes sétacées, grêles et plus longues que le corps, sont exclusivement herbivores, et produisent des stridulations sonores en faisant vibrer horizontalement leurs élytres. Les Criquets (*fig.* 66, 80), aux antennes plus courtes que le corps et ordinairement filiformes, raclent avec leurs jambes épineuses leurs élytres de parchemin, et font entendre par ce moyen des espèces de concerts bruyants, qui varient suivant les espèces. Quelques-

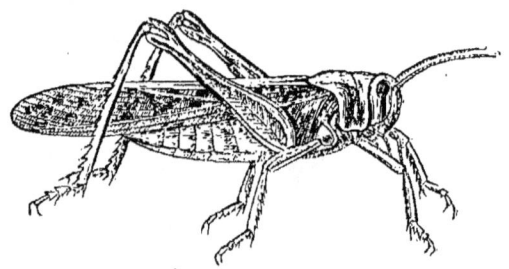

Fig. 80. Sauterelle de passage.

uns, connus sous le nom de *Sauterelles de passage* (*fig.* 80), émigrent parfois en hordes innombrables des steppes de la Tartarie ou autres lieux déserts, et ravagent les champs cultivés de l'Europe et du nord de l'Afrique; elles furent un des fléaux dont Dieu frappa l'Egypte au temps de Moïse; elles ont, à diverses reprises, porté la dévastation dans les champs de l'Algérie et de l'Orient.

TROISIÈME ORDRE. — HÉMIPTÈRES.

§ 469. CARACTÈRES. *Quatre ailes de consistance inégale. Bouche en forme de bec infléchi. Métamorphoses incomplètes.*

Ces Insectes suceurs se partagent en quatre principales familles :

Cimicides. Élytres coriaces à la base, membraneuses à l'extrémité. Prothorax très-grand.

Cicadaires. Élytres de même consistance. Trois articles aux tarses. Antennes en alêne, courtes et grêles.

Aphidiens. Élytres de même consistance, membraneuses. Deux articles aux tarses. Antennes filiformes.

Gallinsectes. Organes du vol au nombre de deux seulement, quelquefois nuls. Tarses à un seul article. Antennes filiformes.

§ 470. Les *Cimicides* ou Punaises forment une famille composée d'espèces nombreuses, offrant des habitudes très-variées. La plupart vivent du suc des végétaux, d'autres des fluides des animaux. Les unes sont terrestres ; les autres aquatiques. Les premières ont les antennes insérées entre les yeux, plus longues que la tête, très-apparentes ; presque toutes exhalent une odeur désagréable à laquelle elles doivent le nom de Punaise. La Providence leur a donné ce moyen de défense ; au moindre danger, ces insectes font sortir de deux ouvertures, situées sur leur poitrine, un liquide dont l'odeur est souvent repoussante. Les Scutellères, dont le dos de l'abdomen est protégé par un écusson

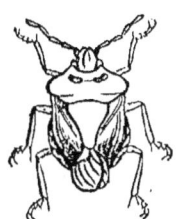

Fig. 81. Punaise.

prolongé jusqu'à l'extrémité ; les Pentatomes dont quelques-unes vivent sur les plantes crucifères de nos potagers ; les Lygées et diverses autres, sucent les plantes. La Punaise des lits, la seule espèce dépourvue d'ailes et d'élytres, fait pendant les nuits d'été le tourment des personnes logées dans les habitations qui en sont infestées. Cachée pendant le jour dans les fentes des murailles, dans les mortaises des bois de lit, elle vient, durant les ténèbres, troubler notre sommeil par les ponctions sanglantes qu'elle nous fait [1]. Les Réduves, au bec court et arqué, vivent de proie qu'elles poursuivent en volant; il faut les saisir avec précaution ; elles piquent fortement et nous font des blessures longtemps douloureuses. Les espèces aquatiques ont les antennes insérées sous les yeux, courtes et peu visibles. Parmi celles-ci, tout le monde connaît la Notonecte ou *Punaise à avirons*, nageant dans les eaux dormantes sur son dos en carène; ses quatre pieds antérieurs sont recourbés et prêts à saisir la proie : les postérieurs font l'office de rames.

§ 471. *Cicadaires.* Ces Hémiptères se nourrissent de la séve des végétaux. Les Cigales ne sautent pas. Elles passent leur jeune âge dans le sol, aux racines des arbres, sortent de terre pour quitter leur dépouille de nymphe et passer à leur dernier état. Les mâles font entendre pendant les chaleurs une musique monotone et souvent assourdissante. Les Fulgores ont le front avancé; chez quelques espèces exotiques cette partie de la tête est vésiculeusement développée et phosphorescente pendant la nuit. Les Cicadelles sont abondantes dans nos champs; elles sautent avec agilité. Quelques-unes, à l'état de larve, sécrètent, pour couvrir leur corps, un liquide qui ressemble à de la salive.

§ 472. *Aphidiens.* Les Aphidiens, dont les Pucerons sont les espèces les plus connues, semblent destinés à porter obstacle au trop grand développement des végétaux, en absorbant leur séve, en faisant avorter quelques-unes de leurs parties. En général on les voit réunis en grand nombre sur

---

1. On la détruit soit à l'aide de l'eau bouillante injectée au moyen d'une petite pompe dans les lieux où elle se retire, soit en faisant pénétrer dans ceux-ci de l'essence de térébenthine ou de l'alcool dans lequel a été dissous à haute dose du sublimé corrosif ; mais ce dernier liquide, qui est un poison violent, doit être employé avec beaucoup de prudence. Le coton imbibé d'huile de houille, et introduit dans les lieux où elles se cachent, est employé avec succès.

les tiges de quelques plantes, dans le sein desquelles leur bec est fiché. Plusieurs rendent par la partie postérieure de leur corps des gouttelettes mielleuses, dont les Fourmis sont avides. Quelques-uns causent aux feuilles des pêchers une maladie connue sous le nom de *cloque*, dont les jardiniers accusent à tort les Fourmis, que la friandise seule attire en grand nombre sur ces arbres.

§ 473. *Gallinsectes.* Ces insectes doivent leur nom à la forme de leur corps, qui les fait ressembler à des sortes de galles couvrant l'écorce de divers végétaux. Ils paraissent avoir une mission analogue à celle des Pucerons. Au sortir de l'œuf ils ont une figure ovale ou orbiculaire, sont aplatis et semblent collés aux branches dont ils pompent la séve. A leur état parfait, les mâles acquièrent des ailes; les femelles, toujours aptères, se déforment davantage et deviennent plus grosses. La plupart de ces Hémiptères, connus sous les noms de Cochenille et de Kermès, sont utilisés dans l'industrie en lui fournissant des produits.

§ 474. La Cochenille de Nopal est originaire du Mexique. Les Espagnols en avaient défendu l'exportation sous les peines les plus sévères. Thierry de Menonville sut, en 1777, doter notre colonie de Saint-Domingue de ce précieux Insecte. Depuis quelques années on le cultive avec succès en Algérie. La Cochenille, riche en principe colorant appelé *carmine*, fournit à la teinture une belle couleur écarlate; on prépare aussi avec elle le carmin et la laque carminée. La Cochenille de Pologne vit fixée aux racines du *Scleranthus perennis*; elle donne une couleur analogue à celle de l'Insecte précédent. Le Kermès ou Cochenille du chêne vert, sert à teindre en cramoisi, à colorer la liqueur désignée sous le nom d'alkermès. Une espèce exotique produit par ses piqûres l'écoulement de la gomme-laque.

Quelques Hémiptères de cette famille infestent, sans utilité pour nous, les feuilles de nos orangers et quelques autres arbres.

QUATRIÈME ORDRE. — NÉVROPTÈRES.

§ 475. CARACTÈRES. *Quatre ailes membraneuses, ordinairement égales, à nervures nombreuses constituant un réseau à petites mailles. Femelles dépourvues d'oviducte saillant ou d'aiguillon caché.*

Fig. 82. Névroptère.

Les uns subissent des demi-métamorphoses; les autres en éprouvent de complètes. Leurs principales familles sont les suivantes :

Libellulines. Antennes en alène, à peine plus longues que la tête. Bouche à mâchoires.

Éphémères. Antennes en alène, à peine plus longues que la tête. Organes buccaux peu distincts.

Fourmilions. Antennes allongées, grossissant insensiblement, ou brusquement terminées en bouton.

Hémérobins. Antennes allongées, filiformes. Ailes inférieures non plissées.

Termitines. Antennes courtes, moniliformes. Mandibules courtes et cornées. Ailes couchées horizontalement sur le corps.

Friganides. Antennes allongées. Ailes inférieures plissées.

§ 476. *Libellulines*. Les Libellules, désignées sous le nom de *Demoiselles*, sont carnassières à toutes les époques de leur vie active. A l'état de larve, elles se traînent dans la boue des marécages, portant sur leur bouche un masque à pied coudé. Sous leur dernière forme, elles s'éloignent encore peu des mêmes lieux; tantôt elles semblent se balancer au-dessus des eaux, tantôt elles poursuivent d'un vol rapide les Insectes dont elles font leur proie.

§ 477. *Ephémères.* Ces Insectes, après s'être cachés dans les eaux, pendant deux ou trois ans, sous la forme de larve, ont une vie si courte à l'état parfait, qu'ils doivent à la brièveté de leur existence le nom qu'ils portent. Quelques heures suffisent souvent pour les voir paraître et disparaître. Fidèles aux lieux qui les virent naître, ils viennent y déposer leurs œufs, et mourir. Ils tombent parfois en si grande quantité dans les étangs et les rivières lentes, que les pêcheurs leur ont donné le nom de *manne des Poissons.*

§ 478. *Fourmilions.* Les larves de ces Insectes sont connues de tout le monde, par les pièges en forme d'entonnoir qu'elles creusent dans le sable.

§ 479. Les *Hémérobins* ont comme les Fourmilions des ailes presque égales et en toit. Les Hémérobes, aux yeux ordinairement dorés, déposent sur les feuilles leurs œufs portés par un long pédicule; leurs larves sont appelées *Lions des Pucerons.* Les Semblides vivent dans l'eau pendant leur jeune âge.

§ 480. *Termites.* Les Termites, connus suivant les lieux sous les noms de *Poux de bois,* de *Fourmis blanches,* etc., habitent principalement les contrées tropicales dont ils sont un des fléaux. Ils pénètrent parfois, à l'aide de galeries souterranies, dans les cases des nègres, et y détruisent les provisions. Quelques-uns élèvent des monticules en forme de pyramides d'une solidité remarquable. Deux petites espèces habitent le midi de la France; l'une d'elles a commis, il y a quelques années, de grands dégâts dans les chantiers du port de la Rochelle.

§ 481. *Friganides.* Les Friganes, au sortir de l'œuf, vivent dans les ruisseaux ou dans les eaux dormantes, cachées dans des sacs ou fourreaux formés de fils de soie auxquels sont agglutinés des grains de sable, des débris de jonc, etc.

CINQUIÈME ORDRE. — HYMÉNOPTÈRES.

§ 482. CARACTÈRES. *Quatre ailes membraneuses, nervures peu rapprochées ou peu nombreuses, formant un réseau à grandes mailles, ailes postérieures plus petites que les antérieures. Femelles pourvues d'un oviducte saillant, ou armées d'un aiguillon caché.*

Les Hyménoptères comprennent les Insectes dont l'instinct est le plus remarquable[1]. Leur mâchoire et leur lèvre sont souvent propres à la succion. Les femelles d'un grand nombre sont pourvues d'un aiguillon[2] laissant fluer dans la blessure un liquide brûlant, produisant des douleurs cuisantes et parfois des accidents graves, quand les piqûres sont très-nombreuses. Tous ces Insectes subissent une métamorphose complète. Les larves du plus grand nombre sont vermiformes; les autres sont des fausses chenilles.

A Les uns ont l'abdomen attaché au thorax par une sorte de pédicule, afin de se servir avec plus de facilité de l'oviducte ou de l'aiguillon dont ils sont munis. A cette division se rattachent les familles suivantes :

Apiaires. Pattes postérieures ordinairement propres à recueillir la poussière des étamines : à premier article des tarses postérieurs très-grand. Mâchoires et lèvre constituant une trompe.

Vespiaires. Ailes supérieures pliées longitudinalement dans le repos.

Fouisseurs. Ailes non plissées. Pieds fouisseurs. Tête large. Pédicule de l'abdomen non en forme de nœud. Point d'oviducte saillant chez les femelles. Antennes de 12 à 13 articles.

1. L'instinct est une faculté intérieure qui nous porte à faire sans imitation et sans réflexion des actes qui en exigeraient souvent beaucoup. Il ne fait point de progrès, il diffère surtout par là de l'intelligence, même de celle qu'on a appelée intelligence des bêtes.

2. L'aiguillon de l'Abeille et de divers autres Hyménoptères, est une arme offensive et défensive, logé dans la partie postérieure de l'abdomen, une sorte de dard très-délié, percé d'un canal dans son intérieur, et laissant couler dans la plaie le liquide contenu dans un réservoir. Il diffère par conséquent beaucoup des instruments vulnérants des Cousins, des Taons et autres Diptères, qui sont des mandibules ou mâchoires transformées en organes de succion.

Formicaires. Pédicule de l'abdomen en forme d'écaille ou de nœud simple ou double. Antennes brisées. Trois sortes d'individus. Ailes étendues, chez ceux qui en ont.

Gallicoles. Antennes de 13 à 15 articles. Ailes postérieures non veinées.

Ichneumonides. Antennes filiformes, composées d'un très-grand nombre d'articles. Ailes veinées.

AA Les autres ont l'abdomen sessile ou lié au thorax sur toute sa largeur.

Tenthrédines. Mandibules allongées. Tarière des femelles logée vers l'extrémité du ventre, composée de deux lames dentées en scie, logées entre deux autres lames.

§ 483. Les Apiaires vivent à l'état parfait des sucs emmiellés que fournissent les fleurs; ils demandent également à celles-ci la pâtée destinée à nourrir leurs larves. Ils constituent une famille nombreuse et d'habitudes très-diverses. Les uns vivent solitaires; les autres en société. La plupart déploient dans leurs travaux un instinct étonnant. Restreint par notre cadre, nous nous bornerons à quelques traits. Certaines Mégachiles ou *Abeilles maçonnes* construisent, pour cacher leurs œufs, des nids de mortier divisés intérieurement en cellules; d'autres, surnommées *coupeuses de feuilles*, enferment les leurs dans des espèces de cornets analogues à des dés à coudre, fabriqués avec les expansions membraneuses des végétaux. Diverses Anthophores cachent ces graines précieuses dans des trous pratiqués dans nos murs. Les Xylocopes creusent dans le même but des galeries profondes dans les pieux ou les branches desséchées. Les Bourdons établissent dans des sols de nature diverse leurs habitations souterraines.

§ 484. L'Abeille domestique ou *Mouche à miel* mérite un article spécial. La Providence en privant ces Insectes de l'industrie de se construire des abris, semble avoir voulu les disposer à accepter ceux que l'homme viendrait leur préparer; aussi l'origine de l'espèce d'état de domesticité dans lequel nous les tenons se perd-elle dans la nuit des temps.

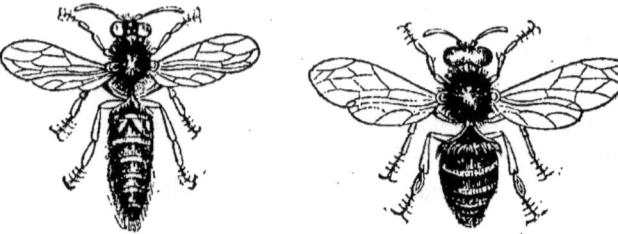

Fig. 83. Abeille reine.   Fig. 84. Faux-Bourdon.

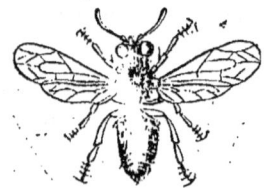

Fig. 85. Abeille ouvrière.

Leur société se compose de trois sortes d'individus : ordinairement d'une seule femelle à laquelle on a donné le nom de *reine*, en raison du pouvoir souverain qu'elle paraît exercer ; d'environ 500 à 3,000 mâles ou *faux-bourdons* et d'un nombre considérable d'*ouvrières*, dont le chiffre peut varier de 15,000 à 30,000 et même beaucoup plus. Celles-ci méritent bien le nom qu'elles portent ; elles sont exclusivement chargées de tous les travaux. Elles se partagent en *cirières* et en *nourrices;* les premières sont les pourvoyeuses; elles vont butiner dans les fleurs, s'y gorger des sucs mielleux sécrétés par les nectaires, recueillir la poussière d'or dont les étamines sont chargées, et une matière résineuse appelée *propolis*. Leurs jambes postérieures ont à leur face externe une sorte de *corbeille* dans laquelle ces derniers matériaux sont rassemblés en une pelote. La propolis sert à boucher les fentes de la ruche dans laquelle l'essaim a été déposé. Quand l'habitation est bien préparée, et qu'il ne reste que les ouvertures indispensablement nécessaires pour l'entrée et la sortie des Abeilles, celles-ci s'occupent de la construction des *gâteaux* ou *rayons*, destinés à servir de berceaux aux larves qui naîtront plus tard, et de magasins pour les provisions. Ces gâteaux sont faits de *cire*, matière recueillie sur les plantes, mais élaborée dans le tube digestif de ces petits animaux, et sécrétée par des glandes ou sortes de poches situées à la face interne des arceaux intermédiaires du ventre, d'où la cire, étendue en lames, s'échappe à travers les interstices des anneaux. Les rayons sont suspendus parallèlement à la voûte de la ruche; ils sont composés de deux rangs de cellules hexagones, à base pyramidale, opposées l'une à l'autre; l'espace qui les sépare est suffisant pour permettre aux Abeilles de circuler librement entre eux. Les alvéoles ont une disposition horizontale; leur diamètre varie suivant leur destination. Celles réservées à être des *cellules royales*, c'est-à-dire à voir éclore des reines, sont notablement plus grandes que celles qui doivent servir de berceaux aux larves des faux-bourdons et des ouvrières. Quelques-unes de ces alvéoles ordinaires sont employées à emmagasiner des provisions de réserve, quand la récolte du miel a été abondante : elles sont fermées d'un couvercle de cire quand elles ont été remplies.

Chaque ruche est régie par une seule reine; s'il s'en trouve plusieurs, entre elles s'élève un combat à outrance, qui ne cesse que lorsque l'une d'elles triomphante a vu périr toutes les autres. Par une belle journée de printemps, cette reine ne tarde pas à s'élever dans les airs, accompagnée des faux-bourdons qui s'empressent à sa suite[1]. Ce voyage aérien est de courte durée, et quarante-six ou cinquante-huit heures après, elle se met à pondre un œuf dans les cellules ordinaires, construites à l'avance. La fin de l'été interrompt cette ponte peu nombreuse; mais après l'hiver, l'arrivée des beaux jours voit augmenter sa fécondité; trois semaines lui suffisent alors pour déposer douze à quinze mille œufs,

---

1. Dans les mois de mai à juillet.

en très-grande partie destinés à produire des ouvrières, et des faux-bourdons, pour le surplus; les cellules royales se garnissent un peu plus tard. Trois ou quatre jours après avoir été pondus, ces œufs donnent naissance à une larve vermiforme. Les nourrices se hâtent de lui apporter la pâtée appropriée à ses besoins et au rôle qu'elle doit remplir. Elles savent varier la quantité et la qualité de cette sorte de bouillie, suivant les larves auxquelles elle est réservée, et ces différences exercent une telle influence sur le développement de ces espèces de vers, que ces Abeilles peuvent à volonté élever au rang de reine la larve d'une simple ouvrière. La Puissance Créatrice qui veut la conservation de ses œuvres, leur a fourni ce moyen d'empêcher la destruction des essaims. Lorsqu'un de ces petits États monarchiques se trouve privé de son chef, les nourrices transportent une larve d'ouvrière dans une cellule royale, ou si celle-ci n'existe pas, elles se hâtent d'en former une, en démolissant les parois de quelques alvéoles ordinaires, en lui donnant les proportions et la forme convenables. L'heureuse larve choisie pour l'habiter reçoit une nourriture plus abondante, et par ce seul fait devient une Abeille reine.

La durée de l'état vermiforme varie suivant la catégorie à laquelle appartiennent les larves. Cinq jours suffisent à celles des ouvrières pour être prêtes à passer à leur second état. Les nourrices ferment alors leurs cellules avec un couvercle de cire; chacune des recluses se file un linceul de soie, se transforme en nymphe, et au bout de sept ou huit jours apparaît insecte ailé. Les Faux-bourdons mettent, à partir de l'éclosion, huit ou neuf jours de plus pour arriver à leur forme dernière. La naissance des individus de ces deux classes obscures ne cause aucune sensation, aucun émoi dans la monarchie : il n'en est pas ainsi de celle des reines. Quand une de ces dernières commence à ronger la paroi de son berceau, une agitation extraordinaire se manifeste dans la population de la ruche; les ouvrières s'efforcent de boucher avec de la cire l'ouverture qu'elle s'occupe à pratiquer. La vieille reine, à l'apparition d'une rivale, cherche à s'en approcher pour la percer de son aiguillon et lui donner la mort; mais une foule d'abeilles ordinaires s'interposent avec empressement pour la mettre à l'abri de ses fureurs et pour conserver ainsi l'espoir de la colonie naissante. Dans l'impossibilité de réaliser ses projets, la vieille reine sort furieuse de la ruche, suivie d'une grande partie des habitants dont elle était le chef. Cette fugitive s'éloigne en général à une assez faible distance de la demeure qu'elle a quittée, et les possesseurs d'abeilles essaient souvent, quand ils sont témoins du départ de l'*essaim*, de la forcer à s'arrêter en produisant des sons bruyants et charivariques, à l'aide d'instruments discordants. Dès que la reine s'est fixée à quelque branche, ses suivants nombreux lui forment un rempart de leur corps, en se groupant tous autour d'elle.

La sortie des Abeilles a généralement lieu à l'heure la plus chaude de la journée; mais on attend le soir pour les recueillir dans une demeure nouvelle. Quelques ruches donnent parfois jusqu'à deux, trois et même quatre essaims dans un été; mais alors les derniers sont toujours faibles, et ont souvent de la peine à se maintenir.

Les Faux-bourdons ne prennent aucune part aux travaux de la ruche; vers la fin de juillet, ils sont mis à mort par les ouvrières, comme des bouches inutiles. On peut, en enlevant dans un temps convenable une partie des larves destinées à les produire, rendre la récolte du miel plus abondante.

Nous élevons les Abeilles soit pour cette substance sucrée et sirupeuse, soit pour la cire, à l'aide de laquelle sont construites les alvéoles. Soignés avec intelligence, ces Hyménoptères peuvent donner des produits assez abondants.

§ 485. *Vespiaires*. Quelques-uns de ces Insectes, comme la Guêpe commune, le Frelon, vivent aussi, comme nos

Abeilles, en sociétés composées de trois sortes d'individus, et, comme elles, construisent avec les fibres de bois secs, qu'ils mâchent et qu'ils réduisent en pâte, des gâteaux de papier ou de carton, tantôt nus, tantôt revêtus d'une enveloppe ayant une ouverture commune. Les autres ont une existence solitaire, passent leur état de larve dans des trous de murs ou dans des retraites variées, et se nourrissent, les unes d'une pâtée emmiellée, les autres de petites chenilles ou d'autres insectes dont la mère a mis une provision à leur portée.

§ 486. Les *Formicaires* composent aussi des sociétés de trois sortes d'individus, soit dans des nids construits en bûchettes de bois, et élevés en monticules au-dessus du sol, soit creusés dans la terre ou dans le sein des arbres maladifs ou déjà attaqués par d'autres insectes. Les mâles et les femelles restent peu de temps dans la fourmilière ; à peine ont-ils acquis des ailes qu'ils en font l'essai, en exécutant des voyages aériens. Au retour de ces promenades aventureuses, les premiers ne tardent pas à périr ; les secondes s'arrachent leurs ailes à l'aide de leurs pattes, pour se condamner à une vie désormais sédentaire, et pondent des œufs qui sont transportés dans des cases particulières par les ouvrières. Ces dernières sont aussi chargées de la nourriture des larves et des soins à leur donner ainsi qu'aux nymphes, que le vulgaire désigne sous le nom d'*œufs de fourmis*. Chaque espèce a son industrie particulière. Il est inutile de dire qu'elles n'amassent pas des provisions pour l'hiver, temps pendant lequel elles sont engourdies ; mais durant les beaux jours, elles travaillent avec ardeur, et nous causent souvent beaucoup de dégâts. Toutes sont avides des matières sucrées. Elles vont avec soin recueillir celles que les Pucerons laissent dégoutter ; souvent elles les excitent, en les caressant pour ainsi dire avec leurs antennes, pour les engager à leur abandonner ces liquides emmiellés dont elles sont friandes ; quelquefois elles emportent délicatement ces petits suceurs entre leurs mandibules, et les parquent près d'elles pour les avoir à leur disposition. Quelques-unes se font la guerre, attaquent des colonies plus faibles, emportent leurs nymphes, et forcent plus tard les individus qui naissent de celles-ci, à remplir le rôle d'esclaves, et à rester chargés de tous les travaux de leur communauté.

§ 487. *Fouisseurs*. Insectes ailés et de deux sortes d'individus, vivant dans leur jeune âge soit dans le corps de quelques larves, soit dans des retraites préparées avec un instinct plus ou moins étonnant, et pourvues, par les soins des parents, d'insectes ou d'autres animaux annelés.

§ 488. *Gallicoles*. Les Cynips déposent leurs œufs dans diverses parties des végétaux; il se forme autour de ces graines vivantes des excroissances plus ou moins singulières, qui ont reçu le nom de *galles*. Les plus connues sont le *bédéguar* ou galle mousseuse du rosier sauvage, et celles en forme de boule qui sont fixées aux feuilles du chêne : l'une de ces dernières est désignée dans le commerce sous le nom de *noix de galle* ou *galle du Levant* [1].

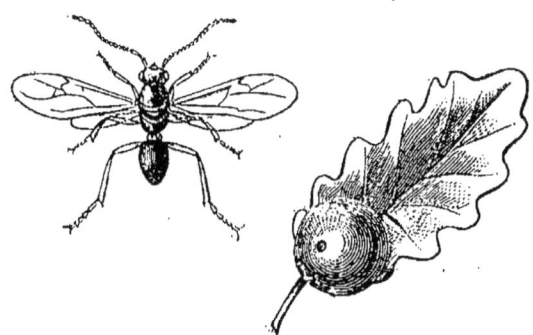

Fig. 86. Cynips produisant la noix de galle.

1. On l'emploie en médecine comme astringent; dans le commerce des peaux on utilise le principe tannique qu'elle contient; mais on s'en sert surtout pour faire l'encre. Diverses recettes sont à cet effet mises en usage : la suivante est une des meilleures. Eau, douze litres. — Noix de galle, trois livres. — Ce qu'on peut obtenir

§ 489. *Ichneumonides.* Famille nombreuse destinée à mettre des bornes à la trop grande multiplication des Lépidoptères et des autres Insectes. Les Ichneumons déposent dans le corps des chenilles, des œufs d'où naissent des sortes de vers, qui, après avoir rongé les parties graisseuses de ces animaux, finissent par attaquer les organes plus essentiels et les font périr. Quelques espèces connues sous le nom de Chalcis, etc., ayant les antennes coudées, sont assez petites pour trouver dans des œufs de Papillons une nourriture et un espace suffisant à leur complet développement.

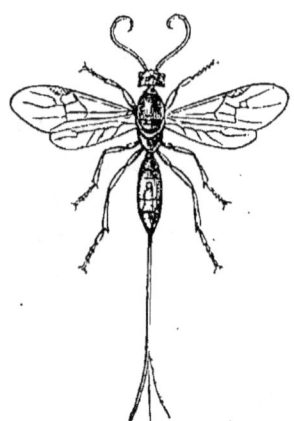

Fig. 87. Ichneumon.

§ 490. *Tenthrédines.* Ces Hyménoptères, appelés communément *Mouches à scie*, doivent leur nom à la tarière en forme de scie dont les femelles sont pourvues pour entailler les végétaux et y déposer leurs œufs. Leurs larves ont la forme de chenilles, et vivent, comme celles-ci, des feuilles des plantes; mais elles sont munies de 18 à 24 pattes au

de la décomposition d'une livre de sulfate de fer par l'acide nitrique en excès. — Gomme arabique, une livre. — Charbon animal, un quart de livre. Quand on veut faire briller l'encre on y ajoute du sucre candi.

lieu de 16. Aussi sont-elles appelées *fausses-chenilles*. Plusieurs, quand on les inquiète, se roulent en spirale, et font sortir des gouttelettes par les pores de leur corps.

SIXIÈME ORDRE. — LÉPIDOPTÈRES.

§ 491. CARACTÈRES. *Quatre ailes membraneuses, recouvertes d'espèces de petites écailles ressemblant à une sorte de poussière colorée. Bouche en forme de trompe, ordinairement roulée en spirale.*

Ils subissent tous des métamorphoses complètes. Leurs larves, connues sous le nom de *chenilles*, ont le corps allongé, cylindrique; glabre ou garni de poils; composé, outre la tête, de douze anneaux : les trois premiers, représentant le thorax, sont pourvus chacun en dessous d'une paire de pieds écailleux : les autres segments, appartenant à l'abdomen, sont munis de pattes membraneuses et pourvues de crochets : le chiffre de celles-ci ne s'élève jamais au-dessus de dix. La tête, revêtue d'une enveloppe écailleuse, formée de deux calottes unies, présente de chaque côté divers points noirs qui sont les yeux, et, en avant, une bouche munie, entre autres pièces, de deux mandibules destinées à remplir l'office de coupe-feuilles. Les nymphes sont appelées *pupes*, *momies* ou *chrysalides*.

Ils se divisent en trois groupes :

Diurnes. Antennes terminées par un bouton. Ailes relevées dans le repos.

Crépusculaires. Antennes en fuseau. Ailes horizontales ou inclinées.

Nocturnes. Antennes sétacées, diminuant de grosseur de la base à l'extrémité. Ailes ordinairement inclinées, roulées autour du corps ou horizontales à l'état du repos.

§ 492. Les *Diurnes* sont connus sous le nom général de *Papillons*. Ils se partagent en diverses familles. Leurs chenilles sont ordinairement épineuses ; leurs chrysalides, habituellement nues et anguleuses, fixées par l'extrémité contre des murailles ou d'autres corps, et retenues par une ceinture soyeuse, sont souvent parées de taches dorées.

§ 493. *Crépusculaires.* Ces Insectes, connus sous les noms de Sphinx, Sésie, etc., volent principalement le soir. Les premiers allongent dans le nectaire des fleurs leur trompe, souvent fort longue, et, sans se poser, en recueillent les sucs ; leurs organes du vol, pour les soutenir dans l'air, vibrent alors avec tant de rapidité, qu'on les dirait immobiles. Leurs chenilles sont ordinairement armées d'une corne vers la partie postérieure du dos. Les secondes ont sur les ailes des espaces vitrés. Leurs larves rongent les tiges ou les racines des végétaux.

§ 494. *Nocturnes.* Ce groupe nombreux offre une certaine quantité de familles souvent difficiles à bien caractériser. Les principales sont les suivantes :

Bombycites. Trompe rudimentaire ou très-courte. Antennes pectinées ou en scie, au moins dans les mâles. Ailes horizontales ou en toit.

Noctuélites. Trompe roulée en spirale. Antennes ordinairement simples. Ailes en toit. Dernier article des palpes inférieurs brusquement très-petit.

Phalénites. Trompe rudimentaire ou peu allongée. Ailes amples en toit aplati ou presque horizontales. Corps grêle. Antennes souvent pectinées chez les mâles.

Pyralites. Trompe distincte. Ailes en toit écrasé : les supérieures arquées à la base.

Tinéites. Ailes en triangle ou roulées autour du corps. Quatre palpes distincts : les inférieurs allongés et recourbés. Antennes sétacées, ciliées ou pectinées.

Les uns ont des instruments buccaux si courts qu'ils sont inutiles ; chez les autres, la trompe est assez allongée pour recueillir le miel des fleurs. Quelques femelles n'ont pas d'ailes. Leurs chenilles vivent ordinairement de feuilles des végétaux ; quelques-unes percent les tiges ou les racines ;

d'autres se nourrissent de laine, de cire, etc. Souvent leur corps est couvert de poils ; parfois presque glabre ; d'autres fois caché dans des fourreaux qu'elles construisent avec plus ou moins d'art, et qu'elles traînent avec elles. La plupart vivent solitaires ; quelques-unes se réunissent en famille sous des tentes, et en sortent dans un ordre si régulier, qu'elles ont été appelées *processionnaires*. Les unes ont seize pattes ; chez les autres, quelques-unes des pattes membraneuses manquent ; elles marchent alors d'une manière singulière, semblent mesurer le terrain, comme des géomètres, et sont dites *arpenteuses :* ordinairement, dans le repos, elles se tiennent fixées par leurs pattes postérieures seulement, en élevant la partie antérieure de leur corps noueux ; immobiles dans cette position, elles ressemblent à des rameaux desséchés. Plusieurs se filent des cocons pour se transformer en nymphes ; d'autres se retirent dans la terre, etc.

Bombycites [1]. Le grand Paon de nuit ; la Livrée, qui dépose ses œufs autour des branches en forme d'anneaux ; la Processionnaire du pin, dont les poils s'implantent avec facilité dans la peau, et occasionnent des ampoules ; la Chrysorrée, qui parfois dépouille nos arbres de leurs feuilles, et une foule d'autres espèces s'y rattachent. Mais de tous les Lépidoptères de cette famille, les plus intéressants à connaître sont ceux dont les chenilles sont sétifères, c'est-à-dire produisent des fils susceptibles d'être utilisés. A ce titre, le Bombyx du mûrier, dont la larve est connue sous le nom de *Ver à soie*, mérite un article particulier.

§ 495. Cet insecte, dont l'éducation occupe aujourd'hui tant de personnes, dont les produits servent d'aliment à tant d'industries, et sont pour divers pays une si grande source de richesse, est originaire des provinces septentrionales de la Chine. Des moines grecs, sous l'empire de Justinien, en apportèrent des œufs à Constantinople, apprirent à élever ces vers et à employer le fil qu'ils produisent. Cette

---

1. G. Hépiale, Cossus, Saturnie, Lasiocampe, Bombyx, etc.

industrie se répandit dans la Grèce et dans les îles voisines; les Sarrasins la transportèrent en Espagne, d'où elle s'étendit en Sicile sous Roger II, et dans diverses autres parties de l'Italie; elle passa plus tard en France où elle ne commença à prendre rang qu'à partir du règne de Henri IV.

§ 496. *Œufs* [1]. Les œufs du Bombyx du mûrier sont connus sous le nom de *graines de vers à soie*. Ils sont un peu ovalaires plutôt que sphériques; présentent une dépression ou sorte d'ombilic; laissent apercevoir à un œil exercé une tache nuageuse ou blanchâtre; sont formés d'une coque composée de trois couches, contenant un liquide albumineux rempli de granulations légèrement jaunâtres. Ce liquide est enveloppé par une pellicule très-mince, blanche d'abord, noirâtre plus tard, donnant à la graine la couleur ardoisée qu'elle présente généralement quand elle ne doit pas être stérile [2]. Quand le moment est venu de faire éclore les œufs, ils sont soumis à une sorte d'incubation, pour obtenir des éclosions plus simultanées. Divers éducateurs emploient alors des moyens plus ou moins singuliers; les plus rationnels consistent à placer la graine dans un lieu d'une température de 12 à 13 degrés Réaumur, successivement élevé à 19 ou 20 [3].

Dans une incubation de douze jours, on peut, à partir du deuxième, suivre les modifications qui s'opèrent dans l'œuf; les granulations se groupent; la tache blanchâtre devient

[1]. Cet article sur le Ver à soie est un extrait très-succinct des cours si remarquables faits à Lyon, en 1850, 1851, 1852 et 1853, par M. Jourdan, professeur à la faculté des sciences de cette ville, et que ce savant doit livrer à l'impression.

[2]. Les œufs doivent être conservés dans un endroit ni trop humide ni trop chaud. Dans le premier cas, ils moisissent; dans le second, la graine *travaille*; puis viennent les froids qui l'arrêtent, jusqu'à ce que le printemps exerce de nouveau son influence sur elle. Ces intermittences nuisent à la réussite.

[3]. L'humidité doit être maintenue dans de justes proportions, soit entre 70 à 75° de l'hygromètre de Réaumur. Quand l'air est trop sec, il enlève aux œufs trop d'humidité, et les vers sortent avec plus ou moins de difficulté.

trouble et disparaît; les groupes de granulations forment deux lignes sériales; bientôt, entre elles on voit des linéaments; la tête, les yeux, les pattes thoraciques commencent à se montrer; l'enveloppe tégumentaire indique d'une manière vaporeuse la forme de la chenille; au huitième jour, les anneaux sont bien marqués, le système nerveux se dessine, la membrane qui enveloppait le liquide se plisse; au neuvième jour, elle entre dans le corps, elle est résorbée[1], ainsi que les parties ayant servi à la nourriture de l'animal; on distingue le tube digestif, séparé de chaque côté des linéaments qui sont les appareils de la soie; au dixième jour apparaissent les trachées; le ver produit déjà quelques mouvements vermiculaires; au onzième jour il a une couleur d'un gris noirâtre; il renverse sa tête, puis il applique contre la coque ses mandibules allongées en forme de tenailles en ogive; avec leur aide, il use de haut en bas la paroi interne de sa prison, sur un espace presque carré, égal au quart de celui qui est nécessaire au passage de son corps; puis il recommence le même travail sur la partie voisine; il reprend ensuite l'opération sur le premier espace aminci, et bientôt il a pratiqué une ouverture assez grande pour montrer au dehors sa tête et ses premières pattes; les deux autres paires ne tardent pas à suivre; il jette, çà et là, des fils de soie pour amarrer sa coque, et peu à peu, grâce aux mouvements vermiculaires qu'il se donne, il finit par sortir tout entier.

Quoique exposés à une même température, les Vers n'apparaissent pas tous le même jour[2]; les éclosions, même ré-

[1]. La couleur de la graine se modifie et devient pâle ou blanchâtre par suite de cette résorption.

[2]. Il éclot de 1/10 à 1/5 des vers, le premier jour; 1/2, le second; 1/4, le troisième; 1/10, le quatrième. Les premiers sont en général les plus robustes. Ceux du quatrième jour doivent être presque tous rejetés; ils arrivent rarement à bien. Pour n'avoir point de déficit dans le nombre de ceux qu'on se propose d'élever, on ajoute 1/8 ou 1/10 à la quantité de graines soumises à l'incubation.

gulières, se prolongent ordinairement durant les deux ou trois journées suivantes.

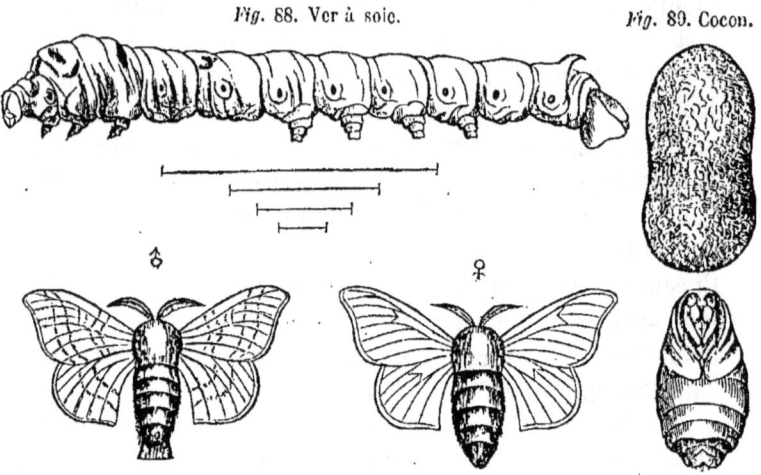

Fig. 88. Ver à soie. — Fig. 89. Cocon. — Fig. 91. Bombyx mâle. — Fig. 92. Bombyx, femelle. — Fig. 90. Chrysalide de Bombyx.

A son entrée dans le monde, le Ver (*fig.* 88)[1] est à peine long d'une ligne et quart; il a environ la dix-millième partie du poids qu'il doit avoir à l'époque de la montée[2]. Il a les caractères généraux des autres chenilles.

Les Vers à soie portent, dans nos provinces méridionales, le nom de *Magnans*; de là est venu celui de *Magnaneries*, donné aux établissements dans lesquels ils sont élevés. On les nourrit avec les feuilles de mûrier, principalement du mûrier blanc[3]; ils ont à subir quatre *mues* avant de passer

---

1. Au-dessous sont indiquées les différentes grandeurs de la Chenille à chacune de ses mues.

2. Au moment où les vers sortent de l'œuf, il en faut 50,000 pour peser 31 gram.; au moment de la montée, 5 suffisent pour former ce dernier poids.

3. (*Morus alba*); il paraît originaire de la Chine; il fut introduit dans l'Asie Mineure et en Grèce sous le règne de Justinien; la culture s'en répandit dans la partie de la Grèce qui en a pris le nom de Morée, s'étendit en Sicile sous le roi Roger, et en France vers la fin du XV⁰ siècle, après la guerre de Charles VIII en Italie, mais prit surtout une extension très-marquée à partir du règne de Henri IV.

à l'état de chrysalide. Chacun des espaces compris entre ces divers changements, constitue un de leurs *âges*. Ceux-ci sont inégaux dans leur durée; dans une éducation de trente-deux à trente-trois jours : le premier est de six; le deuxième, de quatre; le troisième, de sept; le quatrième, de sept; le cinquième, de huit ou neuf. A l'approche de chacune de ces époques de crise, l'animal, inquiet et malade, cesse de manger; mais après s'être dépouillé, il semble vouloir regagner le temps perdu; il a des jours d'un appétit dévorant, appelés *briffe* ou *frèze*. Ces moments portent le nom de *petite-briffe* pour les quatre premiers âges, et, pour le dernier, celui de *grande-briffe*[1]. Deux jours après celle-ci, le Ver cesse de manger; il rejette tout ce qu'il a dans l'intestin [2]; de son tube digestif coule une mucosité jaunâtre, filante [3]; son corps plus mou et plus doux au toucher, devient translucide; la partie gonflée de son thorax est plus ridée, plus ramassée sur elle-même.

L'état de la maturité des Vers se manifeste par d'autres signes; il se déplace, il cherche des points d'appui pour jeter des filaments désignés sous les noms de *frisons*, *soie folle*, *banc* ou *banne*, qui serviront de base à la cons-

1. Pendant les dix jours de briffe, le ver mange les quatre cinquièmes de la quantité qu'il consomme durant tout le cours de sa vie de larve; en trente-six heures de la grande, il en dévore le quart ou près du tiers. Alors, il est presque tout entier un tube digestif : il a une couleur d'un gris verdâtre ou noirâtre.

2. Deux jours avant la montée, le ver pesait 4 1/2 à 5 ou 6 et plus rarement 7 grammes; au moment où il jette ses premiers fils, son poids dépasse à peine 2 1/2 à 3 grammes.

3. Ses derniers excréments sont d'une nature terreuse : c'est de l'urée. Les vaisseaux jaunes qu'on aperçoit sur le tube digestif, ne sont pas tous des vaisseaux biliaires, comme on le croyait, mais des vaisseaux urinaires; ils s'attachent à la partie supérieure de l'intestin et s'ouvrent à sa partie inférieure, en formant une anse; l'intestin grêle est chargé d'une sorte de cordonnet : c'est l'organe biliaire; celui-ci a peu de développement, parce que l'insecte respire beaucoup. A l'état de nymphe, l'urée s'accumule à l'extrémité de l'abdomen dans une sorte de cloaque; elle se distingue par son état bourbeux et sa couleur de brique.

truction de son cocon (*fig.* 89). Les Vers bien nourris emploient ordinairement à ce travail deux et demi à trois jours : les autres, quatre et même cinq.

L'appareil sétifère se compose de longs canaux repliés sur eux-mêmes, dans lesquels la soie est sécrétée. Chacun de ces canaux est renflé dans sa partie moyenne en une ampoule allongée, destinée à la conserver et dans laquelle elle reçoit sa couleur. Ce réservoir se prolonge en un conduit dans lequel la soie prend la matière muqueuse connue sous le nom de *grès* [1] : ce conduit aboutit à la bouche, où il se réunit à son pareil. La soie se couvre dans l'appareil buccal d'une matière cireuse destinée à coller les deux brins [2] arrivant à la filière, et à les préserver de l'action de la pluie.

Vers le quatrième ou cinquième jour après la montée, le Ver se dépouille de son enveloppe et passe à l'état de chrysalide ou de momie (*fig.* 90) [3]. Huit à dix jours après, l'Insecte rejette son enveloppe de nymphe ; mais il lui faut en-

1. Par le décreusage, c'est-à-dire en faisant bouillir la soie dans l'eau savonneuse, on la débarrasse du grès, espèce de vernis qui entre pour 20 à 22 % et parfois un peu plus dans le poids de la soie.

2. Quand la soie sort de la filière et qu'elle est encore molle et gluante, en la tordant légèrement à l'aide des doigts mouillés, on peut diviser les deux fils ; mais on ne le peut plus quand le brin est sec.

3. L'insecte, dans le cours de sa vie, subit des transformations successives. Ainsi, le corps adipeux est presque nul, quand le ver vient de naître ; plus tard il se montre très-développé ; à l'état de nymphe, il forme presque tout le corps de l'animal. Dans cet état, le tube digestif dont l'insecte ailé n'aura pas besoin va s'annihilant graduellement ; au 3e jour, il est réduit à un canal affaissé sur lui-même ; au 5e, à un gros cordon ; au dernier, à un fil, excepté à ses extrémités. En même temps que les organes de la vie végétative perdent de leur importance, ceux de la vie animale en acquièrent. Le ver avait treize doubles ganglions nerveux : un céphalique et douze autres correspondant à chacun des anneaux du corps ; dans l'Insecte parfait les trois du thorax n'en forment plus qu'un : les deux derniers se sont également réunis.

core un jour ou deux, avant de paraître au dehors sous sa forme parfaite; il a besoin de percer le cercueil soyeux qu'il s'était construit. Sa salive lui sert à cet effet. Il en mouille les fils de la partie antérieure de son cocon (*fig.* 89), dissout à l'aide de ce liquide la matière cireuse dont ils sont revêtus, et se procure ainsi le moyen de glisser au travers de ces fils plus faciles à écarter [1].

A l'état de papillon (*fig.* 91 et 92), sa vie est de courte durée; à peine a-t-il déposé ses graines qu'il ne tarde pas à périr.

§ 497. *Éducation des Vers à soie.* Le temps nécessaire à une éducation n'est pas resserré dans des limites bien fixes; on peut en abréger ou en allonger la durée, en élevant ou en abaissant la température, en augmentant ou en diminuant la quantité de nourriture. Les termes raisonnables varient entre trente et trente-quatre jours.

On attend ordinairement pour mettre éclore les vers, que les bourgeons des mûriers se soient entr'ouverts et qu'il paraisse au moins quatre feuilles. A l'avance on a espacé convenablement les graines sur un linge perméable à l'air en dessus et en dessous [2]; aussitôt que les vers apparaissent [3], on étend au-dessus d'eux un papier percé à jour ou un tulle-coton non gommé, sur lequel on a jeté quelques feuilles tendres de mûrier [4]. Les vers ne tardent pas à s'attacher à celle-ci; on les place alors sur des tablettes destinées à les recevoir.

1. Il ne rompt pas les fils, mais il les altère; de là vient la difficulté de dévider les cocons percés. On peut cependant le faire assez facilement en employant une éprouvette à la main et ne croisant pas les fils; mais ceux-ci ont perdu leur force.
2. Un cadre de 20 centimètres de large sur 30 de long est nécessaire pour une once de graines.
3. Quand les vers ne sont pas contrariés dans leur éclosion, celle-ci a lieu pour le plus grand nombre de six à huit heures du matin; le soir il se fait aussi une autre éclosion, mais beaucoup plus faible.
4. Sitôt que le ver est né, il cherche la feuille; s'il la sent, il vient à elle; dans le cas contraire, il file un câble de soie et se laisse glisser à terre.

Le nombre des repas peut être fixé à 8, pendant le premier âge ; à 7, durant le second ; à 6, pour le 3e ; il serait convenable de le maintenir à ce chiffre pour les suivants, et dans tous les cas, de ne pas l'abaisser au-dessous de 4 ; avec des repas moins nombreux on a des cocons plus petits[1].

Les feuilles peuvent être données entières ; il semble y avoir économie, surtout quand elles sont distribuées par des mains habituées à faire ce travail ; coupées, elles se dessèchent plus vite et se tassent davantage. Il faut savoir tenir compte de la qualité de la feuille ; celle des mûriers plantés dans des lieux humides ou ayant beaucoup d'humus, est naturellement plus aqueuse et moins nutritive que celle des arbres venus sur un sol maigre.

Un des soins les plus essentiels consiste à entretenir la propreté sur les tablettes. Dès le premier âge, il faut, de deux jours l'un, déliter, c'est-à-dire enlever les débris des feuilles et les matières excrémentielles des vers[2] ; les papiers troués dont on se sert aujourd'hui dans les éducations, rendent cette opération plus prompte et plus facile. Il faut aussi dédoubler les vers à mesure qu'ils grossissent, afin de leur donner un espace suffisant.

L'éducateur doit enfin veiller à entretenir une bonne aération et une température douce. Le thermomètre ne doit pas descendre au-dessous de 16° R., et ne pas s'élever au-dessus de 20. Des fourneaux et des cheminées d'appel éta-

[1]. Si l'on se bornait à donner deux repas au 5e âge, en faisant descendre la température à 16°, les vers mettraient, à coconner, quinze jours au lieu de dix, et le plus grand nombre ne coconnerait pas. Si en maintenant 18 à 20°, on donne six repas, on obtiendra de beaux cocons. Tout compte fait, il y aurait, si on le pouvait, bénéfice à adopter ce dernier chiffre ; mais cela est difficile dans les grandes éducations.

[2]. Si la température surtout est humide, quelque faibles que soient la quantité de feuilles et le volume des excréments, ces matières deviennent des foyers d'infection.

blis dans les magnaneries, permettent de rendre moins sensibles les variations de l'air extérieur.

Quand le Ver est mûr, il faut lui fournir les points d'appui pour construire son cocon. L'*encabannage* [1] constitue donc les préparatifs de la montée. Le Ver cherche à gravir; on sent qu'il a la perception de la lumière, car il ne jette pas ses fils au hasard [2]. En général, il faut attendre le moment où la majeure partie des larves commence à courir, pour encabanner. On se sert pour cela de divers matériaux. La bruyère séchée et défeuillée est très-propre à cet usage [3]; on en forme des bouquets solidement attachés et disposés parallèlement à 25 ou 30 centimètres de distance, de manière à ce que leurs extrémités courbées puissent se réunir en arceaux avec celles des bouquets voisins. Quand ils sont chargés de leurs riches trésors, il ne reste plus qu'à *décoconner*, c'est-à-dire à enlever les cocons [4].

§ 498. *Maladies des Vers.* Les bénéfices ou produits d'une

---

1. Faire des cabanes.
2. S'il ne trouve pas des conditions désirables, il se lasse, surtout quand il n'est pas très-vigoureux; il reste dans un état d'immobilité; il se raccourcit; sa tête se rapetisse; le milieu de son corps se renfle; l'extrémité s'amincit; la peau se fend; il passe à l'état de chrysalide (*fig.* 88) sans avoir fait de cocon, et par conséquent sans avoir fait de soie.
3. Dans les lieux où il n'y a pas de bruyères, on emploie le bouleau, le colza, etc.
4. On prend pour cela les bouquets, et à l'aide des doigts on enlève les cocons assez adroitement pour laisser le moins de soie possible attachée aux brins. Dans une éducation industrielle bien soignée, de 300 à 600 grammes de graines, il faut pour chaque gramme de graine 1 mètre 25 centimètres carrés de claie; 2 mètres 50 centimètres cubes d'air; 30 kilogrammes de feuilles; le produit est de 1 kilogramme 500 grammes de cocons. Pour une éducation faite sur une plus petite échelle et également bien soignée, il faut pour chaque gramme de graine, 1 mètre 50 centimètres carrés de claie; 3 mètres cubes d'air; 40 kilogrammes de feuilles. On obtient 2 kilogrammes de cocons. En général les vers provenant d'une once de graines, consomment 17 à 1800 livres de feuilles et donnent 50 à 70 livres de cocons.

éducation sont souvent diminués par les maladies auxquelles les Vers sont exposés. Il en est de générales; d'autres sont spéciales. Celles-ci varient suivant les organes qui sont atteints. Ainsi l'appareil respiratoire est affecté de diverses manières; parfois il y a distension des canaux aériens; ils sont comme engorgés; la tunique interne des trachées, sèche dans l'état de santé, est boursoufflée, infiltrée, souvent jusqu'à interrompre la circulation de l'air; tel est l'état pathologique des *clairets*. Chez les *arpians*, les trachées au lieu d'être remplies d'eau, ont leur membrane interne comme collée; elle est adhérente, surtout aux extrémités des tubes aériens. Le tube digestif reçoit une influence fâcheuse d'une température devenue brusquement froide et humide; elle occasionne aux Vers une diarrhée dont ils ne peuvent se relever. Chez les *jaunes* ou *gras* le sang s'épaissit, devient jaunâtre et purulent. On a donné le nom de *petits*, à des Vers qui restent courts; ils semblent avoir moins de fluide nourricier; ils ne peuvent se débarrasser de leur peau; ils restent étranglés dans leur enveloppe[1]. De toutes les maladies cette dernière, connue sous le nom de *pebrine*, est la plus redoutable, et celle qui, depuis quelque temps, décime les Vers de la manière la plus cruelle. Enfin la muscardine, espèce de mucor ou de substance cryptogamique, se développe dans le tissu adipeux, et peut, jusqu'à certain point, devenir contagieuse; mais on a exagéré l'importance de cette maladie, sur l'ensemble des résultats des éducations.

§ 499. Outre la larve du Bombyx du mûrier, diverses autres chenilles de la même famille produisent de la soie; telles sont celles des Lépidoptères connus sous les noms de *Cynthia*, *Melitta*, *Pernyi*, *Cecropia*, *Polyphemus*, etc. La première vit aux Indes sur le Palma-Christi; on a commencé en Piémont à en faire des éducations. Celle du *Pernyi* se

---

[1]. Cette maladie est ordinairement peu sensible au premier âge; elle est plus évidente au 2e; au 3e elle fait périr beaucoup de vers qui ne peuvent muer.

trouve en Chine sur une sorte de chêne; elle est due au savant missionnaire M. Perny, à qui cette espèce a été dédiée par M. Jourdan. Ce dernier a élevé ces Vers dans les mois de mai à juillet 1855, et en a obtenu des cocons et des insectes parfaits [1].

§ 500. Les *Noctuélites* ont le corps écailleux; le prothorax souvent huppé; le vol rapide; on les trouve la nuit butinant sur les fleurs.

§ 501. Les *Phalénites* ont souvent des couleurs agréables; leurs chenilles, connues sous le nom d'Arpenteuses, n'ont que dix ou douze pattes.

§ 502. Aux *Pyralites* se rapporte l'insecte si connu sous le nom de Pyrale de la vigne. La chenille éclot dans l'été, se retire sous les écorces des ceps pendant l'hiver, et sort au

Fig. 95. Pyrale de la Vigne.

printemps de sa retraite pour se répandre sur les nouvelles pousses. Elle a causé d'incalculables dommages dans les vignobles. On est parvenu à rendre ses dégâts peu sensibles, à l'aide du procédé inventé par feu Raclet, de Romanèche; il consiste à verser sur les pieds de vigne, à la fin de l'hiver, de l'eau bouillante à deux ou trois reprises successives.

---

1. Il a été fait à Lyon, à la maison de la Propagation de la Foi, divers envois des œufs du *Saturnia Pernyi*. Le premier, par M. Perny, de Kooi-Tcheou, province du Sé-Tschuan, en 1851; le 2e, en 1852, du Léao-Tong, par Mgr Vérolles, missionnaire apostolique de cette province; le 3e, en 1853, par M. Perny; le 4e, en 1854, par Mgr Vérolles; le 5e, en 1854, par M. Lemaître, missionnaire dans la province du Schong-Tong. Ce dernier envoi est parti de Schong-Haï le 6 novembre et est arrivé à Lyon le 12 janvier suivant.

D'autres pyrales, comme celle des pommes, vivent aux dépens des fruits.

Fig. 94. Pyrale de la pomme.

§ 503. Les *Tinéites* proviennent de chenilles à quatorze pattes; les unes plient ou roulent les feuilles; d'autres se construisent des fourreaux d'habitations fixes ou mobiles; plusieurs creusent le parenchyme des feuilles; l'Alucite des grains occasionne souvent de grands ravages à nos céréales; quelques autres se cachent dans les fruits, les galles, etc.

A cette famille se rattachent : la Fausse-teigne de la cire qui perce les rayons des ruches et y cause de grands dégâts;

Fig. 95. Alucite des grains.

les Teignes des tapisseries, des draps, des pelleteries[1], qui détruisent nos étoffes de laine et nos pelleteries; et celle des grains qui se fait un tuyau des grains qu'elle lie et qu'elle ronge.

1. On préserve de l'action destructive de ces Insectes les vêtements de drap et les pelleteries, en les tenant, pendant l'été, enveloppés avec soin, dans des lieux froids ou frais sans être humides, et en déposant sur leur enveloppe des corps odorants tels que tabac, poivre, du coton imbibé de l'huile de houille, etc.

SEPTIÈME ORDRE. — **DIPTÈRES**.

§ 504. CARACTÈRES. *Deux ailes membraneuses.*

Les Diptères ont presque toujours au-dessous de leurs ailes, des espèces de boutons pédiculés, appelés balanciers. Leur bouche constitue un instrument de succion composé de deux à six pièces, souvent reçues dans la gouttière d'une gaîne en forme de trompe et terminée par deux lèvres. Plusieurs nous sont utiles à l'état de larves, en dévorant les chairs corrompues, les matières altérées, répandues sur la surface du sol ou dans les eaux putrides; mais d'autres nuisent aux substances qui servent à notre nourriture; quelques-uns, à l'état parfait, nous poursuivent de leurs piqûres. Leurs larves sont apodes et vermiformes. Un certain nombre se transforment en nymphe dans leur peau, qui s'est détachée du corps et s'est durcie en forme de coque. On les divise en un assez grand nombre de familles; les plus intéressantes à connaître sont les suivantes :

Tipulaires. Antennes en fil ou souvent pectinées, de six à seize articles.

Tabaniens. Antennes de trois articles : le dernier divisé en anneaux. Trompe saillante, terminée par deux lèvres, à suçoir de six pièces.

Syrphies. Antennes de deux ou trois articles. Trompe terminée par deux lèvres formant un suçoir de quatre pièces.

Muscides. Antennes de deux ou trois articles. Trompe terminée par deux lèvres, renfermant un suçoir de deux pièces.

§ 505. *Tipulaires*[1]. Ces insectes constituent une famille nombreuse, dont les espèces ont des mœurs très-différentes. Les unes, à l'état de larves, se tiennent dans l'eau; d'autres se cachent dans le terreau ou les parties altérées des vieux arbres, au pied des racines des plantes; plusieurs vivent aux dépens des substances cryptogamiques, etc. Elles

1. G. Cousin, Tipule, Cécidomye, Bibion, etc.

changent toutes de peau pour se transformer en nymphes. A cette coupe appartiennent les insectes importuns connus sous les noms de Cousins, Moustiques, Maringouins, etc.

§ 506. Le Cousin ordinaire vit dans son jeune âge dans les eaux dormantes. Sa larve très-vive remonte souvent à la surface en produisant en nageant des mouvements de bascule. Sa dépouille de nymphe lui sert de point d'appui pour s'élever dans les airs.

§ 507. Diverses Cécidomyes attaquent nos céréales sous leur forme de ver, et malgré leur très-petite taille, nous causent souvent de grands dommages.

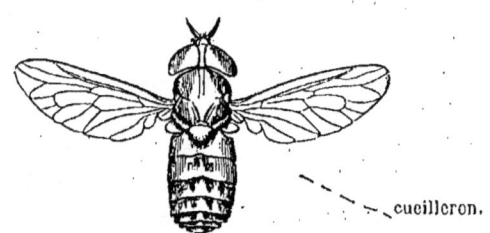

Fig. 96. Taon.

§ 508. *Tabaniens*. Les Taons ne sont que trop connus par l'importunité avec laquelle ils nous poursuivent ainsi que divers Mammifères pour sucer notre sang ou celui de ces animaux. Leurs larves se cachent dans la terre.

§ 509. Les *Syrphies* sont ces Diptères dont plusieurs espèces[1] aiment à se tenir suspendues dans les airs en faisant entendre un bourdonnement sonore. Les larves de quelques-unes vivent dans les eaux bourbeuses et sont connues sous le nom de *Vers à queue de rat*.

§ 510. Les *Œstrides*, diptères privés de trompe, et n'ayant qu'une cavité buccale très-peu apparente. Leurs larves vivent en parasites dans le corps de divers animaux : celle du Bœuf, sous la peau de ces animaux, près de leur épine dorsale ; celle du mouton, dans les sinus frontaux ; celle du cheval, dans l'estomac de ces Solipèdes.

1. G. Syrphe, Volucelle, Hélophile, Eristale, etc.

§ 511. *Muscides.* A cette grande coupe se rattachent des Diptères nombreux [1]. La plupart vivent dans leur jeune âge aux dépens des substances animales ou végétales. Diverses espèces de Mouches déposent leurs œufs ou même des vers sur les viandes qui ont perdu leur fraîcheur. La Mouche ordinaire, si avide de sucreries et si importune dans son état parfait, s'engraisse dans nos fumiers à l'état de larve. Les Téphrites font pénétrer leurs œufs dans diverses parties des plantes et s'y cachent sous leur forme de ver dans des retraites simulant à l'extérieur des espèces de galles; les Oscines déposent leurs graines dans la chair des fruits; l'une d'elles fait souvent un tort considérable aux olives.

HUITIÈME ORDRE. — APTÈRES.

§ 512. CARACTÈRES. *Point d'ailes, dans aucun sexe, à aucune des époques de la vie.*

Ils se divisent en trois familles :

Suceurs. Pattes postérieures propres au saut. Bouche en forme de suçoir.
Parasites. Pattes uniquement propres à la marche. Point d'appendices pour le saut.
Thysanoures. Des appendices pour le saut, sur les côtés ou à l'extrémité de l'abdomen.

Fig. 97. Puce.

§ 513. *Suceurs.* Les Puces qui composent cette famille ont des formes connues de tout le monde. La Puce com-

---

1. G. Echinomie, Tachine, Mouche, Scatophage, Oscine, Téphrite, etc.

mune (*Pulex irritans*) (*fig.* 97), quand elle veut déposer ses œufs, les colle chacun à une goutte de sang enlevé soit à nous, soit aux autres animaux aux dépens desquels elle vit. De cet œuf naît une larve vermiforme, qui trouve dans le petit caillot desséché une nourriture suffisante pour arriver au terme de sa grosseur. Elle se file un cocon, passe à l'état de nymphe et devient au bout de quelques jours Insecte parfait.

§ 514. *Parasites.* Ces hideux animaux ne subissent point de métamorphoses et constituent deux genres principaux: les Poux et les Ricins. Ces derniers vivent presque exclusivement sur les Oiseaux. Le Pou humain de la tête se plaît particulièrement sur les enfants. Il colle aux cheveux ses œufs connus sous le nom de *lentes*. Le Pou humain du corps alimente sa vie sur les personnes malpropres; il fourmille chez les peuples indolents des pays chauds.

§ 515. *Thysanoures.* Ces derniers Insectes se répartissent dans deux principaux genres: les Lépismes, dont le corps, couvert de petites écailles, offre de chaque côté de l'abdomen des appendices mobiles: les Podures, dont l'abdomen est pourvu à son extrémité d'une sorte de fourche repliée sous le ventre dans l'état de repos, mais pouvant au besoin envoyer l'animal à une assez grande distance.

PREMIÈRE CLASSE.

MYRIAPODES.

§ 516. CARACTÈRES. *Respiration aérienne, s'opérant par des trachées. Tête séparée du thorax; suivie d'anneaux à peu près semblables. Quinze paires de pieds, au moins.*

Les Myriapodes, connus sous le nom de *Mille-pieds*, sont facilement reconnaissables, entre tous les Condylopes, au nombre de leurs pattes. Ils ont, comme les Insectes, une respiration trachéenne; une tête pourvue de deux antennes; mais leur corps n'offre après la tête qu'une suite d'anneaux presque semblables. Leur bouche est armée de deux mandibules et se rapproche pour le reste de celle des Crustacés. Ils subissent des espèces de métamorphoses : le nombre de leurs anneaux et de leurs pattes augmente après la naissance. La plupart se plaisent dans les lieux obscurs ou humides.

Ils se divisent en deux familles :

Chilopodes. Corps déprimé, ne portant ordinairement qu'une paire de pieds à chacun des anneaux. Antennes de quatorze articles au moins.

Chilognathes. Corps souvent cylindrique ; généralement crustacé. Anneaux ordinairement unis deux à deux et paraissant alors porter chacun deux paires de pieds. Antennes de sept articles.

§ 517. Les *Chilopodes* [1], parmi lesquels les Scolopendres (*fig.* 88) sont les plus connus, sont carnassiers et ont une marche rapide. Quelques espèces de celles des pays chauds, d'une taille plus ou moins grande, sont redoutées; en mordant, elles laissent fluer dans la plaie un liquide vénéneux.

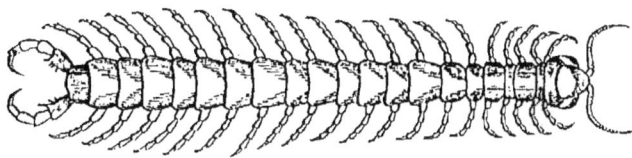

Fig. 98. Scolopendre.

§ 518. *Chilognathes* [2]. Les Iules [3] et autres Insectes de cette famille vivent en général de matières végétales. Ils marchent assez lentement, en raison du nombre et de la brièveté de leurs pieds.

1. G. Scolopendre, Lithobie, Scutigère.
2. G. Iule, Glomeris, etc.
3. Au sortir de l'œuf les Iules sont privés d'yeux et de pieds. Il lui pousse bientôt trois paires de pattes et des yeux. Avec l'âge le nombre des segments du corps et celui des pattes augmente, jusqu'à ce que l'animal soit arrivé à son état.

TROISIÈME CLASSE.

ARACHNIDES.

§ 519. CARACTÈRES. *Respiration aérienne s'opérant par des poches pulmonaires ou par des trachées. Tête confondue avec le thorax. Quatre paires de pieds.*

Les Arachnides sont faciles à reconnaître aux caractères précédents. Leur tête est unie au tronc et constitue un *céphalo-thorax*, portant huit pattes sur la partie thoracique, et les yeux et la bouche sur l'antérieure. Les yeux sont simples; ils varient dans leur nombre et leur disposition. La bouche est tantôt pourvue de mandibules, agissant à la manière des pinces; tantôt elle constitue un organe de succion. Il n'y a pas d'antennes. La respiration s'opère chez certaines espèces à l'aide de trachées; chez d'autres dans des poches ou espèces de poumons divisés en lamelles et rapprochés, par là, des branchies. Un petit nombre possèdent même des trachées et des sacs pulmonaires. Plusieurs sont armées, soit pour leur défense, soit plutôt pour donner la mort à leur proie, d'un appareil venimeux. Chez quelques-unes, les mandibules, percées comme les crochets des Vipères, infiltrent dans la plaie le produit d'une sorte de glande salivaire; chez d'autres, comme chez les Scorpions, le venin est contenu dans une ampoule terminée par un dard recourbé, percé de plusieurs ouvertures.

Enfin diverses espèces sécrètent une matière soyeuse, sortant par plusieurs filières situées près de l'ouverture anale, et en construisent, avec un instinct plus ou moins merveilleux, des toiles de formes variées. Malgré les sentiments de dégoût ou de répulsion que nous éprouvons à l'aspect de ces Arachnides, comment ne pas être saisi d'admiration à la vue de leurs travaux si capables de l'exciter? comment ne pas élever nos pensées vers le Souverain Créateur de toutes choses, qui a donné à tous les animaux des moyens si divers pour remplir ici-bas le rôle providentiel auquel

ARACHNIDES. — ARANÉIDES. 281

ils ont été destinés? Ces Condylopes ont en général leur enveloppe extérieure peu résistante.

Ils se partagent en deux ordres :

		Ordres.
Yeux	au nombre de six à huit au moins. Respiration à l'aide d'espèces de sacs pulmonaires.	ARANÉIDES.
	au nombre de deux. Respiration trachéenne.	ACARIDES.

PREMIER ORDRE. — ARANÉIDES.

§ 520. CARACTÈRES. *Yeux au nombre de six à huit, au moins. Respirant à l'aide de sacs pulmonaires. Appareil vasculaire bien développé.*

Ces Condylopes se divisent en deux familles principales :

Araignées. Abdomen ramassé, attaché au céphalothorax par un pédicule. Palpes mandibulaires peu allongés.

Scorpioniens. Abdomen allongé, uni au céphalothorax sur toute

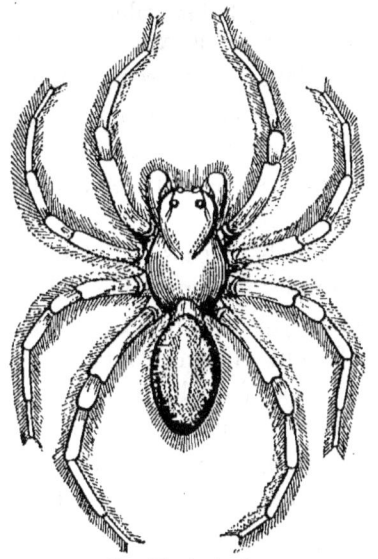

Fig. 99. Araignée.

sa largeur, terminé par un appendice caudiforme, en chapelet, muni à l'extrémité d'une fiole à venin. Palpes mandibulaires avancés en forme de bras.

§ 521. *Araignées* (*fig.* 99) [1]. Carnivores par nature et chargées de ruser pour saisir leur proie, les Araignées ont été douées d'une patience à toute épreuve et de la faculté de supporter pendant des mois entiers la privation de nourriture. Pour s'emparer des insectes qui leur servent d'aliments, un petit nombre d'entre elles les guettent, les saisissent à la course, ou sautent sur eux à la manière des chats; la plupart des autres tendent des piéges; les unes tissent dans nos jardins des réseaux de soie, formés très-régulièrement de fils concentriques et de fils rayonnants. D'autres construisent dans les encoignures de nos maisons, quelquefois au sein des arbustes ou des buissons, des filets, soit étendus comme des voiles, soit disposés en entonnoir, et aboutissant à des retraites dans lesquelles elles se tiennent cachées; si un imprudent vient se prendre à ces rets, elles accourent, l'emportent s'il est faible, le garrottent s'il est fort, et en sucent les humeurs. Quelques autres, comme les Mygales, se creusent des galeries dans les berges des terrains compactes ou argileux, les tapissent de soie à l'intérieur et y adaptent un opercule mobile, une sorte de porte à charnière, fermant exactement l'entrée de l'habitation, en même temps qu'elle la déguise par son extérieur terreux. Les fils dont se servent ces diverses ouvrières sont formés de quatre ou six brins réunis en un seul à leur sortie des pores par lesquels ils passent, et se desséchant bientôt à l'air. Les Arachnides les emploient à divers autres usages. A un grand nombre, ils servent à construire des cocons dans lesquels les œufs sont enfermés. Parfois ils leur fournissent les moyens d'échapper à quelque danger; ainsi chaque fois qu'en se balançant sur leurs pattes, par une sorte de mouvement à ressort, ces animaux mettent en contact leurs filières avec quelque corps, elles y collent un fil qu'elles allongent à volonté; elles peuvent sans crainte se laisser choir jusqu'à terre, ou s'arrêter dans leur route, et remonter par le

[1]. G. Mygale, Tagénaire, Epeire, Thomise, Lycose, Tarentule, Saltique, Argyronète, etc.

câble qui s'est déroulé dans leur chute, avec plus de rapidité qu'un mousse ne grimpe sur les cordages des navires. Quelques-unes, suivant les observations du P. Babat, de la compagnie de Jésus, peuvent darder des fils de cinq ou six mètres qui se collent au but visé et servent à l'animal de pont suspendu. D'autres, à l'aide de ces fils, ou même sans eux, peuvent s'élever dans les airs, y passer la belle saison, y tendre leur toile, y chasser leur proie et redescendre à l'époque des brouillards de l'automne, suspendues par un fil à ces flocons soyeux, connus sous le nom de *fils de la Vierge*. Quelques autres, dont la vie est aquatique, se construisent des sortes de cloches à plongeur, à l'aide desquelles elles peuvent rester sous l'eau.

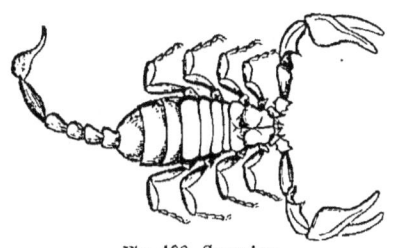

Fig. 100. Scorpion.

§ 522. *Scorpioniens.* Les Scorpions (*fig.* 100) habitent les pays chauds, s'y cachent sous les pierres, utilisent leurs serres à saisir les insectes dont ils se nourrissent, et emploient pour les faire périr le venin dont ils sont pourvus. Les Pinces, animaux de petite taille, vivent dans les vieux livres, dans les herbiers, sous les écorces, etc.

DEUXIÈME ORDRE. — ACARIDES.

§ 523. CARACTÈRES. *Yeux au nombre de deux. Respiration trachéenne.*

Ces Arachnides peu intéressantes ont, les unes, des mandibules saillantes, d'autres des instruments buccaux propres à la succion. Les animaux les plus connus, dont se compose cet ordre, sont : les Faucheurs, remarquables par la longueur de leurs pieds, faciles à se détacher et donnant des signes d'irritabilité après avoir été séparés du corps. Les Mites [1], espèces nombreuses, dont l'une pullule sur les vieux fromages ; dont une autre [2] se cache dans les ulcères de la gale et inocule cette dégoûtante maladie.

QUATRIÈME CLASSE.

CRUSTACÉS.

§ 524. CARACTÈRES. *Respiration aquatique, s'opérant par des branchies ou par la peau. Cinq à sept paires de pieds.*

Les Crustacés s'éloignent de tous les Condylopes par leur respiration branchiale [3] ou cutanée, et de la plupart par un appareil circulatoire plus ou moins développé. A l'extérieur, ils se distinguent en général d'une manière assez facile par le nombre de leurs pieds; ils n'en ont jamais moins de cinq ni plus de sept paires. Leur squelette tégumentaire présente un épiderme encroûté de carbonate de chaux, qui lui donne une consistance pierreuse. L'animal se dépouille de cette enveloppe solide qui empêcherait au corps de prendre un développement nécessaire ; mais avant qu'elle se détache, un nouvel épiderme s'est formé ; il se montre d'abord mou, mais il acquiert au bout de quelques jours la solidité convenable.

Les Crustacés présentent des formes variées, suivant les

1. G. Trombidion, Gamase, Acare, Bdelle, Ixode, Lepte, etc.
2. L'Acare ou Sarcopte de la gale.
3. Les branchies, de formes très-diverses, sont tantôt renfermées dans des cavités situées sur les côtés du thorax, comme chez les Écrevisses; tantôt, comme chez les Squilles, elles affectent la forme du panache et flottent librement dans l'eau ; d'autres fois, comme chez les Cloportes, elles ont la figure de lames foliacées situées sous l'abdomen.

espèces, et même quelquefois selon l'âge. La manière dont s'unissent les anneaux de leur corps, contribue à donner de la diversité à leur configuration extérieure. Tantôt ils sont visiblement articulés; tantôt plusieurs se soudent d'une façon si intime, qu'ils semblent n'en constituer qu'un seul. Suivant ces dispositions, la tête reste parfois distincte du thorax, comme chez les Cloportes; d'autres fois elle lui est unie de manière à composer avec lui une sorte de céphalothorax, une *carapace*, comme chez les Crabes. L'abdomen se modifie aussi suivant le genre de vie de l'animal. Chez les Langoustes et les Ecrevisses, où il est destiné à servir d'instrument de natation, il est allongé, mobile, et terminé par des appendices foliacés servant de nageoires; chez les Crabes, réservés pour la marche, il s'est replié en dessous et presque annihilé. La plupart des crustacés subissent des métamorphoses, et parfois, comme chez les Lernées elles sont si étranges qu'il faut avoir suivi l'animal dans ses développements successifs, pour croire à de pareils changements : chez le plus grand nombre ces transformations tendent au perfectionnement de l'individu; chez les derniers, la forme se dégrade quand l'être arrive à jouir de ses fonctions les plus essentielles.

Les pieds varient aussi suivant le genre de progression auquel ils sont appelés à concourir; quelquefois ils deviennent des instruments de préhension, des sortes de pinces, comme les *chèles* des Ecrevisses en offrent un exemple.

On trouve parmi les animaux de cette classe, comme chez les Insectes, des espèces se nourrissant de matières solides; d'autres, vivant de liquides. Les premières présentent, après le labre, des mandibules, une ou deux paires de mâchoires, et souvent une ou plusieurs paires de pieds-mâcheurs, sortes d'instruments analogues à des pattes très-raccourcies, jouant le rôle d'instruments de préhension ou de mâchoires auxiliaires. Chez les secondes, la bouche simule une sorte de bec. La tête, ou la portion céphalique de la carapace, présente aussi les yeux et les antennes : les premiers sont souvent portés sur un pédoncule : les secondes sont habituellement au nombre de deux paires.

La plupart des Crustacés habitent les eaux, principalement les mers, et offrent sous ce rapport un intérêt assez faible aux personnes éloignées des côtes. Un petit nombre, tels que les Cloportes, vivent à l'air, mais dans un air chargé d'humidité. Plusieurs nous sont directement utiles, par la nourriture que nous en retirons. Les autres, instruments de cette Providence admirable qui régit l'univers, contribuent dans des conditions plus ou moins obscures au maintien de cet équilibre qui nous révèle la sagesse de Dieu.

§ 525. Ces Condylopes se partagent en sept ordres :

Ordres.

- Branchies cachées sous le thorax. Celui-ci confondu avec la tête. — Décapodes.
- Branchies non cachées sous le thorax; ordinairement flottantes. — Stomapodes.
- Mandibules accompagnées d'un palpe. — Amphipodes.
- Mandibules sans palpe. Sept paires de pieds. — Isopodes.
- Pieds propres à la nage. — Branchiopodes.
- Bouche organisée ordinairement pour la succion. Animaux conformés pour la nage, au moins à une certaine époque de leur vie. — Entomostracés.
- Une queue en forme de stylet. Bouche formée d'instruments servant à la mastication et à la marche. — Xiphosures.

§ 526. Décapodes. Les Décapodes forment les Crustacés les plus nombreux et les plus intéressants. Ils ont le dos protégé par une carapace, formée de l'union de la tête avec le thorax; tous ont cinq paires de pieds. Ils ont l'instinct carnassier. Ils se divisent en deux familles :

Brachyures. Queue plus courte que le corps; repliée en dessous dans l'état de repos.
Macroures. Queue au moins aussi longue que le corps; terminée par des appendices; portant ordinairement des fausses pattes en dessous.

§ 527. *Brachyures*[1]. A cette famille appartiennent les Crabes, animaux marins et voraces, à marche souvent oblique. Ils sont communs près des côtes, sur lesquelles ils se hasardent parfois la nuit pour s'emparer des animaux rejetés par les flots. Quelques espèces connues sous le nom de *Tourlourous*, vivent principalement à terre, cachées dans des trous, grâce à des dispositions particulières de leur organisation qui permet à leurs branchies de rester humectées.

§ 528. *Macroures*[2]. A cette coupe se rattachent les espèces les plus recherchées comme aliment : la Langouste, le Homard, l'Écrevisse commune. Cette dernière se tient principalement dans les eaux vives, dans les ruisseaux et les lacs. Elle se cache durant les heures diurnes sous les pierres ou dans des trous qu'elle se creuse. On pêche ces ani-

Fig. 101. Écrevisse.

1. G. Crabe, Gécarcin, etc.
2. G. Pagure, Scyllaire, Langouste, Écrevisse, Palémon, etc.

maux, pendant le jour, soit en les cherchant à la main dans leurs retraites, soit à l'aide d'espèces de balances, de sortes de poches en filets dans lesquelles on place de la viande pour appât; durant la nuit, on les prend à la clarté des torches ou des flambeaux.

§ 529. STOMAPODES[1]. Ces Crustacés peu nombreux se composent principalement des Squilles ou Mantes de mer, ainsi désignés en raison des rapports que leurs pieds antérieurs présentent avec ceux des Insectes de ce nom.

§ 530. AMPHIPODES. Ces animaux nagent avec facilité, en tenant leur corps couché sur le côté; la Crevette des ruisseaux en est une des espèces les plus communes.

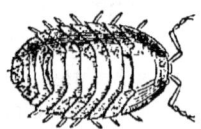

Fig. 102. Isopodes.

§ 531. ISOPODES. Les uns, comme les Cloportes connus de tout le monde, sont terrestres et vivent cachés dans les lieux sombres et humides; les autres habitent les eaux douces ou salées; quelques-uns de ces derniers s'attachent en parasites à des Cétacés ou à des Poissons.

§ 532. BRANCHIOPODES. Ces Crustacés, en général d'assez petite taille, sont tous aquatiques. L'une des espèces (la Daphnie), désignée sous le nom de *Puce aquatique*, abonde au printemps dans nos eaux dormantes. Les Trilobites, fossiles particuliers aux terrains primaires, et dont les analogues n'existent plus, paraissent se rattacher à cet ordre.

§ 533. ENTOMOSTRACÉS. Réservés pour une vie aquatique, ces animaux ont aussi des pattes natatoires; leur respiration paraît être cutanée. La plupart n'ont qu'un œil au milieu du front: de là les noms de Cyclopes et de Monocles donnés à quelques-uns. Ceux-ci ont des antennes, des instruments de mastication, et conservent leur forme pendant toute

---

1. G. Squille, etc.

leur vie; d'autres sont des parasites ou suceurs. Les Cirrhipèdes, représentés par les Anatifes et les Balanes ou *Glands de mer*, classés autrefois avec les Mollusques et dont le corps subit dans son développement des déformations singulières, doivent rentrer dans cette division.

Les Lernées, plus extraordinaires encore dans leurs transformations, sont de véritables crustacés, ayant d'abord des yeux, deux pieds, et nageant en liberté; elles montrent ensuite trois paires de pieds propres à leur permettre de se cramponner sur les ouïes des poissons et d'autres pattes natatoires. Puis l'animal perd la plupart de ses appendices et son corps n'a plus que la forme d'une sorte de gaîne irrégulière.

§ 534. XIPHOSURES. Les Limules, seuls animaux de cet ordre, ont le corps protégé par une cuirasse formée de deux boucliers. L'antérieur, semi-circulaire, couvre les yeux, des espèces d'antennes, et la bouche composée de six paires de pieds mâcheurs terminés en pinces et servant à la mastication et à la marche; sous le second se montrent cinq paires de pieds nageurs et garnis de branchies. Les sauvages des Moluques font des flèches avec les stylets de la queue de l'espèce qui vit dans leurs mers.

DEUXIÈME SOUS-EMBRANCHEMENT.

VERS.

§ 535. CARACTÈRES. *Annelés dépourvus de pieds articulés à toutes les époques de la vie.*

Chez les derniers Annelés, il n'y a plus de pieds à aucune époque de la vie. L'enveloppe tégumentaire est en général plus molle; elle présente les divisions des anneaux graduellement moins marquées et parfois peu distinctes; le corps est généralement allongé; les facultés instinctives sont moins développées.

Les uns, au corps mou, allongé, vermiforme, libre ou caché dans des tubes, divisé en segments ou chargé de rides transversales; au sang coloré, ordinairement rouge; ayant un système nerveux distinct, constituent la classe des ANNÉLIDES.

Les autres, ou les ENTOZOAIRES, ont été partagés en un certain nombre de classes, dont le chiffre varie suivant les auteurs, et qui sont souvent basées sur des caractères d'un examen difficile.

§ 536. ANNÉLIDES. Ces animaux ont, les uns, une tête visible; chez les autres, elle paraît manquer. Plusieurs ont, sur les côtés de leurs anneaux, des soies ordinairement portées sur des tubercules, servant à la reptation et pouvant au besoin devenir des armes défensives. D'autres, comme les Sangsues, sont dépourvus de ces appendices; mais ils ont à l'extrémité du corps des ventouses chargées de contribuer à la locomotion.

Parmi les Annélides, habitant les mers, les unes sont tubicoles, comme les Serpules, c'est-à-dire vivent dans des tuyaux tantôt sécrétés par la peau, tantôt formés de grains de sable ou d'autres matières agglutinées; quelques autres, comme les Arénicoles, s'enfoncent dans le sable. Les Dragonneaux, dont le corps est délié comme un crin, se tiennent dans les eaux douces.

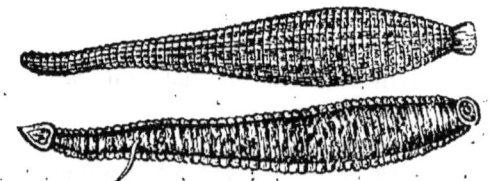

Fig. 103. Sangsues.

§ 537. Les Sangsues s'y cachent aussi; elles y nagent avec assez de facilité en produisant des mouvements ondulatoires, et elles cheminent dans le fond, en établissant des points d'appui à l'aide de leurs extrémités disposées en ventouses. Toutes sont carnassières; leur bouche est armée de trois mâchoires cornées et dentelées, à l'aide desquelles elles entament la peau. Elles peuvent jeûner longtemps, surtout quand on renouvelle l'eau dans laquelle on les conserve. La Sangsue médicinale (*fig.* 103) est employée pour opérer des émissions sanguines locales. Quelques autres espèces servent aussi au même usage.

§ 538. Les Lombrics, connus sous le nom de *Vers de terre*, sont communs dans nos jardins et nos champs. Ils y vivent des débris de matières animales et végétales contenues dans l'humus qu'ils avalent.

§ 539. Entozoaires ou Helminthes. Ces vers habitent le corps de l'homme et des animaux. La plupart subissent des métamorphoses singulières et ont besoin d'émigrer dans le corps d'animaux différents, avant de parvenir à leur dernière forme.

§ 540. Ainsi le *Ténia* n'est pas individu unique; mais un assemblage d'individus soudés les uns aux autres sous la forme d'anneaux. Si l'on fait avaler à un mouton un de

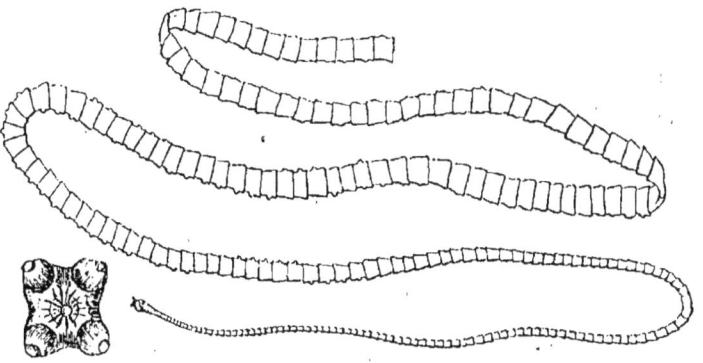

Fig. 104. Tête grossie.   *Fig.* 105. Ver solitaire.

ces anneaux recueillis dans l'estomac d'un chien, bientôt de chaque œuf de Ténia, sort une sorte de larve (*un protoscolex*), d'une forme presque homogène, pourvu d'aiguillons

1. La science qui traite des Vers se nomme *Helminthologie*.

ou de pointes qui lui servent à se frayer un chemin à travers les tissus du ruminant. Cette larve arrive dans le cerveau du mouton ; elle s'y transforme en une vésicule, qui lui avait fait donner le nom de Cysticerque[1]. Dans le second degré (*Deutoscolex*) l'animal est pourvu de têtes de Ténia, ronge la matière cérébrale, occasionne aux moutons la maladie connue sous le nom de *Tournis*, et atteint parfois la grosseur d'un œuf. Si le mouton est alors mangé par un chien ou par un loup, dans l'intestin du carnassier ces vers *cystiques* deviennent des Ténias.

Le Ténia de l'homme, connu sous le nom de *Ver solitaire*, ressemble à une sorte de ruban, offrant à sa partie antérieure une tête munie d'une sorte de trompe centrale et d'une couronne de crochets servant à fixer le ténia au tube digestif de l'animal qui le loge.

§ 541. Les *Trichines*, qui ont exercé dans ces dernières années de cruels ravages dans diverses parties de l'Allemagne, ont l'aspect d'une anguille, dont l'extrémité buccale est affilée,

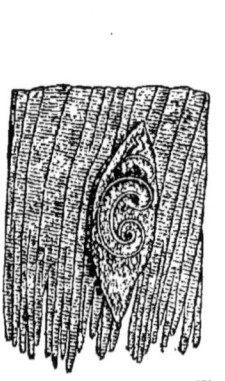

Fig. 106. Trichine.

et la postérieure légèrement enflée. La femelle présente une cavité contenant d'abord des œufs, puis des larves vivantes.

[1]. Les Cysticerques du porc, qui donnent à cet animal la ladrerie, les Cœnures qui rongent le cerveau du Mouton et leur occasionnent le tournis, ne sont que des larves d'Helminthes.

Les Trichines, à l'état adulte, se trouvent dans le tube intestinal du porc; les larves qu'elles mettent au jour perforent l'intestin et se rendent dans les muscles de l'animal, dont elles se nourrissent; elles croissent rapidement, puis s'enroulent en spirale dans un *kyste* ou cavité formée autour d'eux. Cette larve enkystée peut rester longtemps dans cet état; mais si le porc, dont la chair a été peu cuite, est mangé par l'homme, dans les intestins de celui-ci se développent des Trichines, donnant naissance à des larves exerçant dans nos muscles de terribles ravages.

Il est donc indispensable de bien faire cuire la viande, pour faire périr les dangereux parasites qu'elle peut receler.

TROISIÈME EMBRANCHEMENT.

ANIMAUX MOLLUSQUES[1].

§ 542. CARACTÈRES. *Point de squelette intérieur articulé. Organes de la vie de relation disposés par paires et d'une manière symétrique. Corps non divisé en anneaux; affectant souvent une disposition courbe ou en spirale; couvert d'une peau flexible, ordinairement gluante. Tube digestif complet, à deux ouvertures. Foie parenchymateux*[2].

Dépourvus d'un squelette articulé, comme les animaux précédents, les Mollusques n'ont pas même à l'extérieur une enveloppe assez résistante pour assurer toujours leur forme. Leur corps mou ne présente plus des divisions annulaires; mais il ne montre pas non plus ses organes dis-

---

1. On donne le nom de *Malacologie* à la science qui traite des Mollusques; elle prend le nom de *Conchyliologie* quand elle a pour base la description de la coquille.

2. Leur système nerveux moins développé que chez les Condylopes, varie beaucoup, suivant la place qu'occupent ces animaux dans la série zoologique.

posés d'une manière rayonnante, comme chez les êtres qui terminent la série zoologique. Ils l'emportent sur les Condylopes par le développement des organes de la vie de nutrition; mais sous le rapport des sentiments instinctifs, ils leur sont en général de beaucoup inférieurs. Leur étude présente donc moins d'intérêt sous tous les points de vue. Quelques-uns cependant servent à notre nourriture; d'autres, en très-petit nombre, nous fournissent des produits utilisés dans les arts ou dans l'industrie.

Ils se divisent en deux sous-types ou sous-embranchements :

Système nerveux { assez développé, offrant un collier autour de l'œsophage. Appareil vasculaire développé. .... Mollusques proprement dits.

rudimentaire ou réduit à l'état de granulations autour de la bouche. Appareil vasculaire très-incomplet ou nul. .... Tuniciens.

PREMIER SOUS-EMBRANCHEMENT.

MOLLUSQUES PROPREMENT DITS.

§ 543. CARACTÈRES. *Système nerveux assez développé, offrant un collier autour de l'œsophage.*

Malgré les variétés de leurs formes, qui offrent des types plus ou moins singuliers, les Mollusques sont tous reconnaissables, entre les Invertébrés, à leur corps non articulé, et d'une mollesse à laquelle ils doivent le nom qu'ils portent.

§ 544. **Système tégumentaire.** La peau de ces animaux est flexible et enduite d'une humeur qui suinte de ses pores. Le plus souvent cette enveloppe présente des expansions ou des replis servant à draper le corps d'une manière très-variable et constituant une sorte de *manteau*. Tantôt celui-ci est réduit à un disque dorsal, libre seulement sur ses bords; tantôt il s'étend en nageoires ou en voiles; tantôt, enfin, il constitue un sac ou un tuyau.

Parfois le manteau reste membraneux ou charnu, comme chez ceux appelés, par cette raison, *Mollusques nus*. Le plus souvent, dans son épaisseur, se forment des substances pierreuses ou cornées qui s'y déposent par couches, dont les plus récentes sont toujours les plus étendues, parce qu'elles correspondent au développement du corps de l'animal. Rarement, comme dans les Sèiches, ces parties solides restent cachées dans l'intérieur du corps; ordinairement elles sont extérieures, connues sous le nom de coquilles, et ont fait donner le nom de *Testacés* ou de *Conchifères* à ceux qui en sont pourvus. Ce bouclier pierreux offre à sa superficie une sorte d'épiderme ou *drap marin ;* et souvent à sa paroi interne il est d'une structure particulière et d'un aspect vitreux ou nacré.

Les coquilles doivent les taches ou les teintes dont elles sont parées à une matière colorante sécrétée par les bords du manteau ; mais la lumière exerce une influence plus ou moins remarquable sur la beauté de ces enveloppes pierreuses, et la même main qui sema l'or, les émeraudes ou les rubis sur les plumes des Oiseaux-mouches, ou sur les ailes des Papillons des tropiques, n'a pas été moins prodigue envers un grand nombre de Mollusques des mers équatoriales.

§ 545. **Système musculaire.** Les muscles fixés directement aux téguments perdent beaucoup de leur énergie par les points d'appui peu solides que leur offrent ceux-ci ; aussi les mouvements sont-ils généralement lents et peu précis. Quelquefois des *tentacules* ou appendices allongés et flexibles concourent aux déplacements du corps et à la progression de l'animal.

§ 546. **Organes des sens.** Les sens vont en s'affaiblissant, à mesure que la vie devient plus exclusivement végétative. Les organes de la vue et de l'ouïe manquent à plusieurs Mollusques, et celui de l'odorat ne se manifeste chez aucun, quoique on ne puisse souvent leur dénier la faculté de percevoir les odeurs.

§ 547. **Système digestif.** Le tube digestif offre des diversités nombreuses, mais en général un développement remarquable ; il présente des estomacs tantôt simples, tantôt multiples, ou armés de pièces diverses pour la division des matières alimentaires. Le foie est d'autant plus volumineux, en général, que la respiration est moins active ; souvent il existe des glandes salivaires, et des organes de mastication quelquefois très-puissants.

§ 548. **Système de circulation.** Le sang, incolore ou légèrement bleuâtre, circule dans un appareil vasculaire composé d'artères et de veines, mais souvent incomplètes et réduites à des lacunes; il est mis en mouvement par un cœur aortique, composé d'un ventricule et d'une ou deux oreillettes.

§ 549. **Système de respiration.** La respiration, généralement peu active, s'opère par des organes très-variables, suivant la vie de l'animal; tantôt ils constituent des branchies, d'autres fois des espèces de poumons.

§ 550. Ces animaux ont été partagés en quatre classes.

			Classes.
Tête distincte.	Point de pied charnu sur la face inférieure du corps.	Des tentacules en forme de lanières ou de bras, disposés autour de la bouche.	CÉPHALOPODES.
		Des espèces de rames natatoires situées de chaque côté du cou ou de la bouche.	PTÉROPODES.
	Un pied charnu ou une sorte de disque, situé sur la partie inférieure du corps, et servant d'organe de locomotion.		GASTÉROPODES.
Point de tête distincte.			ACÉPHALES.

CLASSE DES **CÉPHALOPODES.**

§ 551. CARACTÈRES. *Tête distincte. Point de pied charnu sur la face inférieure du corps. Des tentacules en forme de la-*

nières ou de bras, disposés autour de la bouche. Deux mandibules cornées. Deux yeux analogues à ceux des vertébrés.

Les Céphalopodes ont le corps enveloppé par le manteau, et logé comme dans un sac d'où sort la tête. Celle-ci est pourvue de deux yeux et munie de tentacules en forme de lanières ou de bras, à l'aide desquels ils peuvent le plus souvent se fixer aux corps étrangers. Ces appendices leur servent alors à la nage, à la marche et d'instruments de préhension. La bouche est armée de deux mâchoires cornées, analogues à un bec de perroquet, et assez fortes pour briser les carapaces les plus solides des Crabes; tous ont une respiration branchiale. Ils sont pourvus d'un organe sécréteur produisant un liquide noirâtre, une sorte d'*encre*, contenu dans un sac particulier, et à l'aide duquel ils peuvent, en cas de besoin, teindre l'eau qui les entoure et échapper au danger qui les menace. L'encre de l'un de ces animaux, de la Seiche, est employée en peinture sous le nom de *sépia*; une autre espèce fournit la matière à l'aide de laquelle on fabrique l'encre de Chine.

Tous les Céphalopodes sont marins, carnassiers et voraces; ils détruisent beaucoup de Poissons et de Crustacés; en revanche, leur chair nous sert d'aliment.

Dans le corps de la plupart, on observe une sorte de coquille interne, tantôt cornée, comme chez les Calmars, et servant de soutien aux viscères abdominaux et d'attache aux muscles; tantôt calcaire, et appelée os *de Seiche* ou *Sèche*, chez l'animal de ce nom, dont elle rend le corps plus léger par sa disposition lamelleuse.

La plupart de ces Mollusques ont leurs appendices munis de ventouses; on compte huit de ces sortes de bras chez les Poulpes (*fig.* 107) et les Calmars : dix chez les Seiches ou Sèches; chez les autres, ces tentacules sont dépourvus de suçoirs. Les Nautiles, qui sont dans ce cas, sont logés dans une coquille. Celle des Argonautes leur sert de bateau, et deux de leurs appendices sont élargis à l'extrémité en forme de voiles. Grâce à cette disposition, ils naviguent sur la mer quand elle est calme ; mais dès que les vents me-

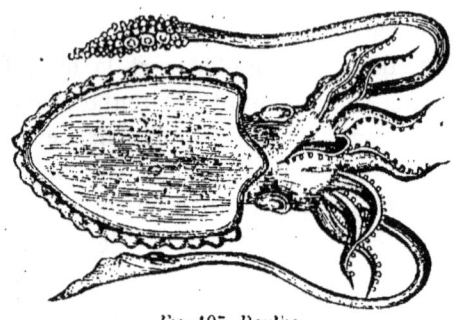

Fig. 107. Poulpe.

nacent de la troubler, ils replient leurs bras et se laissent couler à fond.

§ 552. A cet ordre se rattachent encore divers Mollusques[1], dont les espèces n'existent plus depuis longtemps, mais dont les débris fossiles se rencontrent dans les terrains anciens. Tels sont les Ammonites ou *Cornes d'Ammon*, si communes dans les terrains secondaires, les Bélemnites qu'on trouve depuis le Lias jusqu'à la fin des terrains crétacés ; les Nummulites, etc.

CLASSE DES **PTÉROPODES**.

§ 553. Les Ptéropodes comprennent seulement un petit nombre d'espèces marines, n'ayant d'autres organes de mouvement que deux nageoires ou espèces de rames situées aux deux côtés de la bouche. Les Clios et les Hyales font partie de ce groupe.

CLASSE DES **GASTÉROPODES**.

§ 554. CARACTÈRES. *Tête distincte, imparfaite; yeux nuls*

[1]. La plupart avaient une coquille divisée en cloisons variables, suivant les espèces.

ou rudimentaires. *Un disque charnu ou sorte de pied, situé sur la face inférieure du corps, et servant d'organe locomoteur.*

Fig. 108. Escargot.

§ 555. Les Gastéropodes constituent une classe nombreuse : la Limace et l'Escargot ou Colimaçon (*fig.* 108) peuvent donner une idée de leurs formes générales. Leur corps offre en devant une tête munie de deux à six tentacules, à l'extrémité desquels sont parfois placés les yeux. Quelques-uns sont nus; le plus souvent le dos est revêtu d'un manteau à la surface duquel se produit une coquille d'une ou de plusieurs pièces. Cette coquille est ordinairement en spirale. L'animal peut à volonté se cacher tout entier sous cet abri protecteur, dont son pied ferme l'entrée, et même chez la plupart des espèces aquatiques, à la partie postérieure de ce pied est attaché un *opercule*, espèce de plaque ou de disque corné ou calcaire, destiné à fermer avec plus de sûreté l'entrée de sa maison, quand le Mollusque veut se retirer. Mais quand il doit marcher, il fait naturellement sortir sa tête, ainsi que l'instrument charnu servant à la progression.

La bouche est entourée de lèvres et parfois armée de dents. Le cœur est toujours aortique; le système artériel complet ; mais le veineux souvent remplacé par des lacunes. La respiration est tantôt aérienne, non-seulement chez les espèces terrestres, comme les Limaces ou les Escargots, mais encore chez diverses espèces, telles que les Limnées et les Planorbes, destinées à vivre de végétaux, à la surface des eaux stagnantes, plutôt que de s'enfoncer dans leur sein. Chez les autres la respiration est aquatique et la structure de leurs branchies varie suivant leur destination. Un grand nombre de ces Mollusques habitent les mers; quelques-uns au lieu d'y ramper s'y meuvent en nageant[1].

CLASSE DES ACÉPHALES.

§ 556. CARACTÈRES. *Point de tête distincte. Corps protégé par une coquille ordinairement bivalve.*

A mesure que se déroule la classification des Mollusques, on est conduit à trouver plus de simplicité dans l'organisation. Ici il n'y a plus de tête apparente. Le manteau, presque toujours plié en deux, enveloppe le corps de ses plis, entre lesquels se trouve cachée la bouche; quelquefois ces deux voiles se réunissent par devant et constituent une sorte de sac ou de tube. Ordinairement ce manteau est protégé par une coquille à deux valves réunies par une charnière, et pouvant s'ouvrir et se fermer à volonté, suivant que les muscles chargés de faire mouvoir ces deux pièces, se relâchent ou se contractent. La portion ventrale du corps constitue le plus souvent une sorte de pied imparfait, produisant une locomotion plus lente et moins régulière que chez les précédents. La bouche n'a jamais de dents. Le cœur est aortique, formé d'une ou de deux oreillettes. La respiration s'opère dans un appareil parfois très-développé, d'autres fois à la face interne du manteau. Les facultés instinctives se montrent de plus en plus bornées.

Les principaux représentants de cette classe sont: les Huîtres, les Peignes ou Pectens, connus sous les noms de *Pèle-*

---

[1]. Les Gastéropodes ont été divisés en genres nombreux: Limace, Hélice ou Escargot, Bulime, Maillot, Planorbe, Lymnée, Cyclostome, Sabot, Toupie, Cadran, Porcelaine, Volute, Buccin, Murex ou Rochers, etc.

Les anciens obtenaient une couleur d'un rouge tirant sur le violet de quelques-uns de ces Gastéropodes, du Buccin pourpre ou d'une sorte de Murex (*M. brandaris*).

rines et *Coquilles de Saint-Jacques*; les Arondes ou *Huîtres perlières*; les Moules, les Solens ou *Manches de couteau*, les Tarets, etc.

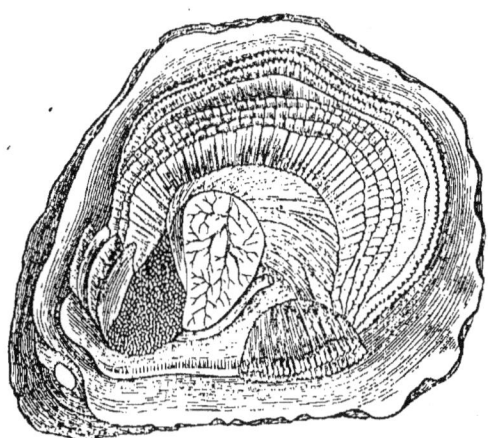

Fig. 109. Huître.

§ 557. L'Huître comestible (*fig.* 109) est recherchée comme aliment agréable et d'une digestion facile. Elle vit fixée aux roches sous-marines, en quantité si considérable, qu'on a donné à ces amas le nom de *bancs*. On estime surtout, en France, celles du rocher de Cancale (Ille-et-Vilaine); en Belgique, celles d'Ostende; en Angleterre, celles de Colchester; en Allemagne, celles du Holstein. La bonté de Dieu a donné une fécondité si prodigieuse à ces animaux, que malgré l'énorme consommation qui en est faite, ils reparaissent chaque année aussi nombreux dans les parages où ils pullulent. On les y pêche soit à la main, soit à l'aide de dragues. Sur les bords de l'Océan, une partie des Huîtres recueillies est jetée dans des *parcs*, espèces de réservoirs ou de bassins dans lesquels peuvent pénétrer les eaux des hautes marées. On attribue au Romain Sergius Orasa l'idée de ces parcs, dans lesquels on peut ensuite les prendre à volonté : pour être expédiées au loin, il faut qu'elles conservent leur eau. Les individus qui échappent aux recherches un trop grand nombre d'années, acquièrent un développement qui leur a valu. le surnom de *Pied-de-cheval*. Cette espèce offre plusieurs variétés : la *verte* doit sa couleur à un animal microscopique qui pénètre toutes les parties de l'animal. Différentes autres espèces de ce genre servent à la nourriture de l'homme.

§ 558. L'Aronde aux perles, appelée aussi *Huître perlière* ou *Pintadine*, *Mère-Perle*, se pêche à Ceylan, au golfe Persique et dans quelques autres lieux ; elle fournit presque exclusivement la nacre employée dans les arts, et les perles les plus recherchées par la beauté de leur *eau* ou de leur transparence, et les plus remarquables par cette teinte si vive et si suave à laquelle on a donné le nom d'*orient*. Les Perles sont une expansion ou plutôt une agglomération accidentelle de la matière nacrée ; elles se forment dans les anfractuosités du manteau de l'animal ; aussi varient-elles beaucoup de figures ; les *piriformes* et les *rondes* sont les plus estimées.

La Mulette margaritifère et quelques autres Mollusques produisent aussi des perles, mais de moindre valeur. Les valves d'une autre espèce de Mulette sont utilisées par les peintres pour y mettre des couleurs.

§ 559. Les Tarets ne sont que trop connus dans les ports de mer, par les dégâts qu'ils causent aux bois de marine, aux quilles des vaisseaux, etc. Plusieurs fois ils ont donné à la Hollande de justes sujets d'effroi, en détruisant les digues de ce pays, chargées de retenir l'Océan. Diverses espèces de Néréides leur font heureusement la guerre.

DEUXIÈME SOUS-EMBRANCHEMENT.

TUNICIERS.

§ 560. CARACTÈRES. *Système nerveux très-simple, rudimentaire ou réduit à l'état de granulations autour de la bouche. Tube digestif contourné.*

Les Mollusques compris dans ce sous-embranchement

sont ordinairement divisés en deux classes : les TUNICIERS et les BRYOZOIRES. Les TUNICIERS, nommés par Cuvier *Acéphales sans coquilles*, sont des animaux dont le corps, rapproché de celui des Acéphales, est enfermé dans une enveloppe coriace ou cartilagineuse, mais douée de contractilité.

On les divise en deux ordres : les *Biphores* et les *Ascidies*.

Les transformations si remarquables par lesquelles passent ces animaux, avant de parvenir à leur dernier développement, sont des découvertes merveilleuses qui ont illustré les travaux de Chamisso, de MM. Carus, Milne-Edwards et autres observateurs.

Les BRYOZOIRES sont des animaux aquatiques rapprochés des Ascidies. Ils vivent agrégés, l'ouverture terminale de leur tube digestif est rapprochée de la bouche, et celle-ci est pourvue de tentacules. Ces Mollusques, auxquels appartiennent les Plumatelles, offrent le dernier degré de simplicité des êtres compris dans cet embranchement et semblent faire la transition aux Zoophytes.

QUATRIÈME EMBRANCHEMENT.

ZOOPHYTES [1].

§ 564. CARACTÈRES. *Point de squelette articulé interne. Corps offrant une disposition radiaire ou sphérique, au moins à une époque de la vie*[1].

A mesure qu'on s'éloigne davantage des premiers Invertébrés, l'organisation se simplifie ou se montre plus incomplète ; le système nerveux finit par n'offrir plus de traces ; la sensibilité se réduit à l'animation la plus obscure ; la cir-

---

1. On leur a donné le nom de *Zoophytes* ou *Animaux-plantes*, parce que plusieurs semblent se rapprocher de végétaux inférieurs par la simplicité de leur organisation. La disposition rayonnante de leurs organes leur a fait donner le nom de RADIAIRES, qui ne convient pas à tous.

culation n'est plus qu'un passage des fluides à travers les tissus. Quelques-uns de ces animaux ont un tube digestif incomplet; chez d'autres, il est réduit à une cavité s'ouvrant par des pores de la peau; chez diverses espèces même, il semble disparaître. Leur respiration s'opère tantôt à la surface du corps, tantôt à l'aide de cils vibratiles, tantôt enfin au moyen de quelques organes internes. Tous paraissent naître d'œufs; mais à partir de ce point, les transformations par lesquelles ils passent jusqu'au moment où ils arrivent à leur dernier état, les merveilles qu'ils nous montrent dans leur vie évolutive, sont souvent si extraordinaires et si inattendues, qu'il faudrait entrer dans de trop longs développements pour les faire connaître. Il faut en lire le récit dans les ouvrages de Peyssonel, Trembley, Bonnet, Chamisso, et surtout dans les écrits des auteurs plus modernes: Krohn, Vogt, Saars, Desor, de Siebold, Steenstrup, Miller, Carus, Van Beneden, Dujardin, Quatrefages, Milne-Edwards, Derbès, etc.

On les divise ordinairement en cinq classes :

			Classes.
Corps offrant ses parties ou ses organes disposés d'une manière rayonnante à partir du centre.	Animaux susceptibles de locomotion.	propres à ramper. Souvent protégés par une enveloppe dure et armée de piquants.	ÉCHINODERMES.
		propres à la nage. Corps gélatineux.	ACALÈPHES.
		Animaux impropres à la locomotion; ordinairement agrégés, et revêtus d'une enveloppe cornée ou calcaire.	POLYPES.
offrant une forme plutôt sphérique que rayonnée.		permanente; ordinairement pourvu de cils ou autres appendices: présentant intérieurement plusieurs cavités faisant l'office d'estomacs.	INFUSOIRES.
		se déformant avec l'âge; incapable alors de locomotion.	SPONGIAIRES.

CLASSE DES **ÉCHINODERMES**.

§ 562. CARACTÈRES. *Corps offrant ses parties ou ses organes disposés d'une manière rayonnante, à partir du centre. Animaux susceptibles de locomotion, propres à ramper; souvent protégés par une enveloppe dure, et armée de piquants.*

Les animaux de cette classe, destinés à ramper au fond des mers, sont pourvus de tentacules servant à la progression. Leurs formes et leur consistance sont variables. Les Holothuries ont un corps cylindroïde et une peau épaisse. Les Oursins, connus sous les noms de *Hérissons* et de *Châtaignes de mer*, sont remarquables par leur enveloppe, ou test calcaire, composée de plusieurs pièces, armée d'épines, et percée de petits pores par lesquels passent leurs tentacules. Leur bouche est munie de cinq dents. Ils vivent principalement de coquillages; l'Oursin commun nous sert à son tour de nourriture [1]. Les terrains anciens fournissent de nombreux débris d'Echinides.

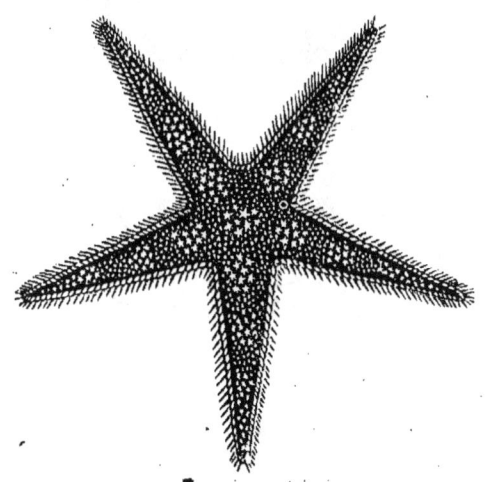

Fig. 110. Etoile de mer.

§ 563. Les Astéries ou *Étoiles de mer* (*fig.* 110) ont le corps

[1] On en mange seulement les œufs. La pêche des Oursins n'a donc lieu qu'à l'époque où les œufs n'ont pas été déposés, c'est-à-

306   ZOOLOGIE.

divisé en rayons, ordinairement au nombre de cinq. Leur tube digestif n'est ouvert qu'à l'une de ses extrémités. Près de ces animaux se placent les Encrinites, qu'on trouve à l'état fossile dans diverses contrées de la terre.

CLASSE DES ACALÈPHES.

§ 564. CARACTÈRES. *Corps offrant ses organes ou ses parties disposés d'une manière rayonnante. Animaux gélatineux, propres à la nage.*

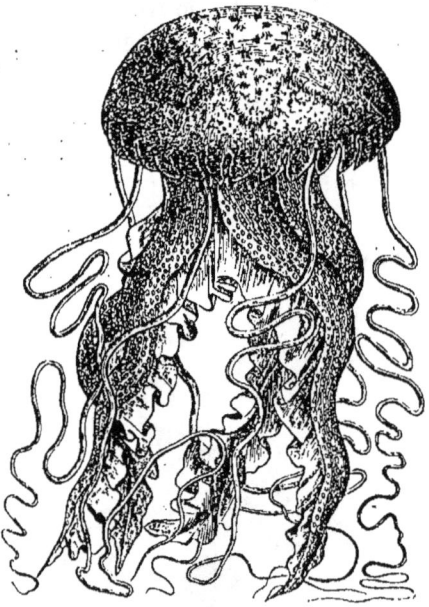

Fig. 111. Méduse.

Les Acalèphes ont un corps gélatineux, dont les fibres musculaires sont peu distinctes. Quelques-uns causent, quand on les touche, une vive irritation à la peau, et doivent à l'effet qu'ils produisent le nom d'*Orties de mer*. La dire vers le mois de février. On se sert pour prendre ces animaux sur leurs bancs, d'un bâton fendu en quatre, à l'extrémité.

J. G. Méduse, Rhizostome, Béroé, etc.

plupart flottent ou nagent à l'aide des contractions et des dilatations successives de leur corps. Leurs formes varient selon les genres. Les Méduses (*fig*. 114), les Rhizostomes, ont la forme d'espèces de champignons à plusieurs appendices ou sortes de pieds. De leur cavité digestive partent des canaux s'ouvrant par des pores à l'extrémité de ces appendices. Des œufs déposés par les Méduses, naissent des corps ovoïdes, qui se fixent, se multiplient par bourgeonnement, constituent des réunions d'animaux, et plus tard changent de forme en devenant libres. Les Béroés, qui appartiennent à cette classe, passent pour un des principaux aliments des Baleines.

CLASSE DES **POLYPES**.

§ 565. CARACTÈRES. *Corps offrant ses parties ou ses organes disposés d'une manière rayonnante. Animaux impropres à la locomotion; ordinairement agrégés, et revêtus d'une enveloppe cornée ou calcaire.*

Les Polypes ont le corps cylindrique, pourvu d'une cavité digestive n'ayant qu'une ouverture entourée de tentacules, située à l'extrémité antérieure et ordinairement adhérant par l'extrémité opposée aux corps auxquels ils sont fixés. Les mouvements qu'ils produisent se réduisent presque à ceux de leurs appendices circumbuccaux. Quelques-uns sont nus, comme l'*Hydre verte*, sur laquelle Trembley a fait de si curieuses expériences; chez plusieurs, l'enveloppe sécrète une sorte de matière calcaire, prend une consistance pierreuse ou cornée, constitue des tubes ou des cellules appelées *Polypiers*. L'habitation commune des Polypes, qui vivent agrégés, finit souvent par acquérir des proportions considérables, par présenter des masses ramifiées, qui couvrent parfois des bancs sous-marins, deviennent des récifs dangereux ou arrivent à former des îles; quand ces animaux ont élevé jusqu'au niveau de la surface des mers leurs productions pierreuses. Les divers Madrépores, les Caryophyllies, les Astrées, les Méandrines font ainsi surgir du sein des eaux des terres nouvelles, sur lesquelles des plantes ne tardent pas à végéter, à former de l'humus avec leurs débris, et qui finissent par être habitées.

Fig. 112. Corail rouge.

§ 566. Le Corail rouge (*fig.* 112), dont on fait des bijoux et une poudre dentifrice, se pêche principalement sur les côtes du nord de l'Afrique, à une profondeur qui dépasse généralement au moins trois mètres; il est fixé aux rochers par un large empiétement et imite un arbuste d'un pied à peine de hauteur, réduit à un tronc et à des branches.

CLASSE DES INFUSOIRES.

§ 567. CARACTÈRES. *Corps offrant une forme sphérique permanente, ou du moins une forme plutôt sphérique que rayonnée; ordinairement pourvus de cils ou autres appendices; présentant intérieurement plusieurs cavités faisant l'office d'estomacs.*

Le microscope a révélé aux naturalistes une foule d'animaux dont les anciens ne soupçonnaient pas même l'existence. Il suffit de mettre, pendant quelques jours, des végétaux infuser dans de l'eau, pour voir s'y développer une foule de ces êtres que divers naturalistes ont désignés sous le nom de *microscopiques*. En général ils sont polygastriques ou ont plusieurs cavités stomacales, tantôt disposées autour d'un tube digestif ouvert à ses deux extrémités, tantôt paraissant isolées. Leur mode de reproduction est en harmonie avec la simplicité de leur organisation; chez la plupart il s'opère par fissiparité, c'est-à-dire par des divisions de leur corps, dont chacune constitue bientôt un être parfait. Ils abondent dans certaines eaux au point de donner à celles-ci leur propre couleur, quand ils en ont une. Quelques étangs salés doivent à certaines espèces de ces animalcules la teinte rougeâtre qu'ils présentent. On les trouve aussi à l'état fossile dans les terrains anciens.

L'étude de ces êtres, qui nous donnent de la Puissance créatrice une idée si étendue, a été l'objet des travaux de plusieurs micrographes modernes, qui ont divisé cette classe en genres nombreux; nous nous bornons à citer, parmi les Infusoires, les Kérones, les Volvoces et les Monades, ces atomes vivants, dont les proportions n'excèdent pas ordinairement la centième partie d'un millimètre.

CLASSE DES **SPONGIAIRES**.

§ 568. CARACTÈRES. *Corps offrant, dans le jeune âge, une forme sphérique se déformant plus tard; incapable alors de locomotion.*

Ces derniers animaux ne semblent jouir de la sensibilité que pendant une faible partie de leur existence. Dans leur premier âge, ils ont le corps gélatineux, ovalaire, garni de cils vibratiles, à l'aide desquels ils peuvent se mouvoir dans les mers; mais bientôt ils se fixent à des rochers ou autres corps solides; perdent leur forme première, se creusent de cavités et de canaux; de leur substance naissent des lamelles, des filaments, des spicules, d'une nature cornée, calcaire ou siliceuse, et ils ressemblent alors plutôt à une production végétale, qu'à une substance animale; cependant l'odeur qu'ils répandent quand on les brûle trahit leur nature.

§ 569. Les Éponges employées dans nos usages domestiques nous viennent de différentes mers, principalement de la Méditerranée et des parties de l'Océan qui baignent l'Amérique méridionale. On en distingue plusieurs qualités; les principales sont: la *fine douce de Syrie;* la *grecque* ou *fine dure;* la *blonde de Syrie,* dite de *Venise;* la *brune de Barbarie,* dite de *Marseille* [1]. Leur tissu plus ou moins doux, la faculté qu'elles ont de s'imbiber d'eau et de la rejeter à la moindre pression, nous les rendent utiles pour divers emplois.

Appelé seul à jouir ainsi de toutes les productions de la terre, et à exercer sur les animaux un empire plus ou moins étendu, l'homme serait bien ingrat, s'il ne se sentait pénétré envers Dieu d'un profond sentiment de reconnaissance pour toutes ses bontés; il aurait le cœur bien froid, si à la vue du spectacle admirable qui s'offre sans cesse à ses yeux, il n'était tenté de s'écrier dans un élan de gratitude et d'admiration:

O Jehovah! quàm magna sunt opera tua!

[1]. La pêche des Éponges a lieu dans la Méditerranée, de juin à septembre. Elle se fait soit à l'aide de tridents, soit en plongeant. Le premier mode a l'inconvénient de les déchirer. Pour les rendre propres à nos usages, on les lave, on les bat, on les traite souvent par l'acide hydrochlorique affaibli, pour dissoudre les parties calcaires qui leur sont adhérentes; et enfin, après les avoir lavées une dernière fois, on les fait sécher, et on blanchit, à l'aide du chlore, les qualités les plus fines destinées à la toilette.

Saint-Cloud. — Imprimerie de Mme Ve Belin.

MÊME LIBRAIRIE :

Envoi franco au reçu du prix en timbres-poste.

Histoire naturelle (Cours élémentaire), contenant les applications de cette science aux diverses connaissances utiles, et offrant la réponse à toutes les questions du programme universitaire ; par M. E. Mulsant, professeur d'histoire naturelle au lycée de Lyon.
— **Botanique.** 1 vol. in-8. *Sous presse.*
— **Géologie.** 1 vol. in-8, br.   2 fr. 20 c.
— **Physiologie.** 1 vol. in-8, br.   2 fr. 75 c.

Cours complet de mathématiques, rédigé conformément au nouveau plan d'études de l'enseignement scientifique des lycées et du baccalauréat ès sciences.

Arithmétique, à l'usage des élèves des lycées et collèges et des candidats aux écoles du gouvernement ; par M. A. Burat, ancien élève de l'école normale, agrégé des sciences, professeur de mathématiques au lycée Saint-Louis. 1 vol. in-8, br.   4 fr.

Traité d'algèbre, à l'usage des élèves des lycées et collèges, et des candidats au baccalauréat ès sciences et aux écoles du gouvernement. 1 vol. in-8.   » »

Éléments de géométrie, rédigés conformément au plan d'études de l'enseignement scientifique des lycées et du baccalauréat ès sciences, par M. Bernès, agrégé des sciences, professeur de mathématiques au lycée Louis-le-Grand. 1 vol. in-8.   » »

Traité de trigonométrie rectiligne, conforme au dernier programme ; par M. Bos, ancien élève de l'école normale, professeur de mathématiques au lycée Saint-Louis. 1 vol. in-8, br.   3 fr. 50 c.

Mécanique (Précis de) **théorique** et appliquée, de M. Deguin, doyen de la Faculté des sciences de Besançon, contenant 90 figures intercalées dans le texte, et une planche gravée sur acier. Nouvelle édition, *entièrement refondue,* et mise en rapport avec le nouveau plan d'études de l'enseignement scientifique des lycées et du baccalauréat ès sciences, par M. Mesnard, ancien élève de l'École polytechnique, professeur au lycée de Nantes. 1 vol. in-12, br.   2 fr.

Ouvrage autorisé par l'Université.

COURS D'ÉTUDES

À L'USAGE DES ÉLÈVES DE L'ENSEIGNEMENT SECONDAIRE SPÉCIAL.

Notions préliminaires de physique (première année), contenant plus de 200 figures, par M. Gripon, ancien élève de l'École normale, chargé des cours de physique à la faculté des sciences de Rennes. 1 vol. in-12, cart.   2 fr.

Notions préliminaires de chimie (première année), par M. Beaume, professeur de physique au lycée d'Orléans. 1 vol. in-12, cart.   1 fr. 25 c.

Arithmétique pratique (année préparatoire), par M. Mesnard. 1 vol. in-12, cart.   1 fr.

Arithmétique (Traité d') théorique et pratique (première et deuxième année), conforme au programme de l'enseignement secondaire spécial contenant 2,500 problèmes pratiques, par M. M. A. Mesnard, ancien élève de l'École polytechnique, ancien officier d'artillerie, professeur de mécanique à l'école supérieure de Nantes, chargé des cours d'enseignement secondaire spécial au lycée de Nantes. 1 fort vol. in-12, cart.   3 fr.

Tableau synoptique du système métrique, présentant les poids, mesures et monnaies en grandeur naturelle, et un grand nombre de renseignements utiles; par M. Aniel, agrégé de l'Université, professeur au lycée de Lyon.
8 feuilles de 55 centimètres sur 70, coloriées. Prix en feuilles,   8 fr.

Le collage, sur une même toile, des 8 feuilles vernies, avec gorge et rouleau se paye en sus.   11 fr.

Cours de comptabilité industrielle et commerciale (deuxième et troisième année), à l'usage de l'enseignement secondaire spécial et des écoles professionnelles, rédigé conformément au programme officiel, contenant de nombreux exercices, suivi de notions sur les chemins de fer, les banques et les sociétés de crédit, les docks, les warrants, les chèques, les rentes françaises, la Bourse, les changes, la caisse de retraite pour la vieillesse, les assurances sur la vie, etc., par M. Bepinale, professeur de comptabilité; troisième édition augmentée. 1 vol. in-8, br. 2 fr. 50 c.

Ouvrage approuvé par le Conseil supérieur de perfectionnement de l'enseignement spécial.

Cours théorique et pratique de législation usuelle, civile, commerciale et d'économie industrielle et rurale, rédigé conformément au programme officiel, à l'usage de l'enseignement secondaire spécial et des écoles professionnelles, contenant des notions historiques sur les principales questions, l'explication du mécanisme des pouvoirs politiques et des grands services publics, administration, justice, impôts, etc., divisé en cinq parties : 1° Législation civile; 2° Législation et économie rurales; 3° Législation et économie commerciales; 4° Législation et économie industrielles; 5° Législation usuelle et économie des grands services publics; par M. L.-A. Blocquet, avocat, professeur de droit et d'économie politique à l'école supérieure de commerce de Mulhouse, ancien professeur de philosophie.

— **Cours complet.** 1 vol. in-12, br.   4 fr.

— **Cours abrégé.** 1 vol. in-12, br.   1 fr. 80 c.

Ouvrages approuvés par le Conseil supérieur de perfectionnement de l'enseignement secondaire spécial.

MÊME LIBRAIRIE :
Envoi franco au reçu du prix en timbres.

COURS D'ÉTUDES
À L'USAGE DES ÉLÈVES
DE L'ENSEIGNEMENT SECONDAIRE SPÉCIAL
RÉDIGÉ CONFORMÉMENT AU PROGRAMME OFFICIEL.

HISTOIRE ET GÉOGRAPHIE.

ANNÉE PRÉPARATOIRE.

Simples récits d'histoire de France; par M. H. Pigeonneau, professeur d'histoire au lycée Louis-le-Grand, et de géographie commerciale à l'École supérieure du commerce, etc., membre de la Société de géographie. 1 vol. in-12, cart. 1 fr. 60 c.

Géographie de la France. — Étude du département, etc.; nouvelle édition par le même. 1 vol. in-12, cart. 60 c.

Atlas d'histoire et de géographie; par MM. Drioux et Ch. Leroy, contenant 12 cartes coloriées, petit in-4°, cart. 1 fr. 80 c.

PREMIÈRE ANNÉE.

Les Grandes Époques de l'Histoire ancienne, grecque, romaine et de l'histoire générale du moyen âge jusqu'en 1453; par M. H. Pigeonneau. Nouvelle édition, avec *Résumés historiques*. 1 vol. in-12, cart. 1 fr. 80 c.

Géographie des cinq parties du monde. — Étude détaillée de l'Europe; nouvelle édition; par le même. 1 vol. in-12, cart. 90 c.

Atlas d'histoire et de géographie; par MM. Drioux et Ch. Leroy, contenant 24 cartes coloriées, petit in-4°, cart. 2 fr. 80 c.

DEUXIÈME ANNÉE.

Histoire de France depuis l'origine jusqu'à la Révolution française, et grands faits de l'Histoire moderne de 1453 à 1789; par M. Simonet, professeur d'histoire à l'École supérieure du commerce, membre de la Société philotechnique. 1 vol. in-12, cart. 2 fr. 50 c.

Géographie commerciale, agricole, industrielle et administrative de la France et de ses colonies; nouvelle édition; par M. H. Pigeonneau.
Cours COMPLET. 1 vol. in-12, cart. 1 fr. 50 c.
Cours ABRÉGÉ. 1 vol. in-12, cart. 80 c.

Atlas d'histoire et de géographie; par MM. Drioux et Ch. Leroy, contenant six cartes coloriées. 2 f.

TROISIÈME ANNÉE.

Géographie commerciale des cinq parties du monde : *La France considérée ses rapports avec l'étranger*; nouvelle édition, par M. H. Pigeonneau.
Cours COMPLET. 1 vol. in-12, cart.
Cours ABRÉGÉ. 1 vol. in-12, cart. 1 fr. 8

Le *Cours de Géographie commerciale* de M. Pigeonneau est approuvé par le Conseil rieur de perfectionnement de l'enseignement secondaire spécial.

Atlas d'histoire et de géographie; par MM. Drioux et Ch. Leroy.

QUATRIÈME ANNÉE.

Atlas d'histoire et de géographie; par MM. Drioux et Ch. Leroy. » »

Atlas complet de l'enseignement secondaire spécial; par les mêmes. » »

Atlas universel et classique (A) de géographie ancienne, romaine, du moyen âge, moderne et contemporaine; par MM. Drioux et Leroy. Nouvelle édition de *soixante-seize* cartes, avec les délimitations fixées par les derniers traités de Prague et de Vienne, contenant une carte nouvelle des États-Unis, du Mexique, de l'Asie orientale, et plusieurs planches gravées à nouveau. 1 vol. grand in-4° double.
Demi-reliure en basane. 12 fr.

Ouvrage suivi à l'école normale spéciale de Cluny, et approuvé par le Conseil supérieur de perfectionnement de l'enseignement secondaire spécial.